빙하여 × 안녕

빙하여 × 안녕

제마 워덤 지음
박아람 옮김

문학수첩

CONTENTS

그린란드 레버렛 빙하
• 600km^2
• 육지 종결 분출 빙하, 다온성
페루 코르디예라
블랑카의
사얍 빙하와
파스토루리 빙하
• 7km^2, $<5km^2$
• 곡빙하, 온난성
칠레 파타고니아
슈테펜 빙하
• 420km^2
• 호수 종결 곡빙하, 온난성

스발바르 핀스테르발더브린
• 34km^2
• 곡빙하, 다온성
스위스 알프스 상아롤라 빙하
• <3.5km^2
• 곡빙하, 온난성
인도 히말라야
초타 시그리
• 16km^2
• 곡빙하, 온난성
남극 대륙 조이스 빙하
• 40km^2
• 곡빙하, 한랭성

시린 첫 만남

빙하Glacier 명사. 비교적 높은 지대에 쌓인 눈이 얼어서 형성된, 서서히 움직이는 얼음덩어리 또는 얼음 강_옥스퍼드 영어 사전

이런 상황을 상상해 보자. 어느 날 아침, 잠에서 깨어 차를 끓이려고 부엌으로 어슬렁어슬렁 들어가 보니 간밤에 냉동실 문을 제대로 닫지 않은 탓에 문틈으로 얼음이 빠끔 나와 있다. 다음 날이 되자 더욱 커진 얼음이 문을 열고 튀어나와 바닥을 휩쓸고 조리대를 넘어 토스터와 주전자, 더러운 접시들을 가뿐하게 뒤덮었다. 하루가 더 지나자 얼음은 부엌을 몽땅 집어삼키고 마치 거대한 혓바닥처럼 물을 뚝뚝 흘리며 위층으로 스멀스멀 올라가기 시작한다. 일주일 뒤 집을 가득 채운 얼음이 마치 안테나처럼 손가락을 하늘로 치켜든 채 창틀을 뚫고

나와 계속해서 거리를 뒤덮고 뒤이어 도시와 나라, 대륙을 순식간에 집어삼킨다. 그러다 어느 순간 이 거대한 얼음의 가장자리가 조금씩 녹기 시작하더니 순식간에 나일강만 한 하천이 되어 요란하게 흐른다. 마침내 이 융빙수의 강은 바다로 흘러 들어 가 그곳의 생물군과 해류, 때로는 기후까지 바꿔 놓는다. 이것은 상상으로만 가능한 이야기가 아니다. 실제 빙하의 규모는 이처럼 인간의 머리로는 헤아리기 어려울 만큼 어마어마하다.

내가 처음 빙하에 흥미를 갖게 된 것은 10대 시절 스코틀랜드의 케언곰산맥을 돌아다니면서였다. 당시 나는 2만여 년 전 절정에 달했던 지구의 마지막 한랭기에 빙하들이 지나가면서 깎아 놓은 벌거숭이 잿빛 산에 매료되었다. 얼음이 긁고 지나간 이곳의 계곡들은 유난히 폭이 넓었다. 빙하는 산비탈을 침식해 골짜기를 만들면서 가장자리에 무심코 퇴적물을 던져 놓았고 부드러운 퇴적물이 마치 거대한 알을 품은 듯 불룩하게 다져져 '언덕 모양 빙퇴석hummocky moraine'을 이루었다. 아주 오랜 옛날 두께가 수백 미터에 달하는 뱀의 몸통 같은 얼음덩어리가 이 계곡들을 지나갔다고 생각하면 입이 다물어지지 않았다.

그러나 내가 케언곰산맥에 매료된 것은 결코 우연이 아니었다. 풍파에 시달린 이곳의 산비탈은 내가 열다섯 살이 될 때까지 해방감을 안겨 주었다. 그 사라져 버린 자연을 상상하면 나보다 훨씬 더 큰 존재의 맥박이 느껴지는 듯했다. 그중에서도 내가 가장 좋아하던 곳은 스피털 오브 글렌시Spittal of Glenshee의 벤 굴라빈Ben Gulabin이었다. 나는 공기가 희박해져 납덩이처럼 무거워지는 다리를 간신히 움직이며 이 산의 정상에 오르곤 했다. 밑에서 보면 잿빛 바윗덩어리가 험준하고 근엄하게 보였지만 막상 올라가 보면 히스가 무성하게 정상을 덮고 있어 마치 녹이 난 듯 부드러운 색감이 더해져 있었다. 그 절경에 취해 있는 동안에는 갑작스러운 단절과 함께 찾아온, 때로는 갈피를 잡을 수 없이 극심했던 혼란을 잊을 수 있었다.

혼란이 시작된 것은 여덟 살의 크리스마스 날 아버지가 교통사고로 세상을 떠났을 때부터였다. 그 시절에는 아이들을 장례식에 데려가지 않았고 그 뒤로 우리 가족은 딱히 그 사고에 관해 이야기하지 않았으므로 나는 오랫동안 현실을 제대로 자각하지 못한 채 그저 무언가가 툭 끊어졌다는 기이한 느낌에 시달렸다. 곁에 있던 아버지가 어느 날 갑자기 흔적도 없이 사라져 버린 것이다. 그때부터 나는 혼자만의 세계를 만들었다. 처음에는 소설에 빠져 허구의 인물들과 함께 가상의 세계에 살았지만 언제부턴가 케언곰산맥에서 평온을 찾기 시작했다. 오롯이 '나'와 '산'이 마주하는 곳, 혼돈이 가중되는 시기에 황량한 그곳 풍경을 바라보고 있노라면 '보다 커다란 존재'와 연결되는 기분이 들었다.

그러나 한편으로는 이런 배경에서 내 안에 탐험가와 빙하학자의 싹이 자라기 시작했다. 열한 살 때 나는 가족 여행 계획을 짜고 호텔이나 다른 숙박업소에 예약을 문의하는 편지를 썼다. 상대방은 내가 겨우 초등학생 여자아이라는 사실을 전혀 모르는 듯 "워덤 씨께"로 시작하는 답장을 보내왔다. 우리의 첫 모험의 장소는 호수 지방Lake District(영국 잉글랜드 북서부의 호수가 많은 관광지—옮긴이)이었다. 때마침 갓 소형 보트 운전을 배운 나는 실력을 시험해 보고 싶었다. 함께 간 오빠는 급성 충수염 수술을 받고 회복하는 중이었다. 우리는 내가 엄마를 설득해서 빌린 요트 한 척을 타고 멋지게 더원트호의 물살을 갈랐다. 그러다 하마터면 요트가 뒤집어질 뻔한 위기를 겪고 간신히 진흙투성이 호숫가에 도착했다. 내가 급격히 배의 방향을 바꾸는 바람에 오빠는 옆구리를 움켜쥔 채 쪼그리고 앉아 괴로워했고 고운 옷으로 한껏 멋을 낸 엄마는 허리까지 진창에 빠졌다. 그렇게 어린 나이부터 모험심이 남달랐던 나는 더 멀리 나가서 세계 각지의 야생 지대를 탐험하고 싶다는 열망을 키웠다.

그때부터 산은 나의 숨통을 틔워 주는 터전이 되었다. 그리고 한번 읽기 시작하면 절대 내려놓을 수 없는 흥미진진한 책처럼 나를 매료시켰다. 출발지는 케언곰산맥이었지만 그 후 중고등학교 지리 수업에서 스코틀랜드의 협곡들을 휩쓸고 지나간 거대한 얼음 강들에 대해 배웠다. 대학교 입학을 앞두고 나는 전국 대학의 지리학 학부 과정을 샅샅이 뒤진 끝에 얼음에 관한 수업이 가장 많은 학교를 골랐다. 1지망은 케임브리지대학교였는데 어떤 기적이 일어나 나는 당당히 그곳에 합격했다. 그리고 스무 살에 학부생으로 스위스 알프스산맥에서 난생처음 빙하를 보았다. 눈으로 직접 마주한 빙하는 이전의 모든 상상을 뛰어넘었다. 하얗고 깨끗하며 오염되지 않은 오지, 그곳은 마치 빈 화폭처럼 내 안에서 들끓는 부정적 감정을 모조리 빨아들여 기적처럼 순수한 환희와 기쁨으로 바꿔 줄 것만 같았다.

그때부터 나는 줄곧 아찔하리만치 희고 거대한 얼음과 그날 내 코를 간질인 얼음의 냄새를 좇았다. 갈수록 빙하와 친숙해지고 빙하를 더 잘 이해하게 되었고, 세상 모든 것이 그렇듯 알면 알수록 더 깊이 빠져들었다. 어쩌면 집착에 가까울 만큼. 그렇게 20년 가까이 연구한 끝에 2012년 나는 서른아홉 살의 나이로 빙하학 교수가 되었다. 나는 내 삶과 내가 빙하를 좇아온 여정을 돌아볼 때면 아무렇게나 다져진 두 개의 산길과도 같다고 느끼곤 했다. 둘은 한곳으로 모여 이야기를 주고받다가 한동안 멀리 떨어지기도 하고 그러다 또다시 만나기도 한다. 빙하가 어떻게 운동하며 그것이 우리 인간에게 어떤 영향을 미치는지 이해하기 위한 여러 단서들을 모으려 실처럼 구불구불 꼬인 그 두 갈래의 길을 따라가 보니 어느새 세상을 한 바퀴 돌게 되었다. 그것은 흡사 한 편의 긴 탐정 소설과도 같았다.

빙하 얼음, 즉 빙하빙glacial ice의 신기한 점 하나는 진토닉 잔에 담긴 투명한 얼음 조각과는 사뭇 다르다는 것이다. 빙하의 푸른색을 뜻하는 '글레이셔 블루Glacier Blue'는 염료의 색상으로 자주 쓰이는 이름이 되었지만 모든 빙하빙이 푸른색을 띠는 것은 아니다. 깊은 곳에서 엄청난 압력을 받다가 빙하 가장자리로 밀려 나온 빙하빙은 실제로 푸른색 또는 청록색을 띠기도 한다. 오랜 세월에 걸쳐 서서히 압축되면서 기포가 모조리 빠져나간 얼음이 흡수하지 못하는 색 하나가 바로 파란색이기 때문이다. 빛이 하늘을 관통하는 색색의 무지개라고 생각해 보면 지구 표면의 물체가 흡수하는 광선(에너지)의 색은 저마다 다르다. 물체가 흡수하지 못하는 색의 광선이 반사되어 그 물체의 색을 이룬다. 따라서 숲은 초록색을 반사하고 기포가 거의 들어 있지 않은 빙하빙은 파란색을 반사하며 눈은 모든 것을 반사해 흰색(즉 무색)을 띤다. 그러나 공기가 많이 들어 있는 빙하빙은 밝은 흰색을 띠기도 하고 암석 기반의 퇴적물이 들어간 빙하빙은 빙하로 분류하기 어려울 만큼 지저분한 갈색을 띤다.

현미경으로 빙하빙을 들여다보면 놀랍게도 단순 구조의 얼음덩어리가 아니라는 것을 알 수 있다. 수백 개의 물 분자들이 가늘고 긴 육각형의 결정을 이뤄 마치 병사들처럼 나란히 붙어 있고 그 사이사이로 고농도의 염분 때문에 얼지 않는 물이 흐르는 미세한 수로(수맥)들이 보인다. 빙하빙이 압력을 받으면 얼음 결정들이 변형되고 자리를 옮기기도 한다. 사이사이에 끼어 있는 수맥이 미끄럼면이 되어 빙하의 유동을 돕는 것이다. 이러한 유동성의 유무가 바로 빙하와 얼음 조각의 차이다. 빙하는 거대한 자신의 무게에 눌려 얼음 결정들이 변형되면서 마치 강처럼 산비탈을 서서히 미끄러져 내려간다.

그러나 이것은 시작에 불과하다. 빙하 표면에도 수많은 물줄기가 흐르고 있고 이 물이 깊은 수직의 구멍(빙하 구혈)으로 내려가 얼음 하층부에 흐르는 물줄기와 합쳐진다. 이러한 물줄기는 빙하 가장자리에 뚫린 얼음 동굴로 폭발하듯 쏟아져 나와 급물살의 하천을 이루고 결국 바다로 흘러들어 간다. 얼핏 보기에 빙하는 조용하고 수동적이며 죽어 있는 것 같지만 수십 년, 수백 년, 수천 년에 걸쳐 측정한 결과를 보면 빙하기에 확장되었다가 대기 중 탄소 농도가 높아지면 줄어들기를 반복하는, 우리 행성에서 가장 민감하고 동적인 자연에 속한다. 지난 200만 년 동안 빙하는 지구의 공전과 같은 미세한 변화에도 확장되고 축소되기를 되풀이했고, 이와 함께 북아메리카와 유럽, 남극 대륙을 뒤덮은 빙상이 융빙수를 풀었다 조이기를 반복하면서 해수면이 100미터 이상 높아지거나 낮아졌다. 자유의 여신상을 가라앉힐 수도, 다시 온전히 드러낼 수도 있는 높이다.

2018년 말, 나는 귤만 한 크기의 양성 뇌종양으로 병원에 실려 갔다. 당시 나는 난생처음 연구소 소장이라는 큰 직책을 맡아 여러 회의와 행사로 정신없는 나날을 보내고 있었다. 친구들은 그런 나를 '광적'이라고 묘사하기도 했다. 어쨌든 나는 새로운 직위에서 성공하기 위해 안간힘을 쓰느라 지쳐 가고 있었다. 빙하와 얼음이 뒤덮인 야생의 땅에서 평온하게 지낼 때와는 너무도 다른 삶이었다. 머리가 터질 듯한 두통에 시달렸고 시야가 흐려졌으며 다리의 감각이 둔해져 복도 바닥에 그려진 직선을 똑바로 따라갈 수 없었는데도 스스로에게 의사를 만날 여유조차 허락하지 않았다. 지금 생각해도 정상이 아닌 상태였던 것 같지만 왜 검사를 받아 보려 하지 않았는지 모르겠다. 아마도 (대부분의 사건들이 그렇듯) 두려움 때문이었을 것이다. 새 직책을 제대로 수행하지 못하거나 내가 휴가를 내면 주변 사람들이 실망할 거라는 두려움도 있었지만 어쩌면 내가 겪는 이상한 증상들이 심각한 질병의 징후일지도 모른다는 두려움이 가장 컸을 것이다. 그러다 어느 날 쿵! 하고 쓰러졌다. 눈을 떠 보니 응급실이었고 그로부터 열두 시간 뒤 내 목숨을 위협하는 커다란 혹을 제거하기 위해 머리를 연 채로 차가운 수술대에 누워 있었다. 그 후 몇 달 동안 몸을 추스르면서 내게 일어난 일을 이해하려고 안간힘을 썼다. 그러면서 내게 진정으로 소중한 존재를 차근차근 되짚어 보았다. 그것은 바로 나의 오랜 친구, 빙하였다.

오늘날 우리의 빙하는 내가 2018년 12월에 겪은 것과 비슷한 상황에 부닥쳐 있다. 해마다 기온이 상승하면서 유례없는 속도로 녹고 있는 탓에 심각한 건강의 위기를 겪고 있다는 뜻이다. 탄소가 석유, 천연가스, 석탄과 같이 화석화되려면 수백만 년에 걸쳐 동식물의 사체가 서서히 땅속에 층층이 묻혀 깊은 곳에 저장되어야 한다. 그런데 우리는 이런 고대의 탄소를 겨우 몇십 년 사이에 대기로 돌려보내고 있다. 산업 시대 초반(약 150~200년 전) 화석 연료를 태우기 시작한 이래로 이산화탄소 같은 온실가스가 증가하면서 지구의 온도는 이미 섭씨 1도나

올라갔다.[1] 이보다 더 무시무시한 사실은 이대로 가면 금세기 말에 지구의 평균 온도가 무려 3도 이상 올라갈 수 있다는 것이다.[2]

이러한 온난화는 이미 빙하에 심각한 영향을 미치고 있다. 2019년 그린란드 빙상이 기록적인 속도로 녹고 있다는 보고가 있었다. 히말라야 빙하는 과학자들의 예측보다 훨씬 더 빠른 속도로 얇아지고 있고 아이슬란드에서는 처음으로 한 빙하의 부고가 전해지기도 했다. 나는 점점 가속화되는 빙하의 융융을 직접 목격했다. 내가 연구한 알프스 빙하들은 25년 전에 처음 보았을 때보다 1킬로미터 이상 후퇴했다. 나는 기후 변화를 체감하고 있지만 갈수록 길어지는 여름 동안 끊임없이 녹아내리는 얼음의 물방울과 얼음이 후퇴한 자리에 남은 거대한 호수를 보지 못한 사람들은 쉽게 믿을 수 없을 것이다. 이런 호수의 물은 자갈과 움직이는 빙하에 간신히 갇혀 있다가 융빙수가 불어나는 순간 금세 폭발적으로 넘쳐흐른다. 인터넷 뉴스난에는 매일 빙하가 줄고 있다는 기사가 넘쳐 나지만 많은 사람들은 마치 딴 세상 이야기처럼 느끼는 듯하다. 대개는 '어머, 빙하 하나가 또 사라졌네, 안타까워라!' 하고 넘길 뿐이다. 그저 건조한 사실과 수치로 제시되는 무엇, 딱히 마음에 와닿지 않는 무엇을 구하기 위해 나서는 사람은 드물다.

우리가 이 행성에서 얼마나 더 살 수 있는지는 아무도 모른다. 나는 수십 년쯤 더 살 수 있다고 생각했지만 2018년 말에 큰일을 겪은 뒤 내 삶이 눈 깜짝할 사이에 끝날 수도 있다는 사실을 깨달았다. 우리의 빙하가 얼마나 더 버틸 수 있는지도 알 수 없다. 그러나 우리가 지금과 같은 속도로 화석 연료를 계속 태운다면 알프스산맥의 빙하들은 금세기 말쯤 대부분 사라질 것이다. 바로 이런 이유로 나는 사람들에게 빙하를 소개하고, 내가 30년 가까이 연구하면서 빙하와 맺은 감정적 연결을 공유하기로 마음먹었다. 나에게 빙하는 그저 움직이는 얼음덩어리가 아니다. 빙하는 어떻게 움직이고 어떻게 녹으며 혹독한 야생에서 어떻게 형성되었는가에 따라 저마다 독특한 특징을 갖고 있다. 빙하와 함께 있으면 마치 친구와 함께 있는 듯한 기분이 든다. 세상을 돌고 돌아 다시 빙하로 돌아갈 때면 나의 오랜 자아로 회귀하는 기분을 느끼곤 한다. 다시 야생의 상태로 돌아가는 느낌이랄까? 모든 경계가 허물어지고 사유의 씨앗들이 바람에 실려 자유롭게 떠다니다가 경작하지 않은 흙에 뿌리를 내리고 초록빛 싹을 틔우는 것처럼. 그래서 그 이야기를 풀어 보려 한다. 빙하와 사람들, 그들의 역사와 나의 역사가 뒤엉킨 이야기. 여러 면에서 그것은 한 편의 러브스토리다.

제1부 × 얼음의 냄새

1. 감춰진 세계를 엿보다

스위스 알프스산맥

처음 탐사 여행을 떠났을 때 나는 스무 살의 파릇한 지리학과 학부생이었다. 스위스의 알프스산맥 높은 곳에 자리한, 비교적 접근하기 쉬운 작은 곡빙하인 상上아롤라 빙하Haut Glacier d'Arolla의 유동과 배수 과정을 연구하는 프로젝트의 현장 보조로 참여했다. 오래전부터 지리 교과서에 나온 빙하 이론을 열심히 공부했고 가족과 함께 케언곰산맥에서 여러 번 휴가를 보낸 덕에 빙하의 흔적에도 꽤 익숙했지만 내 눈으로 직접 빙하를 본 것은 그때가 처음이었다.

사실 나는 제대로 채비를 갖추지 못했다. 작은 배낭에는 주로 여름옷이 들어 있었고 오빠의 낡은 군화는 내게 너무 컸으며 스코틀랜드에서 유용하게 쓰던 비옷은 과자 봉지처럼 통풍이 전혀 되지 않았다. 해발 2,500미터, 상아롤라 빙하의 울퉁불퉁한 암석 계곡에 진을 친 나는 판지를 깔고 열한 살 때 친구들과 파자마 파티를 할 때 가져갔던 낡은 침낭에 들어가 첫 밤을 보냈다. 얇은 싸구려 폴리에스테르 침낭의 보온성은 포대 자루보다 크게 나을 게 없었다. 그때만 해도 플리스나 고어텍스는커녕 캠핑 매트에 대해서도 들어 본 적이 없었다. 숨쉬기도 힘들 만큼 희박한 공기와 뼛속까지 아리는 추위, 멀지 않은 곳에서 끊임없이 들려오는 우렁찬 빙하 강의 포효 소리와 위쪽 산비탈로 굴러떨어지는 요란한 바위 소리 때문에 좀처럼 잠을 이루지 못했다. 문득 왜 중세 시대 사람들이 빙하를 유령과 악령의 은신처로 여겼는지 알 것 같다는 생각이 들었다.

빙하학자를 향한 나의 여정은 그렇게 시작되었다. 물론 나는 많은 선배들의 발자취를 따라갔다. 알프스산맥은 오래전부터 빙하학자들의 발길이 끊이지 않았다. 길이 20킬로미터의 가늘고 긴 유선형의 혓바닥 같은 스위스 알레치 빙하Aletsch Glacier에서부터 저 아래 드넓은 평원 위에 가까스로 보이는, 오목한 분지(권곡cirques) 안에 높이 솟아 있는 작고 뭉툭한 빙하들에 이르기까지 걸어서 갈 수 있는 다양한 크기와 모양의 빙하들이 많이 자리하고 있기 때문이다. 서쪽의 프랑스 니스와 동쪽의 오스트리아 빈 사이 1,000킬로미터를 아우르는 알프스산맥은 서히말라야까지 뻗어 있는 알프스 · 히말라야 조산대의 일부다. 전 세계 산맥은 모두 지질학 드라마의 흔적이며 알프스산맥도 예외는 아니다. 알프스산맥은 약 1억 년 전 아프리카판이 북쪽의 유럽판으로 조금씩 이동하기 시작하면서 형성되었다.

약 3,000만 년 전 이 두 판이 가장 강렬한 충돌을 일으키면서 오래된 결정질 기반암들과 그보다 나중에 생긴, 지중해가 만들어지기 이전에 존재한 대양의 해저 퇴적물이 솟아올라 첩첩이 겹치면서 이른바 나프nappe 구조(요트의 돛 받침대 위로 첩첩이 접힌 돛자락에 가까운 모양)를 이루었다. 알프스산맥 서쪽의 암석이 가장 격렬하게 접힌 탓에 이곳에 더 높고 가파른 산들이 많다. 서유럽의 최고봉인 해발 4,800미터 몽블랑도 여기에 속한다. 지난 200만 년 동안 지구의 공전 궤도가 조금씩 변화하면서 우리의 기후는 자연적으로 긴 한랭기(빙기)와 짧은 온난기(간빙기)를 번갈아 겪었고 이에 따라 강력한 빙하의 침식이 여러 번 발생하여 알프스산맥은 끊임없이 모양이 바뀌었다.

최초의 현대적 빙하 이론의 하나를 확립한 사람은 상아롤라 빙하에서 멀지 않은 스위스 발레주 루티에 출신의 산악가이자 사냥꾼인 장피에르 페로댕Jean-Pierre Perraudin이다.[1] 1815년경 그는 이상하리만치 매끈한 암석 표면이 그 위로 지나간 빙하가 '사포질'한 흔적이며, 얼음이 지나간 방향에 팬 깊은 홈은 얼음 기저층에 튀어나온 바위와 돌멩이의 흔적이 아닐까 생각했다. 그의 집 근처 계곡에 흩어져 있는 커다란 바위들은 주변과 어우러지지 않은 이질적인 종류의 암석이었으므로 마지막 빙기에 계곡이 얼음으로 뒤덮였을 때 빙하가 남긴 잔해가 틀림없다고 추정하기도 했다. 페로댕은 이 산지를 깊이 이해하고 있었지만 당시는 성경에 나오는 홍수가 알프스 · 히말라야 조산대를 만들었다는 믿음이 지배적인 시대였다. 하지만 그는 홍수가 이처럼 거대한 바위들을 옮길 수는 없다고 생각했다. 그래서 박물학자인 장 드 샤르팡티에Jean de Charpentier에게 자신의 관측을 털어놓았지만 샤르팡티에는 "허무맹랑"하고 "생각할 가치도 없는" 주장이라고 일축했다.[2]

페로댕의 빙하 이론이 온전히 발전하기 시작한 것은 그로부터 14년 뒤, 역시 스위스 발레주 출신으로 발 드 바뉴 지방의 도로 및 교량 기사인 이냐스 베네츠Ignace Venetz에 의해서였다. 이냐스 베네츠는 인근의 빙하가 전진하여 하천을 막으면서 빙하 가장자리에 커다란 저수지가 생기자 융빙수를 배출하기 위해 수로를 만들려 했다. 이러한 빙하의 전진은 이른바 소빙하기Little Ice Age라고 불리던 시기에 발생했던 중세 유럽의 한파로 인한 진통으로 당시에는 매우 흔하게 일어나는 현상이었다. 그러나 베네츠의 수로 건설은 실패했고 융빙수가 계곡으로 넘쳐흘러 수많은 사람이 목숨을 잃고 집들이 파괴되었다.

베네츠는 빙하 내부에서 일어나는 여러 작용에 관해 페로댕과 많은 대화를 나누었다. 그러다 1829년 마침내 그는 확신을 갖고 스위스 자연과학 학회 연례 학술대회에서 자신의 의견을 발표했다. 당시의 빙하들이 모두 한때 알프스를 뒤덮었던 거대한 얼음덩어리의 잔해라는 견해였다. 이번에는 이 거대한 빙하 이론에 동요한 장 드 샤르팡티에가 그를 지지해 주었다. 그러나 정작 초기 빙하 이론을 확립한 사람은 스위스의 생물학자이자 지리학자인 루이 아가시Louis Agassiz다. 프리부르 인근에서 성장하여 뇌샤텔 대학의 자연사 교수가 된 그는 결단력과 운의 힘으로 1840년 유명한 저술《빙하 연구Études sur les Glaciers》에 초기 빙하 이론을 발표해 주목을 끌었다. 덕분에 아가시는 빙하학의 아버지로 자주 거론되지만 사실은 페로댕을 시작으로 그 밖에도 여러 명의 학자들이 있었다. 이들 모두가 통념의 벽을 조금씩 밀어내며 마침내 허물어뜨리는 데 힘을 보탠 셈이다.

낯선 산에서 처음 밤을 보내고 나면 감각이 폭발하는 것을 느낀다. 나 역시 알프스산맥에서 처음 맞이한 아침, 초라한 천막에서 밖으로 나왔을 때 눈앞에 펼쳐진 광경을 지금까지도 인생에서 가장 인상적인 기억의 하나로 간직하고 있다. 계곡 건너편에 안부col(높은 두 봉우리 사이에 말안장 모양으로 들어간 부분)를 넘어온 커다란 얼음이 약 500미터 높이의 깎아지른 듯한 암벽 아래까지 이어져 있었다. 그것은 빙하가 현곡 끝에 이르러 그 아래 벼랑까지 넘어간 얼음 폭포, 즉 빙폭이었다.

이 문제의 빙하는 가파른 바위 표면으로 빠르게 흘러내리는 하下아롤라 빙하Bas Glacier d'Arolla다. 이러한 빙폭에서는 작은 결정들이 빠르게 변형되지 못하기 때문에 하나의 덩어리로 이동하지 못하고 수많은 균열이 생겨 크레바스와 뾰족한 얼음탑으로 뒤엉킨 혼돈의 장을 이룬다. 이것을 탑상 빙괴 또는 세락이라고 부른다. 산악인에게 빙폭은 죽음의 덫과도 같다. 가장 악명 높은 것은 아마도 하루에 약 1미터씩 이동하는, 지구상에서 가장 높은 곳에 위치한 빙하인 쿰부 빙하Khumbu Glacier 상부에 자리한 빙폭일 것이다. 이 빙폭은 히말라야산맥 베이스캠프에서 에베레스트산 정상까지 이르는 경로 가운데 가장 위험한 구간에 속한다. 산악인들이 이 험난한 빙하를 통과하는 데는 꼬박 하루가 걸리기도 하며 지난 50년 동안 수십 명이 이곳에서 목숨을 잃었다. 이 모든 것이 얼음이 빠르게 움직이는 데서 비롯된다. 얼음은 유동 속도가 빠를수록 하나의 몸체로 이동하기 어렵기 때문에 크레바스와 빙폭이 형성된다.

놀랍게도 빙하는 세 가지 방식으로 이동한다. 그중 가장 느린 것은 빙하빙 결정의 변형에 의한 유동이다. 얼음은 고체보다는 액체에 가깝게 운동한다. 엄밀히 말해 얼음은 온도와 작용 압력에 따라 점도(질척한 정도)가 변하는 점성 유체 또는 비뉴턴 유체다. 압력과 온도가 높을수록 얼음의 점도가 높아지고 결정들이 더 많이 찌그러진다. 즉 더 많이 '변형'된다는 뜻이다. 빙하는 오랜 시간에 걸쳐 그 위에 눈이 쌓이면서 점점 더 두꺼워지고 압착과 함께 약간의 용융과 재동결이 일어나면서 눈이 얼음으로 변하며, 그러고 나면 압력이 가해져 얼음 결정들이 변형되기 시작한다. 상아롤라 빙하 같은 전형적인 산악 빙하가 이런 과정을 통해 이동하는 거리는 매년 약 2~3미터 정도다.

모든 빙하는 이처럼 감지하기 어려울 만큼 미세한 얼음 결정의 변형으로 이동하는 동시에 다른 방식으로 이보다 훨씬 더 빨리 이동하기도 한다. 빙하 유동의 두 번째 방식은 물에 젖어 미끄러운 암석 표면을 흘러 내려가는 것이다. 냉동실에서 사각 얼음을 꺼내 평평한 접시에 놓은 다음 접시를 기울인다고 상상해 보자. 사각 얼음은 접시에서 미끄러져 떨어질 것이다. 똑같은 사각 얼음을 역시 기울어진 접시에 놓되, 이번에는 이 접시를 냉동실에 넣어 둔다고 가정해 보자. 그러면 얼음은 접시 표면에 얼어붙을 테고 윤활제 역할을 하는 액체가 없으므로 아무 데도 가지 않는다. 기후가 매우 한랭한 극지방의 작은 빙하들은 이렇게 냉동실에 넣어 둔 사각 얼음처럼 미끄러지지 않는다. 이런 빙하들은 얼음 결정의 변형에 의해서만 이동한다. 그러나 알프스처럼 좀 더 따뜻한 기후에서는 빙하의 기저부에 얇은 수막이 형성되어 그 아래 지반 위를 미끄러진다. 이러한 빙하를 '온난 빙하'라고 부른다.

남극 대륙처럼 추운 지역에서도 아주 두꺼운 빙하 밑 지반에 어째서인지 물이 흐르기도 한다. 앞에서 예로 든 냉동실의 사각 얼음을 거대한 크기로 부풀려 보자. 이를테면 높이가 수백 미터에 달하는 고층 건물 크기라고 가정해 보자. 하지만 여전히 아주 거대한 냉동실에 들어가 있다. 접시 표면을 기울인다면 얼음이 움직일 수 있을까? 그럴 수도 있다. 학창 시절 물리 시간에 얼음덩어리 위에 철사를 가로놓고 압력을 가해 철사가 얼음을 관통하게 하는 실험을 해 본 기억이 있을 것이다. 이때 철사가 얼음을 가르는 이유는 압력이 얼음의 녹는점을 낮추기 때문이다. 같은 원리로 남극 빙상 같은 거대한 얼음덩어리도 아랫부분은 위쪽 얼음의 엄청난 압력을 받아 녹을 수 있다. 이 상태에서 누군가가 초인적인 힘을 발휘해 그 아래 지반을 기울인다면 빙하는 미끄러지기 시작한다. 빙하학의 세계에서는 이를 활동성 이동basal sliding이라고 부른다.

세 번째 유동 방식은 젖은 흙(전문 용어로는 퇴적물) 위에서 독특하게 흘러가는 것이다. 이번에는 거대한 냉동실에 넣은 거대한 사각 얼음 아래에 폭우가 내린 직후 마당에서 퍼 온 축축한 흙이 담긴 쟁반을 놓는다고 상상해 보자. 이제 얼음은 어떻게 될까? 얼음이 그 아래 젖은 흙에 압력을 가하면서 입자들 사이에 난 작은 공극 속의 물에도 압력이 가해지고 이 때문에 토양 입자들 사이의 마찰 저항이 줄어든다. 그러면 토양은 약해져서 쉽게 변형되고 이때 쟁반을 기울이면 마치 산사태가 난 듯 흙이 흘러내린다. 이처럼 쉽게 변형되고 축축한 진흙 위에서는 사각 얼음이 보란 듯이 미끄러질 것이다. 이러한 얼음 유동 메커니즘을 퇴적물 변형sediment deformation이라고 일컫는다.

이렇듯 빙하는 얼음 결정의 변형과 얼음의 미끄러짐, 빙하 아래 퇴적물의 변형, 이 세 가지 방식으로 이동한다. 쉬운 표현으로 바꿔 보면 어떤 빙하는 기어가고(얼음 결정 변형만 일어나는 경우), 어떤 빙하는 걸어가며(얼음 결정 변형과 활동성 이동이 일어날 때), 극소수의 일부 빙하는 얼음 결정이 변형되고 지반 위를 미끄러져 내려가는 동시에 그 아래 퇴적물이 변형되어 전력 질주를 한다는 뜻이다. 알프스산맥의 작은 빙하들은 걸어가는 빙하로 분류할 수 있다. 상아롤라 빙하의 중심은 1년에 평균 약 10미터씩 움직인다. 빙하의 중심을 기준으로 삼은 까닭은 가장자리와 달리 주변 암석과의 마찰로 속도가 느려지지

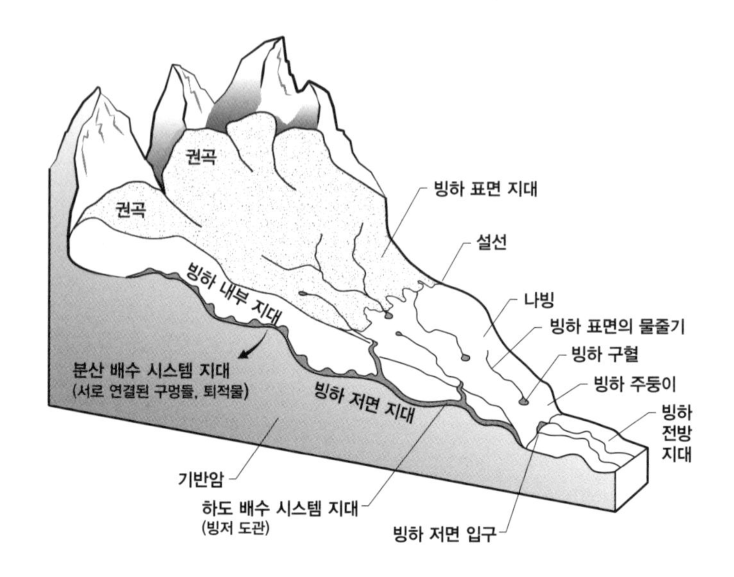

않기 때문이다.[3] 그러나 여름의 짧은 기간 동안 빙하빙의 이동 속도는 두 배 이상 증가하기도 한다. 융빙수가 빙하의 기저 면에 닿아 빙하빙이 지면에서 살짝 떨어질 만큼 엄청난 압력으로 빙하를 밀어내기 때문인데, 이를 수압 잭hydraulic jacking 현상이라고 부른다.[4] 기저에 물이 흐르는 빙하들의 공통점은 빙하 유동의 많은 부분을 좌우하는 과정이 주로 이 황폐한 틈, 이른바 빙하 저면 지대에서 일어난다는 것이다.

내가 참여한 프로젝트의 주요 목표는 말 그대로 상아롤라 빙하의 기저부에 닿는 것이었다. 계곡에 꼭 맞게 들어앉은 이 곡빙하는 케임브리지 대학이 주도한 '아롤라 프로젝트'의 주요 연구 대상이었고, 이 프로젝트를 이끈 나의 빙하학 영웅 마틴 샤프Martin Sharp 교수는 '직접 발로 뛰어' 빙하 밑에 무엇이 있는지 알아보겠다는 대담한 목표를 세웠다. 이를 위해서는 100미터 두께의 움직이는 얼음덩어리를 꿰뚫어야 했다.

내가 느끼는 빙하의 가장 큰 매력 가운데 하나는 그 안에서 일어나는 작용을 직접 보거나 만질 수 없다는 사실이다. 어디까지가 얼음이고 어디서부터 암석이 시작되는지는 상상에 맡길 수밖에 없다. 빙하가 이동하면서 끊임없이 표석과 돌, 모래를 집어삼켰다가 토해 낸 황폐한 환경에서 어떤 생물이 생존할 수 있는지도 추정만 할 뿐이다. 증거는 얼음이 물러난 뒤에야 드러난다. 얼음에 깎이고 갈린 암석 표면과 융빙수가 지나간 통로, 다져진 퇴적물 등의 화려한 장식 등이 바로 어둡고 척박했던 빙하 저면 지대의 흔적이다.

빙하는 실제로 그곳에 도착하기 한참 전부터 주변 대기의 급격한 변화로 그 존재를 감지할 수 있다. 그러나 빙하의 앞쪽(빙하 주둥이 또는 말단이라고 부른다)에 닿으려면 빙하 전방 지대라는 곳을 지나야 한다. 이곳은 마치 누군가가 황급히 버리고 떠난 집처럼 표석과 자갈, 모래, 빙력토가 어지럽게 흩어져 있다. 빙하가 전진과 후퇴를 거듭하면서 퇴적물과 암석을 토해 놓은 탓이다. 달 표면처럼 울퉁불퉁하고 황량한 이 벌판에서 볼 수 있는 생의 흔적은 구불구불 흘러가는 뽀얀 하천과 빙퇴석 사이사이에 고여 있는 에메랄드빛 호수뿐이다. 이곳을 지날 때는 하천 부근에서 흔히 볼 수 있는 진창과 구멍 등을 피해 가며 걸음을 옮기는 자신의 발 외에는 아무것도 눈에 들어오지 않는다. 빙하로 인해 깎여 나온 미세한 퇴적물이 쌓인 진창에는 이따금 물을 잔뜩 머금은 채 다리를 집어삼키는 죽음의 덫이 숨어 있기도 하다. 등산 스틱으로 표면을 찔러 보면 지방이 가득한 뱃살처럼 출렁거린다. 어떤 교과서에도 나오지 않지만 우리는 이런 부분을 '포커 진흙'이라고 부른다.

이와 함께 얼음처럼 차가운 바람이 점차 폐를 파고들면 짜릿한 흥분과 불길한 예감이 동시에 밀려든다. 아릿한 얼음의 냄새. 그 부드럽고 차가운 손가락이 코를 간질이기 시작하면 한편으로는 반가움이, 다른 한편으로는 경계심이 온몸을 감싼다. 이 '활강' 바람은 얼음에 냉각되어 무거워진 공기가 빙하 주둥이로 내려오면서 불어오는 바람으로 종종 하루 종일 불기도 한다. 현지 주민들은 그것을 빙하의 영혼으로 여기기도 한다.[5] 나는 준비하라는 신호로 생각한다. 이 바람을 마주하면 옷을 한 겹 더 껴입고 빙하의 가파른 앞면을 힘겹게 올라갈 각오를 다진다.

솔직히 말하면 나는 상아롤라 빙하를 처음 보고 적잖이 실망했다. 주변을 에워싼 암석 지형과 거의 구분되지 않아서 정말 빙하가 맞을까 하는 의문이 들기도 했다. 빙하 주둥이는 그 이름에 걸맞게 추잡한 몰골을 하고 있다. 마치 먹이를 찾는 돼지처럼 진흙에 주둥이를 박고 있는 탓이다. 빙하는 이동하면서 기반암의 퇴적물과 돌멩이를 뜯어내고 주변 계곡에서 떨어져 내리는 암석을 맞기도 한다. 그런 뒤 좀 더 낮은 곳으로 내려와 녹기 시작하면서 이런 암설들을 풀어놓는 것이다. 고도가 낮을수록 기온은 높아진다. 빙하의 주둥이는 비교적 고도가 낮기 때문에 항상 이곳에서 용융이 가장 활발하게 일어난다. 따라서 잿빛 암설이 얼음 옷을 벗어 놓는 속도도 이곳에서 가장 빠르다. 그 결과 빙하 가장자리와 앞쪽에는 흙더미가 어지러이 쌓여 융기를 이루는데, 이를 빙퇴석이라고 부른다. 빙하 주둥이는 움직이지 않고 고요하며 거의 죽어 있는 듯 보이지만 얼음은 느리게나마 끊임없이 흐른다. 1년간 용융으로 소실되는 얼음의 양보다 강설량이 더 많아야만 빙하가 전진한다.

그렇게 나는 머뭇거리며 빙하 위로 첫발을 내디뎠다. 빙하의 앞부분은 위험천만한 지형이다. 종착지의 얼음이 점점 얇아지면서 그 밑에서 융빙수를 수송하는 수로들의 지붕이 무너져 구멍과 균열이 가득한 경우가 많다. 사실, 상아롤라 빙하의 주둥이는 딱히 가파르지 않았다. 융융 속도가 빠르고 얼음의 유동이 비교적 느린 탓에 완만한 경사를 이루었다. 그러나 운동이라고 해 봐야 케임브리지셔의 평원을 자전거로 느긋하게 달리기만 했던 사람에게는 이마저도 꽤 난코스였다. 나는 경험 많은 동행들의 발자국을 밟아 가며 동쪽의 가운데 빙퇴석(중앙퇴석)을 천천히 오르기 시작했다. 그나마 중앙퇴석은 안전하게 나빙bare ice을 오를 수 있는 길이다. 빙하 계곡의 상부와 측부에서 얼음 위로 암석이 떨어져 내리는 산악 빙하에서는 이런 빙퇴석을 흔하게 볼 수 있다. 빙하 위쪽의 암석들이 겨우내 줄기차게 내리는 눈에 파묻혔다가 얼음과 함께 아래로 내려와 빙하의 하부 양옆에 다시 쌓이고, 얼음이 녹으면서 암석들은 표면으로 나와 높은 등성이를 이루며 그 아래 눈이 녹는 것을 막아준다. 빙하를 걸어 올라간다면 빙퇴석을 찾아가는 것이 좋다.

마침내 가파른 주둥이를 지나고 나자 가쁜 호흡이 느려지고 후들거리던 다리가 균형을 되찾기 시작했다. 나는 조심스럽게 빙퇴석에서 내려와 얼음 위에 올라섰다. 처음 얼음을 밟은 그 순간은 중요한 합일의 상징으로 남아 있다. 그 후로 수없이 빙하를 밟았지만 그날의 기분은 지금도 잊지 못한다. 발밑에서 불안정한 표면이 으스러지면서 내는 소리를 수없이 들으면서도 수백 미터 두께의 움직이는 얼음덩어리를 걷는 기분은 너무도 황홀했다. 그때 느낀 신비감과 위기감은 아무리 시간이 흘러도 결코 무뎌지지 않는다.

빙하 표면에는 얼음으로 에워싸인 물줄기들이 어지러이 흐르고 있다. 햇살을 받아 청량한 청록색으로 빛나는 이 물줄기는 평온한 듯 보이지만 어느 순간 깊은 구멍, 즉 빙하 구혈을 만나 빙하의 기저까지 콸콸 흘러들기도 한다. 빙하 구혈의 심연을 들여다보면 현기증이 일곤 한다. 아무리 저항하려고 해도 '만약에……' 하는 가정이 머릿속을 떠나지 않는다. 만약에 발을 헛디뎌 저 깊은 구덩이에 거꾸로 처박힌다면? 만약에, 만약에, 만약에…… 그만! 하지만 빙하 구혈은 중요한 역할을 한다. 그 어두운 심연으로 엄청난 양의 물을 흘려보내며 빙하의 표면과 기저를 연결하는 유일한 통로이기 때문이다.

무거운 다리를 이끌고 우지끈우지끈 하는 소리를 들으며 한 시간쯤 걸어가자 지평선에 신기한 광경이 나타났다. 윙윙거리는 기계 주위로 부산하게 움직이는 형상들이 보였다. 가까이 가 보니 뒤엉킨 검은 호스와 거대한 수조들, 각양각색의 연장들이 기계를 둘러싸고 있었다. 한 사람이 창처럼 생긴 장대를 들고 있었는데, 그 끝에서 거센 물줄기가 뿜어져 나왔다. 그 유명한 시추 현장이었다. 케임브리지 대학의 유능한 과학자들이 아주 긴 호스를 사용해 아롤라 빙하의 두께를 재고 있었다.

얼음 위에 수직으로 세운 금속 드릴의 노즐에서 뜨거운 물이 고압으로 분사되면서 세차장의 고압 호스처럼 힘차게 살아났다. 몇 시간에 걸쳐 수백 미터 두께의 빙하를 뚫자 질척한 바닥으로 이어지는 구멍이 생겨났다. 찻잔 받침만 한 크기였다.

때는 1990년대 초반이었고 그 이전까지 빙하의 기저에 접근하는 시도는 거의 이뤄지지 않았다. 선구적인 아롤라 프로젝트의 목표는 작은 사각형(50미터×200~300미터)의 구역에 빙하 표면에서 기저까지 여러 개의 구멍을 뚫은 뒤 그리로 압력계와 온도계를 넣어 물이 얼음의 기저에서 어떻게 흐르는지 측정하는 것이었다. 시추공은 빙하 표면을 걸을 때 잘 보이지 않았으므로 빙하 기저로 연결된 장치의 선을 보고 위치를 가늠할 뿐이었다. 이런 시추공을 들여다볼 때면 서늘한 푸른색과 흰색의 유리 같은 매끈한 얼음벽에서 물이 소용돌이치다가 점점 어두워져 급기야 검은 점으로 바뀌는 광경에 넋을 잃곤 했다. 해마다 상아롤라 빙하의 기저까지 이어지는 시추공이 약 30개씩 뚫렸고 이 구멍들은 빙하의 작용에 관해 많은 것을 알려 주었다. 시간이 갈수록 시추공 주위의 얼음이 지속적으로 움직이고 변형되면서 일직선의 구멍은 바나나 모양으로 변했다. 상부의 얼음이 하부의 얼음보다 더 빨리 흐르는 탓이었다. 이는 여러 종류의 빙하 유동이 누적되어 나타나는 효과인데, 빙하의 하부에서 표면으로 올라올수록 누적 효과가 커진다.

그러나 무엇보다도 나를 매료시킨 것은 시추공들이 들려주는 물의 이야기였다. 대부분의 시추공은 안을 들여다보면 이상하게도 말라 있는 듯 보였다. 그러나 구멍이 뚫리는 동안에는 물이 찰랑거리기도 했다. 그러다 드릴의 노즐이 빙하 기저에 닿는 순간, 마치 누가 플러그를 뽑기라도 한 듯 물이 때로는 느리게, 때로는 빠르게 어디론가 사라져 버렸다. 그렇다면 그 구멍이 빙하 밑에 있는 모종의 활동성 배수 시스템 지대, 이를테면 얼음과 암석 바닥으로 둘러싸인 하도river channel(빙하학자의 용어로는 '빙저 도관subglacial conduit')를 지나갔다는 뜻이었다.

물이 빠지는 속도가 빠를수록 그리고 드릴 작업 후 시추공 속의 물 수위가 더 많이 떨어질수록 빙하 아래로 물을 빠르게 수송하는 하도와 교차했을 가능성이 높았다. 이러한 하도는 융빙수를 끊임없이 집어삼킬 수 있었다. 얼음벽이 녹으면 하도가 확장될 테고 그러면 융빙수의 압력이 낮아져서 시추공 속 수위도 낮아지는 것이었다. 그러나 때로는 빙저 도관이 미처 다 배수할 수 없을 만큼 순식간에 상황이 변하기도 했다. 표면 용융의 큰 변동으로 물이 끊임없이 빙하 기저로 흘러 들어가면 하도들과 교차하는 시추공들의 수위가 하루 사이에 무려 100미터씩(거의 얼음의 두께만큼) 요동치기도 했다.[6] 빙하 밑을 흐르는 이런 고효율의 하도들 옆에는 아주 작은 물길들이 서로 연결된 늪 같은 지대가 있었다. 융빙수는 이런 물길들로 매우 느리게 이동하다가 결국 빠르게 흐르는 하도로 들어갔다. 전문 용어로 분산 배수 시스템distributed drainage system(30쪽 그림 참조)이라고 부르는 이 작은 물길들은 조금씩 꾸준히 녹는 물을 적절히 배수했지만 융빙수가 넘쳐흐르면 과한 압력을 받아 없어지곤 했다. 그러고 나면 그 자리에 매우 효율적이고 빠른 하도가 형성되었다.

시추공의 맹점은 빙하 저면 지대의 전체가 아니라 한 지점에서 일어나는 일만 알려 준다는 것이다. 상아롤라 빙하의 경우 빙하 아래 지대는 수 제곱킬로미터에 달한다. 그러나 얼음 밑에서 일어나는 일을 좀 더 '줌아웃'할 수 있는 방법이 몇 가지 있었다. 그중 하나는 염료 추적 방식dye tracing이었다. 아롤라 프로젝트에 합류한 지 얼마 안 되어서 나는 케임브리지 대학에서 박사 과정을 밟고 있는 호리호리한 학생 피트 니노Pete Nienow를 우연히 만났다. 그는 바닥이 얇은 캔버스화를 신고 아롤라 마을에서부터 우리의 캠프까지 가파른 산길을 땀 한 방울 흘리지 않고 40분 안에 오르내리기로 유명한 인물이었다. 피트는 무해한 진분홍색 염료 추적자를 사용해 이 빙하의 배수 시스템을 전반적으로 보여 주는 '큰 그림'을 얻고자 했다.

그는 매일 염료 가루가 담긴 작은 봉지를 배낭에 넣고 빙하 구혈이 보일 때까지 빙하를 올라갔다. 빙하 구혈이 나타나면 그 안으로 빠르게 흘러들어 가는 물에 재빨리 분홍 염료를 뿌린 뒤 아래쪽으로 달려가 물이 보글거리며 나오는 빙하 주둥이의 주요 하도에 염료가 나타나기를 초조하게 기다렸다. 사실 염료는 빙하 주둥이에 이르면 완전히 희석되어 색이 나타나지 않았지만 형광 측정기로 잔여물을 탐지할 수 있었다. 이 기구는 작은 광선을 물에 비춘 뒤 분홍색 입자가 흡수하는 빛의 양과 반사하는 빛의 양을 측정해 하도에 남아 있는 염료의 양을 산출했다. 빙하 앞쪽 하천에 염료가 나타났다가 사라지는 속도가 빠를수록 물이 더 빠르고 효율적으로 흐른다는 뜻이었다. 피트는 몇 년에 걸쳐 여름마다 빙하 표면을 수놓은 빙하 구혈 30여 개를 찾아 이 과정을 되풀이했다.

이 염료 추적 실험을 통해 설선이 빙하 위쪽으로 후퇴하고 융융의 속도가 급격히 빨라지는 여름이면 빙하 밑의 무질서하고 느린 물길을 통과하는 융빙수의 흐름이 빠르고 효율적인 하도의 흐름으로 바뀐다는 사실이 드러났다.[7] 간단히 말하면 빙하 밑에 어지러이 뒤엉켜 있던 좁은 시골길들이 무너지고 넓은 고속도로가 뚫린다는 뜻이다. 빙하 전체를 대상으로 하는 피트의 실험 결과는 '단일 지점' 시추공 실험을 보완해 주었다. 시추공 실험은 물의 수위를 통해 빙하의 빠른 배수 시스템과 느린 배수 시스템이 하루 동안 어떻게 상호 작용하는지 보여 주었다. 낮 동안에는 빙하 표면의 얼음이 녹아 빙하 밑의 고효율 하도로 흘러들어 갔고 여기서 넘쳐흐른 물은 가장자리로 빠져나가 그 너머의 느리고 비효율적인 배수로망을 침투했으며, 밤에는 이 흐름이 역행하여 물이 다시 하도로 돌아갔다.[8]

훌륭한 배수 시스템이었지만 결코 완벽하지 않았다. 봄이 되어 갓 녹은 눈이 빙하 구혈과 크레바스를 통해 기저로 쏟아져 들어가면 내부의 배관이 갑자기 불어난 물을 감당하지 못하고 엄청난 수압 때문에 사실상 빙하가 지반에서 들려 올라갔다. 빙하가 융빙수의 힘에 의해 통째로 들려 올라갔다고 상상해 보자(직접 볼 수 있다면 더 좋겠지만). 그 아래 암석의 마찰력이 사라지면서 빙하는 갑자기 앞으로 나아간다.[9] 세계 각지의 빙하들이 해마다 봄이면 겪는 현상이다. 그러나 빙하 밑에 다시 하도가 형성되어 고여 있던 융빙수가 모두 빠지고 나면 빙하는 다시 암석 위로 내려 앉아 속도가 느려진다.

상아롤라 빙하에서 여러 작업을 하며 긴 하루를 보낸 뒤 저녁에 터벅터벅 얼음을 내려와 빙하 전방 지대를 지날 때면 피로에 모든 감각이 둔해지면서 황량한 산과 깊이 연결되는 느낌이 들었다. 내려오는 길에 동쪽을 보면 삐죽삐죽 솟은 당 드 부크탱Dents de Bouquetins('부크탱의 이빨'이라는 뜻—옮긴이)이 석양에 연분홍빛으로 물들어 갔다. 이곳은 빙하 위로 무려 1,000미터쯤 솟은 전형적인 '아레트', 즉 즐형산릉이었다. 약 2만 년 전 마지막 한랭기에 계곡의 상당 부분이 빙하로 덮여 있다가 강한 침식에 의해 날카로운 산릉이 남은 곳이다.

이 산릉은 '부크탱'이라고도 불리는 동물인 알프스 아이벡스(카프라 아이벡스*Capra ibex*)의 이름을 땄다. 이 동물은 사슴과 비슷해 보이지만 자세히 뜯어 보면 염소의 친척이다. 알프스 산맥 여러 지역에 서식하며 대개는 설선 근처에서 암벽을 단단히 움켜쥐는 발굽을 이용해 아찔한 봉우리들을 건너다닌다. 나는 가끔 땅거미가 질 때 높은 절벽 위에 독특한 뿔을 과시하며 앉아 있는 아이벡스를 목격했다. 이 우아한 산악 염소는 암수에 따라 외부 형질이 다른, 이른바 '성적 이형' 동물이다. 수컷의 위풍당당한 뿔은 뒤쪽으로 휘어져 있고 평생 동안 자라서[10] 길이가 1미터에 이르기도 한다. 수컷 아이벡스의 뿔 길이는 무리 내에서 서열을 결정한다. 암컷은 수컷에 비해 뿔과 몸집이 작다. 대개는 암컷과 수컷이 떨어져서 생활하다가 늦가을 짝짓기 철에 만난다. 뿔 달린 염소는 별자리 가운데 염소자리의 상징이기도 한데, 우연히도 12월의 동지 언저리인 이 별

자리의 날짜가 카프라 아이벡스의 주요 번식철과 겹친다. 혹시 고대 사람들은 한겨울에 비옥함과 부활을 기원하는 동지를 튼튼한 발굽을 가진 이 산악 동물의 번식 주기와 연결 지은 것이 아닐까?[11]

사람들의 눈을 피해 다니는 이 동물은 오래전부터 알프스 주민들을 매료시켰다. 중세 시대에는 아이벡스의 신체 부위들이 마법과 치료의 힘을 더해 준다고 믿었고 한때는 이들의 고기를 즐겨 먹기도 했다. 실제로 1991년 오스트리아의 외츠탈 알프스 고지대의 빙하 속에서 발견된 5,000년 전의 냉동인간 외치Ötzi의 위 잔해에 조리한 아이벡스 고기가 남아 있었다.[12] 그런가 하면 3만 년 전 아르데슈의 쇼베퐁다르크 동굴 벽화 같은 프랑스의 선사시대 동굴 벽화에도 이 동물이 등장한다. 그러나 15세기에 화기가 발명된 이후 아이벡스는 슬픈 운명을 맞이했다. 무분별한 사냥으로 멸종 위기에 처한 것이다. 최근에 이르러서야 아이벡스를 되살리기 위한 여러 보호 정책과 캠페인 덕분에 다시 번성하기 시작했다.

알프스 아이벡스는 몸집이 좀 더 작은 친척인 샤무아, 즉 알프스산양과 혼동하기 쉽다. 알프스산양의 뿔은 아이벡스의 뿔보다 훨씬 더 작고 끝부분이 휘어져 있으며 얼굴에는 흰색이 섞여 있다. 이들은 좀 더 낮은 산비탈을 돌아다닌다. 나는 아롤라 마을과 캠프 사이를 수없이 오가면서 알프스산양을 자주 보았다. 이 동물은 눈보다 귀로 먼저 존재를 알렸다. 돌멩이가 떨어지는 소리에 고개를 들어 보면 대담하고 날렵한 산양 한 마리가 중력을 무시한 채 깎아지른 듯한 절벽을 육상 선수처럼 건너뛰는 모습이 얼핏 보였다. 그러나 운이 따라 주지 않으면 그마저도 놓치기에 십상이었다.

아롤라에서 보낸 첫 여름은 내 인생에서 가장 신나는 시기였다. 나는 수직에 가까운 비탈에 몸을 던져 가며 얼음도끼, 즉 피켈로 추락하지 않는 연습을 했다. 로프를 사용해 크레바스를 건너는 법을 배웠고 무엇보다도 높은 고도에서 목이 타들어 갈 정도로 독한 브랜디를 마시고도 다리에 힘을 주는 법을 터득했다. 혈기 넘치는 경험이었다. 현장에서 공동생활을 하며 느끼는 즐거움은 전염성이 강했다. 살면서 그렇게 많이 웃어 본 적이 없는 것 같았다. 한마디로 나는 완전히 매료되었다.

그렇긴 해도 결코 쉬운 일은 아니었다. 우리는 매일 똑같은 일과를 이어갔다. 아침에 일어나면 홍차로 몸을 녹이고 모래알처럼 거친 시리얼 한 그릇으로 식사를 때웠다(실제로 빙하에서 나오는 모래가 모든 장벽을 뚫고 들어와 온갖 음식과 물건에 섞인다). 그러고 나면 빙퇴석을 거쳐 얼음 위로 올라갔다. 햇살이 뜨거운 날이면 낮에 축적된 강렬한 열기로 밤새 뇌전이 치곤 했다. 천둥 번개가 마치 끝없는 원을 돌며 순환하기라도 하듯 동굴 같은 계곡을 울리고 가파른 암벽에 메아리치길 되풀이했다. 이 장엄한 뇌전은 내 머릿속에 흑백의 그림으로 새겨졌다. 1초도 안 되는 짧은 순간, 번쩍거리는 번개에 포착된 빙폭은 마치 어둠 속을 서성거리는 사악한 맹수 같았다. 이튿날 아침에 잠에서 깨면 언제 그랬냐는 듯 감쪽같은 세상이 펼쳐졌다. 마치 기억의 망령들이 흑백으로 나타나는 나쁜 꿈을 꾼 것처럼.

빛바랜 캔버스 천막들이 옹송그리고 있는 우리의 작은 캠프는 하아롤라 빙하의 빙폭이 내려다보이는 산허리의 우묵한 곳에 자리하고 있었다. 주위를 에워싼 황량한 암석 비탈에는 듬성듬성 거친 풀이 자라 있어서 이따금 꾀죄죄한 양들이 예고도 없이 불쑥 나타나 풀을 뜯곤 했다. 한밤중에 맛있는 먹이를 찾아 텐트 자락 안으로 파고드는 녀석들 때문에 화들짝 놀라 잠이 깰 때도 많았다. 캠프 아래로 흐르는 빙하 강의 요란한 물살이 늘 백색소음을 일으켰다. 밤사이 기온이 떨어지면 빙하의 용융이 줄어들어 아침에는 비교적 물살이 잔잔한 편이었지만 늦은 오후가 되면 절정에 달했다. 이 뽀얀 물은 밤낮으로 퇴적물을 싣고 하류로 흘러 론강과 만난 뒤 제네바호를 거쳐 프랑스 남부 아를 인근에서 지중해로 흘러들었다.

우리의 큰 강들 가운데 상당수는 고산의 얼음이나 눈이 녹아 흐르는 작은 물줄기에서 발원한다. 그렇다면 발원지의 얼음이 다 녹으면 어떻게 될까? 빙하가 끊임없이 녹아내리고 인근에 주민이 많이 살고 있는 지역이라면, 예를 들어 히말라야산맥이나 안데스산맥이라면 이는 더더욱 시급하게 생각해 볼 문제다. 이런 하천에는 빙하분glacial flour이라는 암석 가루가 들어 있는데, 이는 비옥한 영양분으로 입증되었다. 스위스 여러 계곡의 농부들도 풍작을 기원하며 농작물에 빙하 용융수를 뿌린다. 그러나 이 뿌연 물을 음용해선 안 된다. 빙하 강을 뿌옇게 만드는 미세한 암분에는 비소나 수은, 납 같은 중금속이 다량 함유되어 있으며 이런 광물질은 위벽을 긁을 수도 있다.

그 첫 여름에 나는 상아롤라 빙하에서 흘러나오는 하천이 얼마나 거센지 일찌감치 실감했다. 어느 날 나는 막대가 달린 프리즘을 들고 강을 건너가려 했다. 한 동료가 위쪽 하안 단구에서 그 프리즘의 위치를 측량하려는 참이었다[계측용 프리즘은 대개 거리를 측량하고자 하는 지점의 전경이 보이는 높은 곳에 설치한 측량 기구(여기서는 광파 거리 측정기)가 보내는 광선을 다시 그 기구로 반사한다. 신호가 돌아오는 데 걸리는 시간으로 거리를 측정한다]. 나는 프리즘을 떨어뜨리지 않도록 단단히 고정하고 중심을 잃지 않으려고 아주 천천히 걸음을 옮겨 하천 한가운데 이르렀다. 그러나 물살이 고무장화를 신은 내 가느다란 다리를 엄청난 힘으로 떠밀었다. 순간 나는 중심을 잃고 자갈이 뒤덮인 강바닥을 굴러 하류로 휩쓸려 내려갔다. 얼음처럼 차가운 물이 가차 없이 나를 내동댕이치며 수력 발전소 쪽으로 몰아갔다. 겁이 나기는커녕 아무 생각도 나지 않았다. 어떻게든 일어서려 했지만 거센 물살에서는 쉽지 않았다. 다행히 우리 팀원인 연한 적갈색 머리의 키 큰 마크가 파란색과 흰색이 섞인 내 건식 잠수복이 까딱거리는 것을 발견하고 나를 건져주었다. 그렇게 빙하 탐사 현장에서 나의 첫 로맨스가 싹텄다.

첫 여름의 탐사가 끝나고 아롤라 빙하를 떠날 때 나는 여러 가지 이유로 감상에 휩싸였다. 몇 주 전만 해도 서로 전혀 몰랐던 동료들과 헤어지려니 여간 서운하지 않았다. 내가 떠나고 몇 년 뒤에 아롤라 프로젝트에서 놀라운 발견을 하게 되었다. 지금은 캐나다에서 활동하는 마틴 샤프 교수가 영국의 미생물학자들 및 화학자들과 협력하여 빙하 기저까지 뚫은 시추공의 바닥에서 생물을 발견해 전 세계 학자들을 놀라게 한 것이다.[13] 예상치 못한 발견을 두고 가끔 돌아보면 그때는 왜 몰랐을까 하는 의문이 든다. 어째서 빙하 밑에 생물이 있을 거라고 예상하지 못했을까? 생각해 보면 어이없는 일이었다. 물이 풍부하다면 당연히 생물이 존재할 수 있다. 그러나 이 엄청난 발견을 하게 된 것은 생물학자들과 협력하면서 주로 물리학자나 지리학자인 빙하학자들이 새로운 분야에 마음을 연 덕분이었다. 이는 학문 분야 간의 전통적인 경계를 허물고 서로 협력하는 일이 얼마나 중요한지 잘 보여 주는 사례다. 새로운 아이디어는 바로 그런 인습적인 경계 지점에서 샘솟는다.

물론 아롤라 빙하에서 발견된 생물은 기껏해야 현미경으로만 볼 수 있는 미생물이었다. 그러나 지구상에서 가장 적응력과 회복력이 높은 미생물이다. 관련 논문은 세계 각지에서 찬사를 받았지만 우리 중 그 빙하를 잘 아는 사람들은 시추공의 위치가 절벽 위에 자리한 부크탱 산장의 인간 배설물을 처리하는 배관에서 멀지 않았다는 사실을 떠올렸다. 그러나 그 후 내가 참여한 많은 탐사는 실제로 빙하의 어느 곳에서나 생물을 찾을 수 있다는 점을 보여 주었다. 이들은 척박한 환경에서 영리한 생물학적 기법을 총동원하여 생존하고 있다. 그들은 어떻게 생존하고 기능할까? 빙하를 넘어 다른 지역에는 어떤 영향을 미칠까? 나는 지난 20년 동안 이 미스터리를 풀기 위해 노력했다.

2018년, 나는 26년 전에 열정적이고 서툰 대학생으로 처음 마주한 상아롤라 빙하를 다시 찾아갔다. 내가 사랑했던 빙하와 재회한다는 기대감에 한껏 들떠 해발 2,000미터의 아롤라 마을에서부터 가파른 산길을 걸어 한때 우리의 캠프가 있던 곳으로 향했다. 등정은 내가 기억하는 것보다 쉬웠다. 케임브리지셔의 평지에 길들었던 그때와는 달리 잉글랜드 남서부의 험준한 산지를 다니며 몸이 단련된 덕분이었을 것이다. 얼음을 향한 열정을 확실하게 굳혀 준 곳에 돌아오자 한편으로는 신나면서도 다른 한편으로는 마음이 뭉클했다. 기억이 홍수처럼 밀려들었다. 빛바랜 천막들이 옹기종기 모여 있는 작은 터전에서의 생활부터 매일같이 오르던 험난한 빙하 등반길, 심지어 특정한 표석들의 위치까지 모조리 떠올랐다. 그러나 나를 경악하게 만든 것은 따로 있었다. 산꼭대기부터 바닥까지 웅장하게 흘러내리던 빙폭이 이제는 알아볼 수 없게 변한 것이다. 크레바스가 뒤엉킨 하나의 몸통으로 가파른 암벽을 따라 길게 이어져 있던 '빙하의 혀'는 가운데가 잘린 채 윗부분이 아래쪽 계곡의 하아롤라 빙하와 분리되어 있었다. 그리하여 한때 이 빙폭에 의해 흐르던 하아롤라 빙하는 약 1킬로미터쯤 짧아졌다. 나는 한 빙하의 죽음을 목격한 것이다.

이 현곡의 가장자리 너머로 상아롤라 빙하가 침식한 주요 계곡에 이르렀을 때 다시 한번 말문이 막혔다. 빙하가 어디 갔지? 칙칙한 잿빛과 갈색의 풍경이 마치 애도를 상징하는 듯했다. 멀찍이 떨어진 위쪽에는 겨울눈이 아직 녹지 않고 곳곳에 하얀 반점을 이루고 있었다. 눈을 찌푸리자 상아롤라 빙하의 작은 갈색 주둥이가 어렴풋이 보였다. 25년 전에 비해 약 1킬로미터쯤 계곡 위로 후퇴한 채 꼼짝없이 앉아 있는 모습이 시커먼 유령 같았고 아래쪽을 에워싼 가파른 암벽은 수의처럼 보이기도 했다. 나는 경악했다. 오랜만에 돌아온 집이 쑥대밭으로 변한 듯한 기분이랄까? 속이 쓰렸고 도무지 믿기지 않는 광경에 눈물이 났다.

기후 변화는 그저 추상적인 개념처럼 느껴지겠지만 이런 광경을 직접 마주하고 예전 사진과 현재 사진을 비교해 보면 부인할 수 없는 사실임을 체감하게 된다. 이러한 관측은 많은 과학 문헌에서도 찾아볼 수 있다. 위성 사진을 보면 1970년대부터 2010년 사이에 스위스 알프스산맥의 빙하 지역이 20퍼센트 이상 줄었다.[14] 그러나 이것이 인간의 탓이라고 어떻게 말할 수 있을까? 자연적인 주기에 따른 변화는 아닐까? 지구는 분명 여러 차례 극적인 기온 변화를 겪었고 그때마다 빙하는 증가하거나 감소했다. 지난 6,500만 년을 아우르는 신생대 기간 동안 대륙들은 현재 위치로 이동했고 기후는 몇 차례 일시적인 변화가 있긴 했지만 점차 서늘해져 빙하가 점진적으로 증가했다. 이 변화에서 중요한 역할을 한 것은 대기 중의 이산화탄소 농도와 이른바 '온실 효과'의 변화였다. 온실 효과란 태양 빛이 지표면을 데운 뒤 복사 에너지의 일부는 우주로 돌아가고 일부는 구름과 이산화탄소를 포함한 온실가스에 흡수되어 열이 온실에 갇히듯 효과적으로 갇히는 것을 말한다.

신생대의 긴 시간 동안, 그러니까 인간이 끼어들기 전까지 대기 중 이산화탄소의 양은 서로 대항하는 여러 요인들 사이의 주도권 다툼에 달려 있었다.[15] 지구의 판들이 이동하면서 화산 폭발이 일어나면 대기 중 이산화탄소의 농도가 높아진다. 탄소가 풍부한 지구 표면의 암석들이 쪼개질 때도 소량의 이산화탄소가 더해진다. 그러나 다른 암석들이 풍화되고 식물이 성장할 때는 이산화탄소가 제거된다. 육지의 식물과 바다의 식물 플랑크톤이 광합성을 하면서 이산화탄소를 직접 소비하고, 이들의 잔해가 석회석 같은 탄산염암의 형태 또는 이탄지와 영구 동토의 썩지 않는 유기물 형태로 땅속이나 바다 깊은 곳에 묻히면 오랜 기간 동안 대기 중의 온실가스가 제거된다.

이렇게 밀고 당기는 요인들은 상호 작용하는 것으로 보인다. 예를 들어 화산이 뿜어내는 이산화탄소의 양이 많아지면 풍화와 식물의 성장이 촉진되고, 이러한 요인은 다시 가스를 소비해 지구가 너무 뜨거워지지 않도록 돕는다. 흡사 온도조절기처럼 말이다. 지난 4억 년 동안 생물이 바다에서 육지로 올라오면서 육지 식물과 암석의 풍화가 증가했고 이로써 공기 중의 이산화탄소가 점차 제거되면서 화산 폭발이 야기한 이산화탄소의 증가로 지구가 과열되는 것을 막았다고 학자들은 보고 있다.

신생대 동안 여러 요인과 이들 요인이 대기 중 이산화탄소에 미친 영향이 합쳐져 지구는 서서히 몇 차례의 대대적인 빙하기Ice Age(양 극지가 얼음으로 뒤덮인 시대) 가운데 가장 최근의 빙하기로 접어들었다. 약 6,500만 년 전 신생대가 시작될 때 대륙들은 모대륙인 초대륙, 즉 판게아Pangaea에서 떨어져 나와 판을 타고 이동하는 마지막 단계에 있었다. 인도가 유라시아와 분리되었고 인도판이 섭입이라는 과정을 통해 유럽판 아래로 들어갔다. 판들이 만나는 지점에서 화산 활동이 활발해지면서 탄소가 풍부한 암석들을 데워 대기로 이산화탄소가 쏟아져 나왔다. 오늘날의 이산화탄소 농도 400ppm과 비교해[16] 당시에는 1,000ppm이 넘었다.[17] 지구의 기후는 뜨거워졌다. 얼음이 더 커질 수 없을 만큼.

그러나 약 5,000만 년 전부터 인도판과 유럽판이 충돌하며 히말라야산맥과 티베트고원을 밀어 올렸다. 하나의 판이 다른 판 아래로 들어가지 않았으므로 화산 폭발에 의한 이산화탄소는 점차 줄어들었다. 풍화에 의한 이산화탄소의 '침몰'이 증가했는지 여부에 대해서는 의견이 분분하다. 식물의 확산과 일부 대규모 판의 이동이 이를 부추겼을 가능성은 있다. 히말라야의 융기가 침식률을 높이면서 히말라야의 산들은 비바람과 빙하에 풍화되고 비와 융빙수에 들어 있는 이산화탄소의 침습을 받았을 것이다.[18] 이유야 어찌 됐든 약 5,000만 년 전부터 이산화탄소 농도가 감소했고 지구는 '온실' 기후에서 '냉실' 기후로 바뀌었다.

약 3,000만 년 전 남극 대륙에 커다란 빙상이 형성될 만큼 기후가 서늘해졌다.[19] 오스트레일리아와 남아메리카, 아프리카가 남극 대륙에서 서서히 멀어진 것도 한 요인이 되었다. 이 때문에 대륙 주위로 바닷길이 생겨났고 이곳을 시계 방향으로 도는 강력한 해류(남극 환류Antarctic Circumpolar Current)가 형성되어 남극 대륙은 낮은 온도를 유지할 수 있었다. 200만~300만 년 전, 이산화탄소가 더욱 감소하고 기온이 더 낮아지면서 북반구의 빙상이 증가했고, 이때 형성된 그린란드 빙상은 오늘날까지 남아 있다. 빙상들의 크기가 커지면 반짝이는 하얀 표면이 태양 복사의 무려 90퍼센트를 반사하여 우주로 돌려보내면서 서늘한 기후를 유지하도록 돕는다.

신생대의 마지막 200만 년을 제4기라고 부른다. 이 기간에 대기 중 이산화탄소의 농도는 신생대를 통틀어 가장 낮았고 기후는 이미 서늘했다. 기록에 따르면 이 시기 동안 기후의 주도권 다툼에서 새로운 요인이 주요 인자로 떠올라 오랜 신생대 기간 동안 이뤄진 지구 냉각에 새로운 변수를 더했다. 바로 지구 공전 궤도의 변화였다. 태양 주위를 도는 지구 궤도의 모양이 주기적으로 미세하게 변화하면서 지구 표면에 닿는 열의 양에 영향을 미치고 지구의 일정한 한랭화 및 온난화 주기의 페이스메이커 역할을 하면서 지구의 빙하에도 변화를 가져온 것이다.[20] 공전 궤도의 변수는 새로운 현상이 아니었지만 일단 빙상이 커지고 기후가 서늘해지자 그 영향력이 더욱 커졌다. 이러한 현상은 약 300만 년 전부터 더욱 뚜렷해졌다는 증거도 존재한다. 이 때문에 북반구의 여름이 더 서늘해지면서 얼음이 증가했다.[21] 그 후 수만 년의 비교적 짧고 따뜻한 간빙기와 최대 10만 년에 달하는 길고 추운 빙기가 번갈아 나타나는 양상이 이어졌다. 빙기에는 북아메리카와 유럽 전역의 빙상을 포함하여 빙하와 빙상이 늘었고 간빙기에는 빙하가 녹으면서 이른바 '빙기-간빙기의 주기'가 시작되었다.

현재 우리가 속해 있는 홀로세라는 제4기 간빙기는 대략 1만 년 전에 시작되었다. 이 시기 동안 자연적인 기후 변화가 여러 번 일어났다. 예를 들어 중세의 소빙기에는 오늘날에 비해 기온이 무려 섭씨 2도 더 낮았다. 이 시기에 많은 빙하들이 커졌으며 이런 현상은 19세기 중반까지 계속되었다. 빙하가 계곡을 내려와 알프스의 마을을 통째로 집어삼키는 광경을 묘사한

그림도 수없이 많다. 사람들은 이런 얼음 괴물들의 악령을 퇴치하기 위해 주교들을 부르기도 했다.[22]

그러니까 자연적인 기후 변화는 과거에도 일어났다. 지구는 따뜻해졌다가 냉각되기를 반복했다. 그러나 우리가 경계해야 할 사실은 지난 세기 동안 이산화탄소와 메탄 같은 온실가스의 대기 중 농도가 급격히 높아졌다는 점이다. 이 사실은 남극 대륙과 그린란드 한가운데 자리한 고대 얼음, 즉 100만여 년 전에 형성되어 무려 여덟 번의 빙기-간빙기 주기를 거친 얼음층까지 깊은 시추공을 뚫어 표본을 채취한 뒤 그 안에 갇혀 있던 작은 기포들을 살펴본 결과 확인되었다.[23] 지난 세기에 온실가스가 급증한 것은 주로 인간의 활동 때문이다. 화석 연료를 태우고 논을 경작하고 숲을 벌채하고 가축을 키우는 것 외에도 무수히 많은 활동이 원인이 되었다. 일부에서는 이제 인간이 스스로 우리만의 기후 시대를 만들었으니 현재는 더 이상 홀로세가 아니고 인류세로 구분해야 한다고 주장한다.

오늘날 대기 중 이산화탄소 농도는 300만 년 전인 플라이오세 중기와 비슷하다.[24] 당시 지구의 평균 기온은 현재보다 3도 더 높았고 해수면은 20미터 더 높았다. 그린란드와 서남극 빙상이 대부분 사라지고 동남극의 얼음도 일부 사라졌을 것이다.[25] 그렇다면 생각해 봐야 한다. 지금 우리는 어디로 가고 있을까?

우리가 배출하는 온실가스가 점차 늘어나면서 이제는 현재와 비슷한 수준의 온실가스가 지구상에 존재했던 시기를 찾으려면 점점 더 멀리 시간을 거슬러 올라가야 한다. 그러나 과거 온실가스의 주요 요인은 화산 활동의 증가였다. 지금처럼 계속 온실가스를 배출한다면 21세기 중반에는 이산화탄소 농도가 5,000만 년 전의 수준으로 올라갈 가능성이 높다. 그러니까 지구가 너무 뜨거워서 남극 대륙과 그린란드에 빙상이 형성될 수 없었던 시기 말이다. 지금으로부터 200년 뒤에는 4억 년 전과 같은 수준에 도달할 것이다.[26] 불과 200년 뒤에 종말이 올 수도 있다는 얘기다.

컴퓨터 모델링을 통한 전망에 따르면 스위스 알프스 빙하들의 미래는 암울하다. 앞으로 100년 사이에 이산화탄소 배출량을 감축하지 못하면 빙하의 상당 부분이 소실될 것이다. 21세기 말에 이르면 80퍼센트 이상이 사라질 것으로 전망된다.[27] 상아롤라 빙하는 아예 사라지거나 적어도 내가 알던 모습으로 존재하지 않을 것이다. 스무 살 학생 시절의 내게 영감을 주었던 풍경은 돌이킬 수 없이 바뀔 것이고 그 손실은 헤아릴 수 없을 것이다.

2. 곰들, 곰들의 세상

스발바르 제도

설상차를 타고 거대한 바다의 얼음 덮개 위로 파도처럼 솟은 피오르의 얼음 능선 사이를 천천히 지나가고 있자니 그 단조로운 엔진 소리에 최면이 걸리는 것 같았다. 영원 같은 시간이 흐른 듯했다. 신비로운 북쪽 스발바르 제도에서 가장 큰 노르웨이령 섬인 스피츠베르겐 안으로 통통한 손가락처럼 쑤시고 들어온 여러 피오르 가운데 하나인 반 메이옌피오르Van Meijenfjord는 약 1만 년 전, 마지막 빙기가 끝날 무렵 큰 빙상들이 녹고 해수면이 상승하면서 깊은 빙식곡이 물에 잠겨 형성된 지형이다.

내 목적지는 남쪽으로 이웃해 있는 반 쾰렌피오르Van Keulenfjord의 남쪽 연안이었다. 그곳에 가려면 언 바다를 건너는 고된 여정을 두 번이나 거쳐야 했다. 살을 에는 추위를 견디기 위해 모자와 목도리 여러 겹으로 얼굴을 감쌌지만 내 앞에서 천천히 달려가는 설상차가 내뿜는 진하고 매캐한 석유 냄새는 피할 길이 없었다. 매서운 추위가 온몸을 파고들었고 설상차의 전진 레버를 세게 누르고 있는 엄지손가락은 거의 감각이 없었다. 10미터쯤 앞에서 울퉁불퉁한 표면을 윙윙거리며 나아가는 검은 설상차에 눈을 고정하고 있었지만 머릿속에는 두려움이 가득했다. 혹시라도 얼음 위에 희끄무레하게 나타난 무언가를 놓친 것은 아닐까? 그 무언가가 설상차를 낚아채 나를 헝겊 인형처럼 내팽개치는 것은 아닐까?

설상차 운전은 내가 봄에 스발바르 제도에 도착하자마자 익힌 여러 기술 중 하나였다. 모든 기술을 경험 많은 노르웨이 빙하학자들에게 배웠는데, 오슬로 대학의 교수인 욘 오베 하겐Jon Ove Hagen도 그중 한 사람이었다. 전설적인 스발바르 전문가인 욘 오베는 반짝이는 푸른 눈과 전염성 강한 미소, 산전수전을 겪은 사람 특유의 자상한 태도가 매력적인 사내였다. 설상차를 타고 앞장서서 여러 계곡과 피오르, 빙하로 우리를 안내하던 그의 호리호리한 실루엣과, 모자에 달린 귀마개가 거센 바람을 뚫고 날아가는 야생 박쥐처럼 춤을 추던 광경이 지금도 눈에 선하다. 설상차를 탈 때 가파른 계곡의 벽과 타협하는 법(작은 요트를 운전할 때와 똑같이 몸을 좌우로 움직이며 균형을 맞춰야 한다)에서부터 짙은 바다 안개 속에서 갑자기 곰이 나타났을 때 대처하는 법에 이르기까지 내가 알아야 할 모든 것을 욘 오베가 가르쳐 주었다.

스발바르의 얼어붙은 피오르를 건너가는 일은 위험천만했지만 그나마 가장 좋은 시기는 봄이었다. 길고 컴컴한 겨울을 지나 다시 해가 떠오르되, 두 연안 사이를 안전하게 건널 수 있을 만큼 아직 피오르의 얼음이 단단한 시기이기 때문이다. 그러나 여전히 위험이 도사리고 있었다. 우리는 이따금 해빙sea ice이 움직여서 생겨난 작은 틈을 마주하기도 했다. 울퉁불퉁한 얼음 표면에는 물이 고여 있었고, 그 아래 다시 얼음이 숨어 있을지 깊고 차가운 바닷물이 펼쳐질지 아무도 알 수 없었다. 노르웨이인 동행들은 이런 구간을 만나면 '더 빨리 달려가는' 방법을 택했다. 사실 이 방법은 빙하의 크레바스에서부터 피오르의 갈라진 해빙에 이르기까지 거의 모든 종류의 틈에 적용되었다. 떨리는 손으로 레버를 힘껏 앞으로 밀면 잠시 설상차 뒤쪽이 구멍으로 처지는 느낌이 들지만 곧 둔탁하고 요란한 소리와 함께 앞쪽이 엄청난 추진력을 발휘해 빠지지 않고 건너가곤 했다. 무서웠지만 한편으로는 짜릿한 경험이었다. 그리고 끊임없이 이어지는 문제가 하나 더 있었으니…… 바로 곰이었다.

스발바르 제도는 대형 북극곰의 서식지다. 노르웨이에서

는 이스비에른Isbjørn, 캐나다 해안 지방의 이누이트인들 사이에서는 나누크Nanuk로 통하지만 전 세계 많은 사람들에게는 북극곰 또는 백곰으로 알려진 커다란 곰이 이곳에 살고 있다. 라틴어 학명인 우르수스 마리티무스Ursus maritimus는 아마도 바다에서 자양물을 얻는다는 특성을 가장 잘 표현하는 말일 것이다(라틴어로 '*maritimus*'는 '바다의', '바다에서 나는'이라는 뜻—옮긴이). 스발바르에서 일하는 동안 나는 이 힘이 세고 고독한 짐승에 대한 경계를 한순간도 내려놓을 수 없었다. 안개 속에서 비틀거리는 누런 형체가 보일 때마다, 혹은 먼 지평선에 희끄무레한 점이 보일 때마다 나는 생각했다. 곰일까? 이쪽으로 오고 있나? 나는 눈을 찌푸리고 북극곰의 크고 무거운 몸집과 작고 하얀 머리가 보이는지 아니면 그저 순록인지 열심히 살피곤 했다(간혹 순록인 경우도 있었다).

해빙은 북극곰의 가장 중요한 먹잇감인 고리무늬물범의 항구이자 휴식처이므로 스발바르의 피오르들은 북극곰의 생존에 필수적인 이동 통로다. 북극곰은 긴 목과 민첩성을 이용해 얼음 구멍으로 물범을 낚거나 헤엄치는 물범을 염탐한다.[1] 지구상에 존재하는 여덟 종의 곰 가운데 북극곰은 가장 사나운 육식 동물이다. 따라서 21세기 말에 북극의 얼음이 사라진다면[2] 북극곰에게 어떤 영향이 미칠지는 너무도 자명하다. 얼음이 없으면 북극곰은 이동할 수 없고 따라서 주요 식량원에 접근할 수 없게 된다.

불과 50년 전만 해도 북극곰 사냥이 무분별하게 이뤄졌다. 심지어 북극 탐험을 하는 관광객들도 무차별 사격을 가하곤 했다. 그러나 북극곰의 개체수가 감소하자 1970년대 초반 이들의 서식지가 있는 주요 국가들(캐나다, 덴마크, 노르웨이, 미국, 구소련)은 북극곰 보호 조약을 맺기에 이르렀다. 또한 현재 북극곰은 국제자연보전연맹International Union for the Conservation of Nature에 의해 멸종 위기에 처한 '취약종'으로 분류된다. 따라서 스발바르 제도에 가는 사람은 총을 소지하되, 멸종위기종인 북극곰을 총으로 죽인다면 자신의 목숨이 위험했다는 증거를 제시해야 한다. 필립 풀먼의 《황금나침반His Dark Materials》에는 북극곰이 판세르비에른panserbjørn, 즉 '갑옷 곰'으로 등장한다. 이 3부작 소설 첫 편(영국판 원제는 '북극광Northern Lights'—옮긴이)의 배경이 된 스발바르는 내가 아는 스발바르와는 사뭇 다르지만 곰들이 총알도 뚫을 수 없는 갑옷을 입고 있다는 것은 흥미로운 은유인 듯하다. 스발바르의 진짜 북극곰이 가진 유일한 무장 도구는 수백만 년에 걸쳐 진화한 사냥의 본능뿐인데, 해빙이 사라지면 그마저도 쓸모없는 자산이 되어 버릴 것이다.

나는 스발바르에서 곰을 여러 번 보았다. 때로는 멀리서, 때로는 가까이서, 때로는 코앞에서. 내가 만난 곰과 그 모든 경험을 나는 일일이 기억하고 있다. 두려움과 경이가 뒤섞인 압도적인 기분도. 그때마다 이 얼음의 땅에서는 내가 침입자라는 사실을 뼈저리게 자각했다. 이 장엄한 짐승은 나름의 매력을 가졌다. 어떤 경계에도 얽매이지 않고 육지와 바다를 당당히 누비는 자유로움 때문일까? 어쩌면 우리는 모든 것을 스스로 결정하고자 하는 의지를 북극곰에 투영하는지도 모른다. 어쩌면 그런 이유로 우리는 북극곰의 운명에 감정적으로 동요하는지도.

한번은 북극곰의 작고 어두운 눈을 겨우 몇 센티미터 앞에서 바라본 적이 있다. 우리 사이에는 불과 몇 초 전 그 곰이 들어오려 했던 작은 오두막의 얄팍한 아크릴 창문이 가로놓여 있었다. 목제 현관문은 제대로 잠겨 있어야 했지만 잠금 고리에는 주황색 노끈이 달려 있을 뿐이었다. 그날 느지막이 설상차를 타고 도착한 나는 부산을 떨며 끈을 자르다가 집게손가락까지 잘라 버렸다. 뼈가 보일 정도로 심하게 베였고 사방으로 피가 튀었다. 나의 박사 논문 지도교수였던 웨일스 출신의 유쾌한 마틴 트랜터Martyn Tranter와 싱거운 농담을 잘하는 버밍엄 출신의 리치 호지킨스Rich Hodgkins가 함께 있었지만 둘 다 피를 견디지 못하는 탓에 내가 스스로 다친 손가락을 응급처치했다. 그날 밤 맞은편 침대에서 마틴이 천둥처럼 요란하게 코를 고는 소리에 나는 잠을 이루지 못했다. 그러다 무언가를 긁는 듯한 소리가 들려서 2층 침대 위층에서 서둘러 내려왔다. 곰이었다. 곰이 거대한 앞발로 오두막 문을 밀고 있었다. 쉽게 들어올 수 있었지만 다행히 배가 고프지 않은 모양이었다. 곰은 오두막 창문을 잠시 들여다보다가 몇 미터 물러가서 자기만큼 커다란 짝과 불 같은 짝짓기를 했다. 장담컨대, 데이비드 애튼버러David Attenborough(영국의 박물학자이자 영화감독—옮긴이)도 이런 광경은 보지 못했을 것이다!

많은 사람의 머릿속에 북극곰은 털이 복슬복슬하고 귀여워서 연하장에 꼭 어울리는 동물로 각인되어 있다. 잠깐이었지만 내가 들여다본 곰의 눈빛은 냉혹했고 최상위 포식자의 야성이 깃들어 있었다. 포식자를 마주한 먹잇감이 되는 것, 그것은 으스스한 경험이었다. 인간은 결코 우위에 있지 않았다. 장전된 화기를 지녔다는 사실도 그 순간에는 그리 위안이 되지 않았다. 내가 이 장엄한 북극 생명체에게 총을 쏠 수 있을까? 가까운 벽에 걸린 카메라조차 가져올 엄두가 나지 않았다. 내 짧은 생이 이렇게 끝날지도 모른다는 두려움에 다리가 움직여지지 않았다. 다행히 곰들은 밀회를 마친 뒤 다시 안개 속으로 사라졌다. 이튿날 우리는 롱이어뷔엔Longyearbyen에 있는 노르웨이 북극 연구소에 무전을 보내 간밤에 곰들이 나타났다고 보고했다. 무전 상태가 좋지 않았다. "새birds(곰의 복수형 단어인 'bears'와 발음이 비슷하다—옮긴이) 두 마리가 왔었다고요?" 저편에서 노르웨이 억양이 섞인 영어로 이렇게 말하는 소리가 들렸다. 우리가 겪은 시련은 제대로 인정받지도 못했다.

곰이 출몰한 이 칙칙한 적색 목제 오두막은 내가 1990년대에 스발바르에 갈 때마다 머문 숙소였다. 얼룩덜룩한 잿빛의 오래된 빙퇴석들과 피오르의 시커먼 물 사이에 자리한 이 기괴하고 외딴 구조물은 슬레테부Slettebu라고 불렸으며 가까운 핀스테르발더브린Finsterwalderbreen 빙하를 오가기에 완벽한 위치였다. 1862년 독일의 빙하학자 제바스티안 핀스테르발더Sebastian Finsterwalder의 이름을 딴 핀스테르발더브린은(브린은 노르웨이어로 빙하라는 뜻이다) 스발바르 제도 남서쪽의 베델 얄스베르그랜드Wedel Jarlsberg Land에 자리하고 있다. 상아롤라 빙하처럼 곡빙하지만 이 알프스의 빙하보다 규모가 훨씬 더 크다. 빙하의 폭이 넓고 주둥이에서 뒤쪽의 가파른 산까지 약 11킬로미터쯤 완만한 경사를 이루고 있다. 핀스테르발더브린은 북극권에 있기 때문에 항상 기온이 낮기로 악명 높다. 연평균 기온도 영하권이고 겨울에는 섭씨 영하 30도까지 떨어질 때가 많다. 맑고 푸른 하늘과 뜨거운 햇살 아래서 보낸 알프스의 여름과 비교할 때 스발바르에서는 늘 얼음물이 가득 든 양동이에 머리부터 빠진 기분을 느꼈다.

내가 스발바르에 처음 간 것은 1994년이었다. 당시 과학자들은 기후가 비교적 따뜻하고 접근하기 쉬운 알프스의 빙하들과 비교하여 극지의 빙하들이 어떤 운동의 차이를 보이는지 알아보고자 극지로 관심을 돌리기 시작했다. 아일랜드와 비슷한 크기의 스발바르 제도는 약 2,000개의 빙하가 전체 영토의 절반 이상을 뒤덮고 있다.[3] 연중 대부분 영하의 기온이 지속되는 탓에 비교적 작은 빙하들은 거의 항상 영하의 온도를 유지하고 있고 맨 아래층, 즉 빙하의 기저부는 그 아래 기반암에 단단히 붙어 있다. 이런 빙하들은 바닥에 유동을 돕는 물이 없으므로 천천히 일어나는 얼음 결정의 변형에 의해서만 움직일 수 있다. 다시 말해 이곳 빙하들은 기어간다는 뜻이다.

그러나 핀스테르발더브린은 크기가 워낙 커서 그 아래 지반에 얼어붙어 있지 않았다. 북극 빙하들이 모두 그렇듯 핀스테르발더브린도 표면층은 아주 차가운 얼음으로 덮여 있었고, 이 얼음은 겨울에 더 냉각되고 여름에는 좀 더 따뜻해졌다. 그러나 이 영하의 표층을 뚫고 안으로 들어가면 약 0도 정도의 '따뜻한' 얼음 핵에 도달한다. 반으로 가르면 겉은 단단하고 바삭한 층으로 되어 있고 가운데는 부드럽고 유연한 잼이 들어찬 도넛과도 같다. 이처럼 부위에 따라 온도가 다른 빙하를 '다온성 빙하polythermal glacier'라고 부른다. 북극권의 빙하들이 대부분 다온성 빙하이지만, 1990년대 중반 내가 처음 스발바르에 갔을 때만 해도 과학자들은 다온성 빙하에 대해 거의 알지 못했다.

그런데 지반에 얼어붙지 않는 다온성 빙하가 어떻다는 걸까? 어차피 빙하는 다 같은 빙하가 아닌가? 1990년대 과학자들을 사로잡은 의문은 다음과 같았다. 커다란 북극 빙하들의 표면이 영하의 단단한 얼음 층으로 덮여 있다면 여름에 생겨난 융빙수가 과연 차가운 표층을 뚫고 비교적 따뜻한 빙하 기저까지 내려갈 수 있을까? 이것은 놀랍도록 중요한 문제였다. 빙하에 관한 '모든 것'을 뒤흔들 수도 있었다. 빙하 기저에 융빙수가 흐른다면 빙하는 수막 위를 미끄러져서 훨씬 더 빠르게 이동할 것이다. 빙하의 이동 속도는 그 아래 기반암의 침식에 영향을 미치고, 이는 주변 지형을 바꿀 수도 있으며, 한편으로는 호수와 강, 바다의 생물군을 지탱하는 영양 풍부한 빙하분을 공급하는지를 판가름할 수도 있다. 빙하 기저에 흐르는 융빙수는 빙하 아래 미생물이 생존할 수 있는지 여부도 판가름한다. 생물이 생존하기 위해서는 물이 필요하기 때문이다. 빙하 아래 물이 흐르는지 여부를 알아내고 그 흐름을 탐구하는 것이 내 박사 연구의 주제였다. 덕분에 나는 3년 동안 빙하를 마음껏 파헤칠 수 있었다.

당시 나는 스물한 살이었다. 친구들이 회계사 사무실이나 로펌, 경영 컨설턴트 회사에서 자리를 잡기 시작할 때 나는 북극에서 1,000여 킬로미터 떨어진 북위 78도 지역에서 빙하 밑을 흐르는 물을 찾아 얼어붙은 바다를 건너고 있었다. 사실 나에게도 믿기지 않는 일이었다. 학부 시절 나는 박사 과정을 전혀 고려하지 않았고 빙하학자가 되는 건 꿈도 꾸지 않았다. 그러나 스위스의 탐사 프로젝트가 막바지에 이르렀을 때 아롤라 마을에서 우연히 마틴 트랜터 교수님을 만났다. 그는 빙하학계의 괴짜로 소문난 인물이었다. 영국 웨일스 남부의 에부베일에서 자란 그는 늘 자신감이 넘쳤고 짤막한 농담이나 명언을 외우고 다니기로 유명했으며 특히 기분 좋은 일이 있으면 "하루하루가 보너스"라고 외치곤 했다. 당시 언제나 커다란 파란색 파카를 입고 다녀서 더욱 눈에 띄었는데, 오늘날까지도 현장 탐사를 나갈 때면 40여 년 된 이 해진 파카를 입고 다닌다. 아롤라에서 나를 처음 보고 불과 몇 시간 뒤에 그는 브리스틀에서 박사 과정을 밟으면 어떻겠느냐고 태연하게 물었다. 당시 그는 유럽연합EU의 기금 지원을 받아 스발바르의 다온성 빙하를 연구하는 대규모 프로젝트에 참여하고 있었다. 나는 초조하면서도 설레는 기분으로 면접을 보기 위해 브리스틀행 기차에 올랐다. 친근한 수다에 가까운 면접이 끝난 뒤 우리는 술집으로 자리를 옮겼다. 나는 기적적으로 박사 과정에 합격한 듯했다. 당시의 박사 과정 지원은 오늘날과 사뭇 달랐다. 요즘은 지원자가 많이 늘어난 탓에 박사 과정에 들어가려면 선발단의 끈질긴 취조를 견뎌야 한다. 아무래도 고용주들이 박사 학위를 꽤 유용한 자격 요건이라고 생각하는 탓이 아닐까 싶다.

당시만 해도 박사가 되려는 사람이 드물었기 때문에 우리 가족도 3년 동안 빙하 연구로 박사 과정을 밟겠다는 내 선언에 회의적인 반응을 보였다. "대체 왜 그 추운 북극까지 가서 얼음 속에 틀어박히겠다는 거야? 넌 추위라면 질색하잖아!(이건 사실이다)" "남자들 사이에서 여자가 그런 일을 하는 게 쉬울 것 같니?" 하지만 나는 본능적으로 빙하학자라는 직업에 끌렸다. 나는 야생을 좋아했고 자유롭게 산을 돌아다니는 것도 좋아했으며 얼음에 매력을 느꼈다. 그때까지 나는 농부나 농업 관련 기술자, 삼림 감시원 등을 꿈꾸었지만 어느 것 하나 녹록하지 않았다. 대학 입시를 준비할 때 내가 다닌 학교에서는 농업이 여학생에게 적합한 진로가 아니라며 현장 실습을 허락해 주지 않았다. 다른 아이들이 런던의 멋진 사무실로 놀러 다닐 때 나는 세상에 적응하지 못하는 한심한 아이로 집에 틀어박혀 있었다. 그러니 브리스틀 대학이 북극권의 빙하를 연구하는 박사 과정을 제안했을 때 얼마나 기뻤겠는가. 어쩌면 나에게도 희망이 있을지 모른다는 생각이 들었다.

그렇게 해서 나는 지구의 북쪽 끝자락에서 물을 찾기 시작했다. 스발바르의 봄은 아름다웠다. 짙푸른 하늘과 끝없이 펼쳐진 얼음 표면에 반사되는 햇살이 나의 오감을 자극하면서 순수한 기대에 가슴이 부풀었다. 1년 중 가장 좋은 계절이었다. 욘 오베 하겐, 영국인 동료인 앤마리 너털Anne-Marie Nuttall과 함께 피오르를 건너고 빙퇴석을 구불구불 피해 가며 올라가면 눈 덮인 핀스테르발더브린의 평평한 주둥이가 나왔다. 나는 설상차에서 껑충 뛰어내려 빙하 앞의 눈 덮인 넓은 평지를 조용히 걸었다. 부드러운 눈밭에 발이 푹푹 빠지면 마치 깃털 이불을 밟는 기분이었다. 고요한 세상을 하얗게 뒤덮은, 평평하고 반짝거리는 담요에 정신이 아득해졌다. 하지만 뭔가 이상했다. 어디선가 희미하게 물 흐르는 소리가 들린 것이다. 그리고 군데군데 눈이 젖은 듯 어두운색을 띠는 부분이 보였다. 기온이 적어도 섭씨 영하 20도인데 액체 상태의 물이 존재한다고? 어떻게 그럴 수 있지? 비유하면, 쟁반에 물을 가득 채워 냉동실에 넣어 놓았는데 며칠 뒤에 꺼내 보니 물이 얼지 않은 것과 똑같은 상황이었다.

내가 밟고 서 있는 얇은 눈의 장막 밑에는 아주 평평하고 단단하며 커다란 얼음판이 자리해 있었다. 물은 그 아래서 나오는 듯했다. 나중에 배운 바에 따르면 이 얼음 덮개는 러시아어로 '날레드Naled'라고 부르고 독일어로는 '아우파이스Aufeis'라고 부른다. '빙층'이라는 뜻이다.[4] 빙층은 영구 동토대에서 자주 볼 수 있는 독특한 종류의 얼음이다. 영구 동토대에서는 겨울에도 깊은 샘에서 계속 물이 흘러나오는데, 긴 겨울 동안 밖으로 흘러나온 이 지하수가 얼어서 여러 층을 형성한다. 스발바르 제도를 연구한 노르웨이와 폴란드의 빙하학자들이 쓴 초창기의 여러 과학 교과서에는 빙층의 개념이 소개되어 있다.[5] 그러나 더 중요한 문제는 그 물이 다 어디서 나오느냐는 것이었다. 혹독한 추위가 닿지 않는 곳에서 물이 지속해서 나오는 듯했다. 조금이라도 가능성이 있는 곳은 빙하 밑이었다. 그러나 확인할 방법이 필요했다. 정확히 말하면 물이 스스로 자신의 출처를 알려 주도록 유도해야 했다.

물의 특징 가운데 하나는 기억을 갖고 있다는 것이다. 물은 화학적 기억을 갖고 있다. 물이 암석 위를 흐를 때 암석의 화학 물질이 서서히 용해되어 물에 섞인다. 따라서 물에 함유된 화학 물질의 종류와 양을 정확히 알면 물의 역사를 알 수 있다. 예를 들면 물이 얼마나 먼 여정을 거쳤는지, 진흙이 많은 환경을 지나왔는지, 깊은 지하에서 발원하여 대기 중의 가스와 접촉이 제한되었는지 따위를 알 수 있다. 물은 또한 기억을 잃기도 한다. 시간이 흐르면 흙이 가라앉기도 하고 화학 물질의 농도가 너무 높아지면 포화 상태가 되어 물질이 침전되고 고체 가루가 형성되어 물에서 떨어져 나가기도 한다. 이런 화학적 기억을 활용하는 것은 범죄 현장을 수사할 때 법의학을 사용하는 것과도 같다. 한겨울에 핀스테르발더브린 앞에 물이 있다. 범인은 누구일까?

얼음의 폐기물 속에서 물을 수사해 단서를 찾기란 녹록지 않다. 그럴듯한 기구들이 있어야 하고 이런 기구들은 공간과 동력, 무균의 실험실 환경이 필요하다. 그러나 아무리 척박한 환경에서도 융빙수의 화학적 기억에 관해 기본적인 정보를 얻게 해 주는 실용적인 도구들이 몇 가지 있다. 물에 전기가 얼마나 흐르는지 시험하는 탐침은 특히 유용한 도구다. 순수한 물에는 전기가 잘 통하지 않는다. 탐침의 양극과 음극 사이에 전하를 전달하는 물질이 없기 때문이다. 그러나 세상에 순수한 물은 드물다.

물이 암석 표면을 흐르거나 토양 또는 퇴적물을 관통해 흐를 때 그 안에 있는 소량의 산, 대개는 이산화탄소가 용해되어 형성되는 탄산이 서서히 암석을 침식하고 분해한다. 영국의 배스나 브리스틀, 옥스퍼드 같은 도시에서 중세 시대 석회석으로 지은 건물들에 붙은 괴물 석상, 즉 가고일을 보면 얼굴이 무시무시하게 변해 있다. 이는 빗물에 함유된 산이 아주 서서히 석회석 얼굴을 녹였기 때문이다. 따라서 암석이 용해된 물에는 양전하와 음전하를 띠는 이온이라는 입자가 들어 있다. 기본적으로 이것이 물의 기억이다. 이온은 다양한 원소의 원자 또는 원자단(분자)에서 만들어진다. 물에 전류를 흘려보내면 이온들이 몹시 흥분하며 마치 인간들이 싸울 때처럼 서로를 밀친다. 그 과정에서 서로 전류의 바통을 주고받고 이를 통해 탐침 양극 사이의 틈이 메워지면서 물이 전기를 전도할 수 있게 된다. 물에 이온이 많을수록 전류가 더 많이 흐른다.

그 봄에 스발바르에서 빙층을 흐르던 물의 화학적 기억은 내게 어떤 이야기를 들려주었을까? 표면의 구멍을 찾아 탐침을 넣었을 때 가장 먼저 알아낸 사실은 물에 전류가 흐른다는 것이었다. 꽤 좋은 소식이었다. 그렇다면 이 물은 빙하 밑의 암석과 접촉했다는 뜻일까? 나는 작은 병 여러 개에 물 표본을 넣고 브리스틀로 돌아와 침전물을 모두 걸러 낸 뒤 여러 기기에 넣어 보았다. 이를 통해 이 의문의 물에 이온이 풍부하게 들어 있다는 사실을 알아냈다. 이온은 암석에서 나온 것이 틀림없었다. 그렇다면 물은 땅에서 나왔을 가능성이 높았다. 아마도 빙하 밑에서 나왔을 것이다. 그러나 물이 어떻게 거기까지 갔는지를 알아내기란 쉽지 않았다. 빙층과 눈의 갑옷이 조금 더 녹는 여름에 다시 가 봐야 했다.

봄의 스발바르가 설상차 운행과 눈부신 설원, 잘 먹은 북극곰들, 매서운 추위 등이 어우러져 들뜨고 활기 넘치는 풍경을 보여 주었다면 여름의 스발바르는 파티가 끝난 뒤의 풍경 같았다. 눅눅하고 안개가 자욱한 잿빛의 풍경이었다. 기온은 약 섭씨 5도였지만 봄과는 다른 추위가 뼛속까지 파고들었다. 움직이다가 멈추는 순간, 마치 압지에 잉크가 스며들 듯 스산한 한기가 몸속으로 스며들었다. 대서양에서 스발바르 서쪽 연안으로 따뜻한 물을 실어 나르는 멕시코 만류의 지류인 서西스피츠베르겐 해류West Spitsbergen Current가 습기를 뿜어내는 탓이었다. 핀스테르발더브린까지 가려면 며칠 동안 지난한 여정을 거쳐야 했다. 런던에서 오슬로까지 날아간 뒤 비행기를 갈아타고 노르웨이 최북단의 트롬쇠로 가서 다시 비행기를 타고 롱이어뷔엔으로 갔다. 스발바르의 주요 도시 롱이어뷔엔은 원래 광산촌으로 개발되었으며 탄전 개발에 중요한 역할을 한 미국의 사업가 존 롱이어John M. Longyear의 이름을 이어받은 곳으로, 이스피오르Isfjord에서 내륙으로 좀 더 작게 들어와 있는 아드벤트피오르Adventfjord의 해안선에 자리하고 있다. 지금은 곳곳에 산업 시설 같은 외관의 조립식 건물들이 늘어서 있고 약 2,000명의 주민이 살고 있다. 우리에게 가장 중요한 그곳의 특징은 통조림 미트볼에서부터 소총 총알에 이르기까지 온갖 물건을 살 수 있는 잡화점과, 현장 탐사가 끝난 뒤 기막히게 비싼 맥주와 피자로 호사를 누릴 수 있는 술집이 있다는 점이었다. 롱이어뷔엔에서부터 봄에는 온종일 설상차를 달려서, 그리고 여름에는 값비싼 헬리콥터를 타고 산을 넘고 얼어붙은 피오르를 건너 반 킬렌피오르까지 가면 높게 솟은 빙퇴석들 뒤에 핀스테르발더브린이 웅크리고 있었다. 여름에 이곳에 착륙하면 인간 사회와는 동떨어진 미지의 행성에 떨궈진 자루가 된 기분이 들었다. 넓은 잿빛 하늘로 사라지는 헬리콥터를 보면서 몇 달 뒤에야 돌아갈 수 있다는 생각에 막막한 공포가 밀려들기도 했다.

우리의 작은 오두막 슬레테부는 폭풍과 곰을 피할 수 있는 안식처였다. 안에는 작은 장작 화로 하나와 2층 침대를 포함한 잠자리 세 곳, 단순한 목제 식탁과 벤치가 갖춰져 있었다. 한 사람은 바닥에서 자야 했지만 네 명이 묵기에 적당하고 안락한 숙소였다. 이런 곳에서는 함께 묵는 사람들과 잘 지낼지 확신할 수 없고 누구나 가족을 향한 그리움과 고립, 추위, 비 때문에 힘든 시기를 겪게 마련이다. 내가 그곳에서 처음 여름을 보낼 때 함께 묵은 사람들 가운데 앤디 호드슨Andy Hodson이라는 키 큰 연구원이 있었다. 숱 많은 턱수염과 늑대 인간을 연상하게 하는 검은 머리칼이 인상적인 사내였다. 내가 도착했을 때 이미 슬레테부에서 한 달쯤 머물고 있던 그는(그래서 수염과 머리칼이 길게 자란 것이다) 버너에 불이 나서 맨손으로 그것을 창밖으로 내던진 바람에 심한 화상을 입고 병원에서 응급 치료를 받기 위해 헬리콥터에 실려 나갔다. 그런 일을 겪고도 그는 다시 현장 탐사를 하러 왔고 당연히 통증과 충격적인 기억으로 고생했다. 한 손만 쓸 수 있다는 점도 문제였다. 나는 그해 여름에 담배 마는 법을 배웠다.

내 경험상 탐사 현장에 머무는 사람들은 평상시와 조금 다르게 행동한다. 문명사회에서는 적절히 숨기고 살아온 부분을 숨길 수 없기 때문일 것이다. 나에게는 음악이 중요한 대처 수단이었다. 긴 현장 탐사에서 소니 워크맨은 충실한 친구가 되어 주었다. 유난히 힘든 날이면 나는 어깨에 소총을 메고 혼자 밖으로 나가 인근의 자갈 해변으로 향했다. 암석 위에 소총을 조심스레 내려놓고 곰이 나타날 확률이 가장 적은 육지 쪽을 등지고 섰다. 그러곤 헤드폰을 쓴 뒤 재생 버튼을 누르고 음악에 맞춰 미친 듯이 몸을 흔들었다. 제멋대로 추는 막춤은 나를 보이지 않는 힘과 연결해 주었고 그 힘이 재충전의 원동력이 되는 듯했다. 내 친구들은 스발바르로 떠나는 내게 좋아하는 노래들을 모아 만든 믹스 테이프를 주었는데, 주로 브리스틀의 트립합 밴드 매시브 어택Massive Attack의 곡이 들어 있었다. 나는 동료 박사생인 앤마리 브렘너Anne-Marie Bremner(일명 브렘스)가 만들어 준 테이프에서 〈끝나지 않은 연민Unfinished Sympathy〉을 틀어놓고 미친 듯이 춤을 추곤 했다. 트라이앵글 같은 신시사이저 음이 섞인 날카롭고 강렬한 도입부의 드럼 연주를 들으면 금세 울적한 기분이 사라졌다. 이토록 깨끗하고 아름다운 야생에서 왜 우울한 기분이 들까 하는 의문을 잠시나마 잊을 수 있었다. 그러고 나면 다시 소총을 둘러메고 아무 일도 없었다는 듯 미소를 지으며 느긋하게 오두막으로 돌아갔다.

배우자나 연인을 두고 떠나오면 더 힘든 시간을 견뎌야 했다. 야박하게 들리겠지만 차라리 상대를 잊어버리는 편이 수월했다. 머리와 가슴으로 상대를 놓지 않으면 날마다 그 사람을 그리워하며 고통을 겪어야 한다. 차라리 잊고 현장 동료들과 함께 새로운 삶에 몰두하면 기분이 한결 나아지고 더 알찬 시간을 보낼 수 있다. 나는 이런 요령을 터득하기까지 꽤 오랜 시간이 걸렸으므로 초창기에는 상대를 오랫동안 떠난다는 사실에 늘 미안해했다. 그러나 한참 잊고 지내다 보면 집에 돌아왔을 때 왜 애초에 그 사람을 사랑하게 되었는지 힘들게 다시 떠올려야 했다. 그리고 탐사 현장에서 겪은 일을 들려주려 노력하기도 했다. 극한의 야생 환경과 공동생활의 즐거움, 모험, 소소한 사고 따위를 재미있게 묘사하려 했지만 진심으로 공감해 주는 사람은 거의 없었다. 당연한 일이었다. 어느 누가 이해할 수 있겠는가?

스발바르의 여름은 짧다. 모든 생명이 곧 찾아올 길고 어두운 겨울 동안 버티거나 동면하기 위해 그 짧은 두세 달 사이에 열심히 짝짓기를 하거나 영양을 보충한다. 바쁘게 돌아가는 이 압축된 삶의 주기는 전염성이 강했으므로 나도 프로젝트에 몰두했다. 밤이 되면 피오르에 정적이 내려앉았고 빛이 서서히 빠져나가면서 눈과 암석이 아름다운 푸른빛에 휩싸였다. 태양은 곧 지기라도 할 듯 분홍색이 섞인 황금빛 줄무늬로 오랫동안 하늘을 물들이다가 다시 동쪽으로 떠오르며 새로운 하루의 시작을 알렸다. 8월이 되면 마침내 태양이 반 퀼렌피오르 북쪽 해안 위의 정점에서 조금씩 내려오기 시작했다. 마치 깎아 놓은 듯 뚜렷한 이 부근의 산들은 스발바르 제도의 가장 인상적인 특징 가운데 하나로, 16세기 네덜란드 탐험가 빌럼 바렌츠Willem Barentsz가 그중 주요 섬에 '스피츠베르겐'('뾰족하고 날카로운 산들'이라는 뜻)이라는 이름을 붙인 이유이기도 하다. 반 퀼렌피오르의 산들은 마치 서쪽 바다에서 음울한 납빛의 하늘을 향해 굽이치다가 굳어 버린 파도와도 같은 모습을 하고 있다. 스발바르의 암석 해안에는 초목이 거의 없는 탓에 다양한 시대와 지질의 암석층을 보여 주는 색색의 단층이 높이 솟거나 기울어진 채로 노출되어 있다.

여름의 핀스테르발더브린을 만나러 갈 때 나는 기대에 들떠 있었다. 겨울의 부드러운 눈 담요를 벗은 그 빙하에서 무엇을 발견하게 될까? 늘 그렇듯 어지러이 늘어선 빙퇴석들을 지나 빙하의 앞에 이르렀다. 봄에 빙층 아래서 보글거리는 물을 발견한 지점이 가까이 있었다. 빙층의 일부는 여전히 남아 있었지만 여름의 온기에 참혹하게 붕괴했고 곳곳이 무너져 내려 건너갈 수 없었다. 사납게 흐르는 물살이 여러 겹으로 이뤄진 빙층의 몸통을 잔인하게 갈라놓았다. 위협적인 물결이 거품을 내며 굽이를 돌았다. 핀스테르발더브린의 빙하 강이었다.

내가 예상하지 못한 것은 이 하천의 발원지였다. 한 군데가 아니라 두 군데였다. 그중 하나는 얼음에 에워싸인 동굴 같은 하도였다. 빙하빙 가장자리에 마치 커다란 물고기의 입처럼 뚫려 있는 어둡고 불길한 구멍에서 거센 물줄기가 쏟아져 나왔다. 봄에도 그곳에 들어가 보았는데 그때는 완전히 말라 있었다. 당시 나는 물과 바람에 부채꼴처럼 깎여 나간 얼음벽들을 바라보며 감탄했다. 그러나 하천 본류의 주요 수원은 이 커다란 하도가 아니라 그 근처에서 뿜어져 올라오는 초콜릿색의 분수였다. 흙탕물이 허공을 향해 수직으로 솟아 올라오고 있었던 것이다. 물기둥의 높이는 약 1미터에 달했고 지하에서 올라오는 듯했다. 나는 이것에 '핀스테르발더브린 용승류Finsterwalderbreen Upwelling'라는 이름을 붙였다. 내가 봄에 발견한 물의 발원지도 여기였을까? 이 물이 얼어서 빙층을 이룬 것일까?

그 답을 찾기 위해 나는 물의 화학적 기억을 파헤칠 때 사용한 도구 꾸러미를 다시 풀었다. 놀랍게도 이 분출하는 물은 내가 봄에 멀지 않은 곳에서 발견한 물과 비슷한 전기 전도성을 보였다. 그러나 이유를 알아야 했다. 나는 매일 무섭게 뿜으며 올라오는 물줄기에 플라스틱 표본 병을 힘껏 들이밀고 넘어지지 않으려고 안간힘을 쓰며 퇴적물이 가득한 융빙수를 최대한 많이 담았다. 그런 다음 퇴적물이 더 용해되어 물의 화학 성분이 바뀌지 않도록 재빨리 퇴적물을 걸러 냈다. 화학적 스냅사진을 찍은 셈이다.

연구실로 돌아와 분석해 보니 이 물의 화학 성분은 내게 놀라운 이야기를 들려주었다. 무엇보다도 그 물에는 나트륨과 염화물, 즉 소금이 남아 있었다. 암석은 대체로 소금을 많이 함유하지 않는다. 따라서 이 물의 수원으로 가장 가능성이 높은 것은 막대한 소금의 보고, 바다였다. 그러나 바다는 1킬로미터 넘게 떨어져 있었다. 빙하 앞으로 흘러나오는 하천에 어떻게 이 많은 소금이 들어간 것일까? 나는 봄에 설상차를 타고 다니면서 채취한 눈 표본을 다시 들여다보았다. 그리고 그제야 답을 찾았다. 신기하게도 눈 표본에 나트륨과 염화물이 들어 있었던 것이다.

눈은 바다에서 나온 물방울이 차가운 대기에서 가루 또는 얼음 결정으로 응결되면서 만들어진다. 스발바르 같은 해안 지역에서는 바닷물이 흩뿌려질 때 대기로 들어간 미량의 소금이 결국 눈에 섞인다. 눈이 빙하빙으로 바뀔 무렵이면 소금은 대부분 걸러지기 때문에 빙하빙은 대개 순수한 상태다. 그 여름, 빙하 앞에 선 내게는 눈도 바다도 보이지 않았다. 따라서 이 논리로는 허공으로 솟구쳐 오르는 물에 소금이 들어간 이유를 설명할 수 없었다. 이상한 일이었다. 그러다 빙하 앞에 늘어선 빙퇴석들 가운데 가장 높은 정상에 올라가자 11킬로미터쯤 떨어진 빙하의 상부가 보였다. 여전히 남아 있는 눈이 차가운 대기 속에서 서서히 녹고 있었다. 와! 그러니까 물기둥의 발원지는 핀스테르발더브린 맨 꼭대기에 고인, 소금이 함유된 융설수였다. 생각이 거기에 미치자 다른 의문이 고개를 들었다. 저 위에서 녹은 눈이 어떻게 빙하 앞쪽까지 11킬로미터를 내려와 물기둥으로 솟구쳐 나오는 것일까?

핀스테르발더브린 용승류의 희미한 화학적 기억을 다시 파헤쳐 보니 반짝이는 황동색 광물이 나타났다. 황철석이었다. 황철석은 1840년대 캘리포니아 골드러시 때 자주 그랬듯 금으로 착각하기 쉽지만 큰 가치가 없어서 '바보의 금'이라고 불리는 광물이다. 이것은 황 원자 두 개와 철 원자 하나가 서로 맞물려 있는 황화철의 일종으로 화학식은 FeS_2이다. 영어로 황철석을 뜻하는 'Pyrite'의 어원은 불을 뜻하는 그리스어 'Pyr'로, 부싯돌과 맞비비면 불을 일으킨다는 이유로 붙여진 이름이었다. 실제로 네안데르탈인은 이 광물로 불을 피웠다.[6] 황철석은 반응성이 매우 큰 광물로, 고고학자들은 실제로 수십만 년 전에 이 수명 짧은 광물을 부싯돌에 긁어 불을 피웠다는 점을 증명하는 데 애를 먹었다. 그 뒤에 채취한 부싯돌에서는 황철석의 흔적을 찾아볼 수 없었기 때문이다.

황철석은 거의 모든 종류의 암석에 조금씩 들어 있기 때문에 어디서나 찾을 수 있다. 그렇다면 빙하 밑에도 숨어 있다는 뜻이다. 빙하빙은 지속해서 그 아래 암석 위를 이동하므로 모체 암석에서 반응성이 큰 황철석이 서서히 분쇄되어 나오게 마련이다. 황철석은 물이나 공기 중의 산소와 반응하여 황산염이라는 이온을 만들고, 이와 함께 산과 약간의 용존 철이 생성된다(이 철은 나중에 녹의 형태로 변형되기도 한다). 만약 빙하에서 나오는 하천에서 황산이온이 발견된다면 이 하천은 암석

위를 이동하는 빙하 기저의 일부를 거쳐 왔고 그 암석에서 황철석이 연속해서 나오고 있다는 증거다.

상아롤라 빙하에서는 시추공을 통해 빙하 밑의 두 가지 배수 시스템 지대가 드러났다. 빠르게 흐르는 하도(지상의 강과 비슷하지만 얼음벽으로 에워싸여 있다)와 늪 같은 지역(서로 연결된 작은 통로들을 통해 물이 좀 더 느리게 흐르는 지역)이다. 이 느린 배수망은 빙하 아래 훨씬 더 넓은 지역에 퍼져 있다(그래서 '분산 배수 시스템'이라고 부른다). 그렇다면 빙하 밑의 기반암에서 나온 암분은 주로 이곳에서 처음 물과 접촉할 것이다. 황철석처럼 반응성이 큰 광물이 처음 물에 용해되어 황산이온을 만드는 곳도 바로 이곳이다. 암분이 물살이 빠른 하도에 이를 무렵이면 황산염은 모두 걸러지고 융빙수로 새로 흘러드는 황산염도 거의 없다. 따라서 황산이온은 빙하 밑에 두 종류의 배수 시스템 지대가 있다는 지표가 된다.

핀스테르발더브린의 부글거리는 물기둥에서 채취한 물을 분석한 결과 놀랍게도 황산이온이 다량 들어 있었다. 봄에 빙층 아래로 흘러나오는 물을 채취하여 분석했을 때도 똑같은 결과가 나왔다. 거기에도 다량의 황산염과 물이 암석을 녹일 때만 생성되는 이온이 들어 있었다. 그렇다면 그 신기한 물기둥은 암석이 다량 침식되는 환경을 느리게 지나온 융설수였다. 암석이 물과 반응하는 시간이 많았을 테니 느린 배수 시스템 지대를 거쳤을 가능성이 높았다.

그런데 눈 녹은 물이 왜 용승처럼 솟구쳤을까? 이에 관해서는 아직 누구도 확실한 답을 찾지 못했다. 그러나 핀스테르발더브린 같은 빙하의 주둥이는 그 아래 기반암에 얼어붙어 일종의 댐 역할을 할 수 있고, 그렇다면 빙하의 바닥을 흐르는 융빙수가 그리로 빠져나오지 못한다. 다온성 빙하에서는 이처럼 물이 빙하 밑을 쉽게 빠져나오지 못하는 경우가 많다. 캐나다의 북극권에 있는 엘즈미어섬의 존 에번스 빙하John Evans Glacier에서도 같은 일이 일어난다. 초여름이 되면 융빙수가 바닥에 얼어붙은 주둥이를 빠져나오지 못하고 빙하 속에 고여 있다가 어느 순간 압력을 이기지 못해 폭발하듯 주둥이를 뚫고 나오며, 이와 동시에 빙하 표면을 통해서도 수직으로 솟구쳐 올라 고래가 공기를 뿜어내듯 분수를 형성한다.[7]

나는 핀스테르발더브린에서 우연히 이런 현상을 마주했다. 1995년 긴 현장 탐사가 막바지에 이르렀을 때였다. 지친 나는 숙소에 가서 크래커나 밋밋한 통조림 피시볼이 아닌 다른 음식을 먹으며 쉬고 싶은 마음이 간절했다. 탐사 일정을 대략 2주쯤 남겨 놓고 동료들과 나는 매일 하던 대로 주요 하천의 수심(유량)과 전기전도성, 퇴적물의 수위를 측정하려고 설치한 기구들의 측량 값을 확인하러 빙하로 향했다. 그런데 갑자기 어디선가 아득한 포효 소리가 들리더니 우지끈 하는 요란한 소리가 이어졌다. 그러곤 몇 분 뒤 하천의 수위가 빠르게 올라가며 사람만 한 빙산들이 하천으로 내던져졌다. 놀랍게도 기구들을 고정한 장대들과 'ㄱ'자 구조물이 급류에 가차 없이 휩쓸리면서 케이블들이 가파른 강둑 너머로 쓸려 내려갔다.

당황한 나는 우리의 연구 장비를 구하기 위해 황급히 달려가다가 진흙 바닥에 튀어나온 커다란 표석에 발이 걸려 우당탕 넘어졌다. 오른쪽 무릎이 깨져 몹시 아팠지만 포기할 수 없었다(나중에 보니 슬개골이 골절되었다). 이 이례적인 사건으로 하천의 유량을 측정할 기구들이 사라지자 우리는 그나마 물살이 조금 느린 곳에 5센티미터 단위로 눈금을 표시한 장대를 세워놓았다. 남은 2주 동안 나는 이 외로운 장대 옆에 작은 텐트를 치고 야영하며 다친 짐승처럼 두세 시간에 한 번씩 두 손과 한쪽 무릎으로 천막에서 기어 나와 수위가 올라가는지 내려가는지 확인했다.

어렵게 얻어 낸 측량 값을 통해 추정한 바에 따르면, 며칠 동안 빙하에서 끊임없이 솟구쳐 나와 내 한쪽 슬개골을 박살 낸 이 급류는 빙하빙 아래 대규모로 고여 있던 융빙수였다.[8] 여름 내내 서서히 고인 물이 마침내 압력을 견디지 못하고 무자비하게 쏟아져 나온 것이다. 이 급류는 커다란 얼음 동굴로 이어지는 하도로 흘러들었다. 나는 이 하도가 빙하의 기저와 연결되어 있을 거라고는 전혀 생각하지 못했다. 그렇다면 핀스테르발더브린 밑에 고여 있던 물은 얼어붙은 빙하 주둥이를 두 갈래로 우회한 셈이었다. 지하 세계의 비밀 통로로 꾸준히 흘러가서 결국 부글거리는 물기둥으로 솟구쳐 나오거나, 폭발적으로 흐르는 하천이 되어 빙하의 서쪽 가장자리를 따라 결국 얼음 동굴로 들어가거나. 고통스러운 경험을 통해 나는 물기둥을 선호하게 되었다.

나의 동료 연구자인 케임브리지 스콧 극지 연구소Scott Polar Research Institute의 앤마리 너털도 이 초창기에 내게 여러 실용적인 기술을 가르쳐주었다. 이후 그녀가 측정한 핀스테르발더브린의 측량 값들은 빙하 아래 물의 흐름에 관해 내가 추정한 사실을 확인해 주었다. 그녀는 빙하 표면에 알루미늄 막대 여러 개를 꽂은 뒤 그 위치를 주의 깊게 살핀 결과, 연간 약 10미터인 빙하빙의 유동 속도가 여름에는 연간 30미터로 높아진다는 사실을 알아냈다.[9] 표층의 온도는 낮았지만 융빙수가 핀스테르발더브린 기저로 내려가 빙하 바닥의 윤활제 역할을 하면서 얼음이 하강면을 더 빨리 내려가도록 돕는 게 분명했다.

얼핏 연구가 단순하게 보일지도 모른다. 여름에 빙하 주변과 달 표면 같은 빙하 전방 지대를 한가로이 돌아다니며 작고 투명한 플라스틱 병에 걸러 낸 융빙수를 채워 상자에 넣었다가 고국의 연구실로 가져와 여러 기기에 돌려 보는 게 전부였으니까. 그러나 솔직히 나는 내가 무얼 하는지, 그것을 왜 하는지 제대로 알지 못한 채 박사 과정의 첫해를 흘려보냈다. 졸업 가운과 사각모를 걸치고 성대한 케임브리지의 졸업식을 겨우 끝낸 뒤 그다음 주에 바로 반짝거리는 피켈과 아이젠, 새로 산 플리스와 고어텍스 따위를 잔뜩 쑤셔 넣어(아롤라에서 적어도 빙하 주변이 '춥다'는 사실은 배웠으니까) 혼자 들지도 못하는 새 배낭을 끌고 스발바르행 비행기에 오른 터였다.

파견지로 여러 곳이 후보에 올랐지만 그 가운데 스발바르는 비행기에 오르기 전부터 상상력을 자극했다. 어릴 때 가족과 함께 케언곰산맥에서 휴가를 보내면서 나는 '북쪽'이라는 개념에 막연히 환상을 품기 시작했다. 해마다 가족과 함께 런던에서 출발해 고속도로에 오르면 커다란 파란색 간판에 적힌 흰색의 '북The North'이라는 글씨가 유독 눈에 들어왔다. 그때마다 모종의 기대감이 나를 사로잡았다. 마침내 진짜 '북'쪽인 스발바르로 출발한다니 흥분을 주체할 수 없었다.

머지않아 나는 중요한 사실을 깨달았다. 현장 탐사는 결코 연구가 주요 목적이 아니라는 것. 주요 목적은 생존이고 운이 좋다면 연구를 겸할 수 있을 뿐이었다. 생존에는 여러 가지가 포함된다. 예를 들면 변덕스러운 날씨나 기분을 견디는 일, 마분지 맛이 나는 식량을 다른 맛으로 바꾸는 일(창의적 요리의 주재료는 어묵, 노르웨이어로는 피스케볼레르fiskeboller지만 때로는 이마저도 해변의 소총 사격 연습에 양보해야 했다), 땔감으로 쓸 장작을 모으는 일, 얼음처럼 차가운 물에 옷을 빨고 몸을 씻는 일 등이다. 서서히 기름에 절어 엉겨 붙는 머리칼을 한 달에 한 번 피오르에서 퍼온 얼음물에 담가 감을 때면 두개골이 오그라드는 느낌이 들었다. 하루하루가 길었고 대개는 모종의 재난으로 마무리되었다. 날씨 때문이기도 했지만 기구가 고장 나거나 물에 휩쓸려 간 적도 부지기수였다. 리치 호지킨스는 힘든 날에도 늘 초연한 자세를 잃지 않았다. "그래도 죽은 사람은 없잖아." 그는 진지한 어투로 부드럽게 말하곤 했다. 나는 어떤 면에서 '생존에 집중하는 삶'이 정화 효과가 있다는 것을 깨달았다. 원시 시대의 삶과 비슷한 단순한 삶으로 돌아오면 몸과 정신이 모두 안정되는 것을 느꼈다.

그러나 북극곰은 끊임없이 불안을 야기했다. 지난 20~30년 사이에 스발바르 주변의 해빙이 줄면서 북극곰은 어쩔 수 없이 해안에서 새의 알이나 기러기, 잔점박이물범, 바다코끼리 등의 먹이를 찾기 시작했고 이 때문에 육지에 출몰하는 횟수가 크게 늘었다.[10] 한여름이 되자 해빙은 서쪽의 따뜻한 멕시코 만류 때문에 스발바르 제도 북동쪽 멀리까지 물러났다. 곰들은 대체로 물범을 따라다니고, 이는 곧 얼음을 따라다닌다는 뜻이다. 따라서 여름에 스발바르 서쪽에서 곰을 맞닥뜨린다면 그 곰은 굶주린 상태에서 동쪽으로 가는 길에 간식을 찾고 있을 가능성이 높다. 이런 상황에 부닥치면 짧은 순간에 여러 가지 의문이 연이어 떠오를 것이다. 저 곰이 나를 봤을까? 총을 장전해야 하나? 안전한 피신처까지 거리가 얼마나 될까? 우리는 조기 경보 시스템 삼아서 오두막 주위에, 무언가가 걸리면 연이어 커다란 폭발음이 울리는 인계철선을 설치했다. 문제는 철선이 눈에 잘 띄지 않는다는 것이었다. 나는 수도 없이 철선에 걸렸다. 머리 위에서 울리는 먹먹한 폭발음에 잔뜩 얼어 있으면 동료들이 곧장 소총을 들고 달려 나왔다. "죄송해요. 죄송해요." 나는 미안해하며 이렇게 소리쳤고 동료들의 얼굴에서는 짜증 섞인 안도가 엿보였다.

어느 이른 아침 오두막 안과 바깥 텐트에서 다른 사람들이 모두 자는 사이 나는 평온하게 귀리죽을 끓이고 있었다. 그때 갑자기 커다란 굉음이 적막한 새벽 공기를 가르고 가파른 피오르의 절벽에 울려 퍼졌다. 곧이어 요란한 소리가 이어졌다. 첫 번째 굉음은 인계철선의 폭발음이었고 두 번째 소리는 우리가 소유한 308구경 독일 마우저 소총(소름 끼치게도 옆면에 "1945년"이라는 단어가 새겨져 있었다) 두 자루 중 하나의 발사음이었다. 암컷 곰이 새끼 한 마리를 데리고 캠프로 들어온 것이었다. 우리 현장 보조인 데이브 가빗Dave Garbett이 텐트 앞에서 무언가가 부스럭거리는 소리를 듣고 지퍼를 반쯤 내려 보니 어미 곰이 그를 향해 뒤뚱뒤뚱 다가오고 있었다. 그는 서둘러 소총을 집어 들고 텐트를 찢은 뒤 곰들의 머리 위로 경고의 발포를 했다. 우연히 이 장면을 목격한 나는 떨리는 손으로 나무 숟가락을 꼭 움켜쥔 채 놀란 곰 두 마리가 비틀거리며 캠프를 지나 마침내 피오르로 향하는 광경을 말없이 지켜보았다.

매일 핀스테르발더브린으로 가는 길에도 북극곰을 걱정했지만 그러지 않을 때는 이런 고민에 빠졌다. 이 빙하 밑에도 물이 있다면 생물이 살 수도 있을까? 오늘날 태양 빛은 지구상에 존재하는 대부분의 생물을 지탱한다. 식물은 태양 에너지를 사용해 광합성을 하고 이를 통해 물과 이산화탄소를 유기물로(처음에는 포도당으로, 최종적으로는 단백질과 지방으로) 합성한다. 우리 인간이 소비하는 영양분은 결국 식물에서 나온다. 우리는 식물을 먹거나 식물을 먹는 소와 같은 동물을 소비하고, 이 모든 것이 다시 식물로, 결국에는 태양으로 돌아간다.

그러나 빙하 밑에는 빛이 닿지 않는다. 부서진 암석과 이제 밝혀낸 바에 따르면 물이 있을 뿐이다. 그렇다면 이 깊고 어두운 지하 세계에서 생물이 생존할 수 있을까? 이 의문을 해결하기 위해 나는 다시 황철석에 들어 있는 철과 황으로 눈을 돌렸다. 두 원소 모두 수십억 년 전의 태곳적부터 지구상에 존재했다. 과학자들은 고대 지구에서 빛 대신 화학 에너지를 사용하는 이른바 '화학 합성 영양 생물chemotroph'이라는 미생물이 번성했다고 보고 있다. 지구상에서 일어나는 수많은 화학 반응은 에너지를 방출하며 일부 미생물은 그것을 이용할 수 있기 때문이다. 예를 들어, 빙하 밑에서 황철석이 산소와 반응한다면 암석의 황은 산화 반응을 통해 황산염으로 전환되고 여기서 생성되는 에너지로 미생물이 생존하고 성장할 수 있다. 다시 말해 미생물이 암석을 소비하며 생존한다는 뜻이다.

미생물이 어떻게 생존하는지 파악하기 위해서 나는 핀스테르발더브린 전방 지대의 물기둥에 들어 있는 황산이온이 얼마나 무거운지 알아내고 싶었다. 황산이온 SO_4^{2-}를 구성하는 황과 산소 같은 원소는 질량이 다른 원자를 갖기도 한다. 지구상에는 두 종류의 주요 산소 원자가 존재하는데, 하나는 무겁고 하나는 가볍다. 이를 동위 원소라고 부른다. 동위 원소는 서로 질량이 다르지만 같은 원자이기 때문에 주기율표에서 같은 자리를 차지한다.

빙하빙의 물 분자에 들어 있는 산소는 대체로 가볍다. 이는 물 분자가 눈이 되어 빙하에 내려앉기 전에 거쳐 온 여정을 반영한다. 바닷물에 다량의 가벼운 물 분자와 소량의 무거운 물 분자가 섞여 있다고 상상해 보자. 물이 증발할 때 가벼운 물 분자는 무거운 물 분자에 비해 바다를 떠나 대기로 들어가기가 더 쉽다. 또한 습기를 머금은 공기가 높은 산과 극지로 이동한다면 무거운 산소 분자는 비나 눈에 섞여 원래 있던 바다로 돌아갈 가능성이 높은 반면, 가벼운 원자는 높이 올라가 빙하 위에 내려앉을 가능성이 더 높다. 그런가 하면 우리의 대기에 기체로 존재하는 산소는 매우 무겁다. 가장 큰 이유는 식물과 동물이 공기 중의 산소를 이용해 유기 탄소를 산화하여 에너지를 만들 때 가벼운 산소를 먼저 사용하고 무거운 산소는 남겨 두기 때문이다. 육지와 바다의 식물은 비교적 가벼운 물을 흡수하고 그중 산소 분자의 일부를 대기로 되돌려 보내 이를 어느 정도 상쇄한다. 아롤라에서 과학자들은 빙하에서 흘러나온 하천의 황산염에 들어 있는 산소가 가볍다고 이미 보고한 바 있었다. 그렇다면 황철석의 황이 대기 중의 산소를 사용해 황산염으로 전환된 것은 아니었다. 그보다는 가벼운 빙하 융빙수에서 나왔다고 봐야 했다.[11] 이런 일이 일어나려면 반드시 영리한 미생물이 개입되어야 한다. 미생물은 녹과 비슷한 철의 한 형태를 사용해 황화물을 산화할 수 있다. 그 과정에서 이러한 반응으로 생성된 화학 에너지를 사용해 융빙수의 이산화탄소를 흡수하고 산소 분자를 생성해 자기 세포에 공급한다. 이런 미생물은 초창기 지구에도 존재했을 것이며, 오늘날 알프스산맥의 빙하 밑에서도 발견할 수 있다.

나는 핀스테르발더브린 용승류에서 채취한 물에 이와 비슷한 존재가 있는지 확인해 보았다. 그러나 정반대의 결과가 나왔다. 이 물의 황산염은 무거운 산소뿐 아니라 무거운 황을 갖고 있었다(산소와 황 둘 다 무거운 원소와 가벼운 원소가 존재한다).[12] 이상한 일이었다. 그렇다면 가능한 시나리오는 딱 하나, 다른 종류의 미생물인 황산염 환원 박테리아sulphate-reducing bacteria가 황산염을 흡수한 뒤 그것을 이용해 유기 탄소를 산화하여 에너지를 얻는 수단으로 사용한다는 뜻이었다. 이런 미생물은 다른 생물이 만들어 내는 영양분에 의존하기 때문에 종속 영양 생물heterotroph이라고 부른다. 이들은 산소가 없는 곳에서 번성하며 주로 매립지에서 볼 수 있다. 황산염 환원 박테리아는 대체로 가벼운 황(이 박테리아는 이런 황을 황화수소 가스로 전환하며, 그것이 매립지에서 나는 달걀 썩는 냄새의 원인이다)과 산소를 가진 황산염을 소비하고 무거운 황과 산소가 든 황산염은 건드리지 않은 채 일부 또는 전부를 남겨 둔다. 그렇다면 핀스테르발더브린에서 물기둥으로 뿜어져 나오는 융빙수는 아롤라의 융빙수보다 산소가 훨씬 더 희박한 환경에서 나왔다는 뜻이었다. 이는 또한 그런 환경에서도 일부 미생물이 번성할 수 있다는 사실을 내게 알려 주었다.

나는 주로 작은 병에 채워 온 융빙수를 통해 스발바르에 관해 많은 것을 알아냈다. 북극의 빙하 밑을 흐르는 물이 얼어붙은 빙하의 주둥이를 우회하기 위해 뜻밖의 경로를 택할 수도 있다는 사실을 알았다. 이러한 물에도 생물이 존재할 수 있다는 사실도 알았다. 이런 생물은 추위 속에서 산소도 없이 화학반응에 의해 생성되는 에너지로 생존하도록 적응된 미생물이었다. 이는 계시와도 같았다. 그렇다면 캐나다 북부와 스칸디나비아, 그린란드, 러시아의 북극 지방을 뒤덮은 수백만 제곱킬로미터의 빙하들에서 나오는 융빙수도 얼음에서 바로 흘러내려오는 것이 아니라 빙하 깊숙한 곳으로 들어가 북극 얼음이 기반암 위를 미끄러지게 하는 윤활제 역할을 할 수도 있다는 뜻이었다. 빙하가 어떻게 움직이고 어떻게 암반을 분쇄하며 어떻게 그 거대한 몸체에 미세하고 비옥한 퇴적물을 넣어주는지 설명하는 단서인 셈이었다. 한편으로는 이전까지 생물이 존재하지 않는다고 추정해 온 빙하 밑의 거대한 땅에 생명이 가득하다는 뜻이기도 했다. 우리는 이제 빙하를 불모의 얼음덩어리로 여길 수 없었다. 빙하는 숲이나 바다와 마찬가지로 지구 생물권의 상당 부분을 이루고 있었다.

나의 스발바르 여정은 2000년에 막을 내렸지만 육지에서 불쑥 끝나 버리는 빙하에서부터 바다까지 신비롭게 뛰어 나간 빙하에 이르기까지 온갖 종류의 빙하가 괴이하게 섞여 있고, 다양한 야생 동물이 서식하는 이 울퉁불퉁한 제도는 언제까지고 내게 마법의 땅으로 남을 것이다. 북극곰이 자유롭게 돌아다니고 흰고래가 피부를 벗겨 내며 얕은 피오르를 헤엄쳐 다니는 곳, 북극여우가 먹이를 찾아 슬금슬금 우리의 캠프를 뒤지고 북극제비갈매기는 감히 자기 영역을 침범하는 동물을 매섭게 공격하는 야생의 땅. 그곳은 마치 하천 바닥에 박힌 표석처럼 내 가슴에 깊이 박혀 있다. 지금 다시 가도 과연 내가 생생하게 기억하는 모습 그대로 남아 있을까 자주 생각해 본다.

점점 따뜻해지는 기후가 스발바르 해안에 어떤 영향을 미쳤는지 직접 보지는 못했지만 분명 영향을 미치고 있다는 것을 나는 잘 알고 있다. 지난 20년 동안 북극은 지구상의 다른 지역에 비해 두 배의 속도로 따뜻해졌다.[13] 극지방이 더욱 과열되는 데에는 복잡한 이유가 있지만 그중 하나는 이른바 '양의 되먹임 효과positive feedback effect', 즉 따뜻해진 기후가 변화를 가져오고 그 변화가 다시 기후를 더 따뜻하게 하는 효과 때문이다.

예를 들어 북극은 그 중심에 자리한 북극해의 해빙이 감소하면서 더욱 따뜻해지고 있다. 해빙은 태양 광선의 상당량을 다시 우주로 돌려보내며 북극의 에어컨 역할을 한다. 그러나 이제 해빙이 줄고 바다가 더욱 넓어진 탓에 더 많은 수증기가 올라오고 따뜻해진 대기가 수증기를 가두면서 수증기가 야기하는 온실 효과가 북극의 기후를 더욱 따뜻하게 만드는 것이다.

이제는 1990년대처럼 얼어붙은 피오르를 설상차로 이동하기가 어려울 것이다. 롱이어뷔엔과 가까우며 두꺼운 얼음 덮개 때문에 그 이름을 얻은 이스피오르는 10년째 완전히 언 적이 없다. 이는 서스피츠베르겐 해류에 실려 온 대서양의 따뜻한 소금물 때문이며, 이제는 이 물이 스발바르 연안의 해수면 근처로 흘러들고 있다.[14] 이 따뜻한 물은 해수면 가까이에 사는 동식물의 영양분과 먹이를 실어 오고, 이 동식물은 물고기나 갑각류 같은 더 큰 형태의 해양 생물군에게 자양분을 제공한다. 덕분에 앞으로 몇십 년 동안 스발바르 북쪽 바다에서는 고등어와 대구, 해덕대구, 열빙어의 어획량이 많이 늘어날 것이다.[15] 그러나 한편으로는 이 때문에 겨울의 해빙이 1970년대 후반에 비해 무려 10퍼센트 감소했으며[16] 그와 함께 피오르 얼음도 줄었다.[17] 해빙과 피오르 얼음은 모두 북극곰의 주요 사냥터다.

바다 위로 혀를 길게 내밀고 있다가 따뜻한 바닷물이 유입되면 더 빠르게 녹는 스발바르의 많은 빙하들만 봐도 따뜻한 물의 유입이 미치는 영향을 확연히 알 수 있다. 내륙에 있는 핀스테르발더브린조차도 1990년대와 비교하면 무려 1킬로미터 후퇴했다. 그렇다면 대기도 더 따뜻해졌다는 뜻이다. 비교적 작은 스발바르의 빙하들 가운데에는 너무 얇아져서 더 이상 다온성으로 분류할 수 없는 빙하들도 있다. 이런 빙하들은 이제 지반에 얼어붙어 미끄러지지 않는다. 아이러니하게도 이 빙하들은 기후가 따뜻해지면서 더 차가워진 것이다. 나는 가끔 자문해 본다. 나의 추억이 오염되는 한이 있더라도 이 극적인 변화를 연구하기 위해 다시 스발바르에 갈 수 있을까? 답은 '그렇다'이다. 그리고 틀림없이 그런 날이 올 거라고 확신한다.

지금은 그저 스발바르의 야생에서 보낸 시간을 아주 다른 방식으로 회상하는 데 만족하고 있다. 그곳을 탐험하고 몇 년 뒤 마흔 살이 되었을 때 나는 새로운 무언가를 배워 보고자 등산화를 벗어 던지고 네 다리로 걷는 동물과 함께하는 활동에 도전했다. 그때까지 나는 지구상에서 가장 외딴곳을 혼자 돌아다니는 것이 좋았으므로 한 번도 말을 타 본 적이 없었다. 시골에서 장애물을 뛰어넘으며 빠르게 달리려면 두세 달 동안 평지에서 말 타는 법을 익혀야 했다. 그러는 사이 나는 아름다운 짙은 색의 어셔라는 암말과 사랑에 빠졌다. 영리하고 기량이 뛰어나며 어리석은 짓은 조금도 참지 못하는 녀석이었다. 세 가지 특징이 모두 마음에 들었지만 그중에서도 특히 세 번째가 가장 좋았다. 내가 부러워하는 자질이었다. 어셔는 내키지 않는 일을 시키면 나를 바닥으로 내동댕이치곤 했다. 나는 어셔의 이런 기분을 어느 정도는 이해할 수 있었다. 1미터 점프 코스를 미친 듯이 질주해 한 번 이상 내 뼈를 부러뜨리기도 했다. 아무도 어셔를 타려고 하지 않아서 녀석은 내 차지가 되었다.

그러던 어느 날 안타깝게도 어셔는 절름발이가 되어 더는 나와 함께 모험을 할 수 없게 되었다. 수술을 받고 어느 정도 회복했지만 함께 자유를 추구하는 동지의 관계는 되돌릴 수 없었다. 그 뒤로 우리는 다른 여정을 시작했다. 2018년 4월에 어셔는 새끼를 낳았다. 이마에 하얀 별무늬가 찍힌 눈부신 암갈색 수망아지였다. 이마의 별은 마치 암석이 가득한 컴컴한 환경에서 점점 작아지는 눈 덩어리 같았다. 이 녀석의 이름은 핀스테르발더브린, 줄여서 '핀'이다.

제2부 × 거대한 빙상

3. 심층의 배수

그린란드

머리 위에서 프로펠러가 갈수록 빠르게 회전하다가 마침내 윙윙거렸다. 소리가 점점 더 요란해지자 나는 고막을 보호하기 위해 얼른 헤드폰을 썼다. 묵직한 몸통을 불안정하게 흔들며 뒤뚱뒤뚱 한 걸음씩 뗀 헬리콥터는 푹신한 모래를 휘저으며 허공으로 떠올랐고, 그린란드 남서쪽의 커다란 육지 종결 빙하인 레버렛 빙하Leverett Glacier의 달 표면 같은 빙하성 평원proglacial plain 위에 거센 바람이 휘몰아쳤다. 조종사가 조종간을 세게 당기자 기체가 아찔하게 기울어지면서 넓은 포물선을 그리며 현란하게 나아갔다. 고도가 높아질수록 내 마음도 지상에서 멀어졌다. 나는 혼자 미소 지었다. 이런 탐험에 앞서 통과의례처럼 거치는 의식이 모두 끝났다는 생각에 마음이 편안했다. 주의 깊게 장비를 싣고 허공에 뜰 만한 가벼운 물건들을 땅에 고정하고 있으면 조종사는 턱수염을 쓰다듬으며 중량 한도를 초과했다고 혀를 끌끌 차곤 했다. 홀가분하게 하늘로 올라가는 이 순간은 그린란드 현장 연구에서 누리는 특권이었다. 나는 그 자유로운 느낌을 한껏 만끽했다.

모든 것이 거대한 이곳에서는 헬리콥터를 타고 날아다니거나 사륜구동 오프로드 차를 타고 곳곳이 움푹 팬 흙길을 달리거나 그렇지 않으면 고무보트를 타고 무섭게 흐르는 강을 건너야 했다. 그린란드에 도착하는 순간 가장 먼저 절감하게 되는 사실은 바로 거대한 규모다. 땅덩어리는 멕시코와 비슷하지만 중심 두께가 수 킬로미터에 달하는 두터운 빙하빙으로 뒤덮여 있다. 처음 갔을 때 얼음이 뒤덮인 나지막한 언덕들은 케언곰산맥과도 비슷해서 그리 낯설지 않았다. 그러나 반대편에 빙상이 보였다. 지독하리만치 평평하고 흰색으로 반짝거리는 빙상이 끝없이 펼쳐져 있었다. 2만 년 전 브리시티 빙상British Ice Sheet이 영국의 상당 부분을 덮고 있을 때 스코틀랜드도 이런 모습이었겠구나 하고 나는 생각했다. 현지 이누이트족 언어로 이 광활한 지역은 세르메르수아크sermersuaq라고 부른다. '커다란 얼음'이라는 뜻이다.[1]

이렇게 얼음으로 뒤덮인 섬에 흰색이 아니라 초록색을 뜻하는 '그린'이라는 이름이 붙은 이유를 설명하자면 고대 노르웨이인인 노르만인이 그린란드의 서쪽과 남쪽을 점령한 시대로 거슬러 올라가야 한다. 초창기 노르만족 정착민 가운데 에리크 토르발드손Erik Thorvaldsson(일명 '붉은 에리크')은 985년경 범선들과 함께 아이슬란드에서 그린란드의 남쪽 끝에 위치한 에리크스피오르(현재의 투눌리아르피크 피오르Tunulliarfik Fjord)에 도착했다. 이 노르만인은 '습격하다'라는 뜻의 고대 노르웨이어 비킹그르víkingr에서 유래한 '바이킹'으로 더 잘 알려졌지만 모든 노르만인이 습격자는 아니었고 그들이 스스로를 습격자라고 불렀을 리도 없다.[2] 에리크의 아버지는 노르웨이의 부족장이었지만 두 사람 모두 부족 내부의 불화로 도주한 것으로 보인다. 또한 이 불화 때문에 같은 시기에 수많은 노르만인이 아이슬란드와 페로 제도, 셰틀랜드 제도, 오크니 제도, 헤브리디스 제도로 흩어졌다.[3] 에리크가 새로운 정착지를 '그린란드'라고 부른 것은 가장자리를 따라 초목이 무성하게 우거진 매혹적인 땅이 농사에 적합해 보였기 때문이기도 하지만 한편으로는 이 외딴 오지에 따뜻한 느낌의 이름을 붙여 정착민을 끌어들이기 위해서였다.[4]

나는 처음부터 그린란드 빙상의 규모에 압도되었다. 해결할 수 없는 의문이 수없이 많을 것 같았지만 그런 난관이 나를 사로잡았다. 2008년의 그린란드 탐사는 몇 년간의 기금 '기근'

을 겪은 끝에 얻게 된 귀한 기회였다. 그전까지 스발바르 연구를 이어 가기 위해 여러 번 연구 기금을 신청했지만 번번이 실패했다. 이제 곡빙하는 기금 후원자들에게 참신한 연구 주제가 아니었다. 빙하학자들은 지구 담수를 3분의 2 이상 붙잡고 있는 거대한 빙상에 사로잡혀 있었다.

그린란드는 영국 제도와 떼려야 뗄 수 없는 관계다. 겨울에 북극 강풍을 몰고 오는 바람과, 그린란드해에서 발원하여 페로 제도와 셰틀랜드 제도를 지나 남쪽의 대서양으로 흘러드는 심층의 한류를 통해 영국은 그린란드의 거대한 얼음덩어리와 연결되어 있다. 이 한류는 대서양 자오선 역전 순환류Atlantic Meridional Overturning Circulation(줄여서 'AMOC'으로 더 잘 알려져 있다)라는 해양 컨베이어 벨트 시스템의 중요한 일부다. 이 해류 시스템은 따뜻한 물을 추운 북쪽으로 밀어 올리고 차가운 물을 훈훈한 남쪽으로 실어 나르면서 일종의 열 교환기 역할을 한다. 영국 제도가 지금처럼 온화한 기후를 유지하는 것은 이 가운데 북쪽으로 올라가는 두 해류, 즉 멕시코 만류와 북대서양 해류 덕분이다. 이 두 해류가 아니었다면 영국의 기온은 섭씨 9도쯤 더 낮았을 것이다.[5] 따라서 영국의 미래는 그린란드와 그린란드 빙상의 운명과 밀접하게 연관되어 있다.

엄밀히 말해서 빙원이나 빙하와 달리 '빙상'으로 분류되려면 빙체의 크기가 5만 제곱킬로미터 이상이며 산지를 뒤덮고 있어야 한다. 지구상에서 현재 이 기준에 부합하는 빙체는 북반구의 그린란드와 남반구에 서로 인접해 있는 동남극 빙상과 서남극 빙상(합쳐서 '남극 빙상')뿐이다. 남극 빙상은 1,400만여 제곱킬로미터에 달하며 이 빙상이 뒤덮은 땅의 면적은 그린란드 빙상의 일곱 배에 이른다. 지금보다 훨씬 더 한랭한 시기에는, 예를 들어 2만여 년 전 마지막 빙기가 절정에 이르렀을 때는 북아메리카를 뒤덮은 로렌타이드 빙상Laurentide Ice Sheet과 유럽의 유라시아 빙상들을 포함해 여러 개의 빙상이 더 있었다. 그 가운데 가장 큰 빙상은 스칸디나비아를 뒤덮은 페노스칸디아 빙상Fennoscandian Ice Sheet이었다. 심지어 영국에도 빙상이 있었는데, 이 빙상은 약 250만 년 전 플라이오세의 온난기 이후 기후가 한랭해졌을 때 형성되어[6] 훗날 이웃의 페노스칸디아 빙상과 연결되었다. 이 한랭기의 기후는 오늘날 북극의 아래쪽, 예를 들면 그린란드 남부 같은 지역과 비슷했고 털매머드woolly mammoth와 털코뿔소woolly rhinoceros가 잉글랜드 남부의 얼음을 넘어 툰드라를 돌아다녔다.

약 2만 년 전 마지막 최대 빙하기Last Glacial Maximum 이후 지구의 공전 주기가 조금 바뀌어 표면에 공급되는 열의 양이 많아지면서 기후가 빠르게 온난해졌다. 열 공급량의 작은 변화를 증폭한 것은 되먹임 과정이었다. 빙상이 후퇴한 자리에 남은 늪과 습지에서 온실가스가 생성되었고 얼음이 줄면서 지구 표면의 반사율이 낮아졌다. 이에 따라 로렌타이드 빙상과 유라시아 빙상이 사라졌고 그린란드 빙상과 남극 빙상이 후퇴했다. 당시 지구의 육지를 3분의 1 가까이(오늘날은 대략 10분의 1) 뒤덮었던 커다란 빙상들이 소실되면서 약 1만 년에 걸쳐 융빙수가 바다로 흘러들었고 해수면이 최대 120미터 상승했다. 해수면의 상승은 8,200~16,500년 전에 최고점을 기록했다.[7] 평균적으로 한 세기에 약 1미터씩 상승한 셈이다. 이는 해수면의 상승과 관련해 현재 예상되는 최악의 시나리오와 크게 다르지 않다. 최악의 경우 21세기 말까지 예상되는 해수면의 상승은 1미터가 조금 안 된다.[8]

그러나 한 가지 혼란스러운 점은 해수면의 변화가 지역마다 달랐다는 것이다. 예를 들어 가장 두꺼운 얼음이 자리했던 영국 북부의 육지면은 얼음이 사라지면서 하중이 제거되자 다시 원상태로 솟아오르기 시작했다. 손가락으로 스펀지를 눌렀을 때 움푹 들어갔다가 손가락을 떼면 다시 원래대로 돌아오는 것처럼 말이다. 스코틀랜드에서 이런 일이 일어났다. 남쪽에서는 정반대의 상황이 벌어졌다. 빙상이 있던 자리를 메우기 위해 맨틀이 이동하면서 지표면이 내려갔고 대서양으로 더 많은 융빙수가 흘러들면서 더해진 압력이 지표면을 찌그러뜨려 육지가 바다보다 더 많이 내려갔다. 간단히 말해서 영국은 마치 시소와도 같은 상황이 되었다. 스코틀랜드는 올라가고 잉글랜드 남부는 내려간 것이다. 사실 이런 일은 2만 년이 지난 지금도 해마다 몇 밀리미터씩 일어나고 있다. 따라서 빙하의 용융이 야기하는 해수면의 상승은 남부에서 더 확연히 느껴질 것이다.[9]

그린란드 빙상은 200만~300만 년 전부터 커지기 시작해 이제는 거대한 돔을 이루고 있다. 주위에는 수백 개의 빙하가 마치 하얀 손가락처럼 들쭉날쭉 튀어나온 채 빙식곡 아래 바다로 얼음을 수송한다. 이런 얼음 손가락을 분출 빙하outlet glacier라고 부른다. 그중 일부는 육지에서 불쑥 종결되어 그 융빙수가 넓고 거센 하천으로 흘러들지만 일부는 바다로 뻗어 나가 혀처럼 떠 있기도 한다. 때로는 여기서 빙산이 분리되어 피오르로 들어가기도 한다. 2000년대 초반만 해도 그린란드 빙상의 운동 방식에 관해 명확히 알려진 바가 없었다. 곡빙하에 사용하는 여러 실험 방법이 거대한 그린란드 빙상에는 적용되지 않는 탓이었다. 인간이 그린란드 빙상의 한가운데로 걸어 들어갈 수는 없었다. 그러려면 위험한 지형을 수없이 지나야 하며 시간도 한 달쯤 걸릴 테니까. 따라서 이 빙상의 배수가 어떻게 이뤄지는지, 그것이 빙하빙의 유동에 어떤 영향을 미치는지, 빙상이 얼마나 빨리 녹고 있는지 제대로 이해하는 사람은 아무도 없었다. 스발바르의 핀스테르발더브린과 마찬가지로 대부분의 그린란드 분출 빙하들은 표면이 차가운 얼음으로 뒤덮여 있고 가운데는 좀 더 따뜻하고 유연한 얼음이 자리한 다온성 빙하였다. 한 가지 차이가 있다면 그린란드 빙상은 두께가 수 킬로미터에 달하고 표면적이 한 나라를 이룰 만큼 넓다는 점이었다. 이는 이 빙상에 무슨 일이 일어날 경우 그 효과가 전 세계로 퍼질 수 있다는 뜻이었다.

북극은 지난 20년 동안 지구상의 다른 지역과 비교해 두 배 이상의 속도로 온난해지고 있다. 북극의 바다도 마찬가지다.[10] 해수면을 무려 약 7미터 높일 수 있는 물을 붙잡고 있는 그린란드 빙상에게는 그리 좋은 소식이 아니다. 그린란드 빙상처럼 커다란 빙상이 '건강'을 유지하려면 표면의 용융과 빙산 분리를 통한 빙상의 소실, 바다로 뻗어 나간 빙하 혀의 용융 등을 상쇄할 만큼 강설량이 충분해야 한다. 표면의 용융과 빙산 분리는 제각기 매년 그린란드 빙상의 소실량의 절반씩을 차지한다. 문제는 이곳의 강설량은 크게 변하지 않는 반면 빙상의 표면과 빙하 혀가 주변 대기와 바다의 온난화에 빠르게 굴복하고 있다는 점이다. 그린란드의 여름 융빙량은 1980년대 이후 기후가 온난해지면서 급증하고 있으며, 2010년대에 들어서 2010년과 2012년, 2019년 세 차례에 걸쳐 최고 수준을 기록했다.[11]

최근 바다가 온난해지면서 바다에서 종결되는 그린란드 빙하들(이른바 조수 빙하tidewater glacier)의 후퇴도 심상치 않은 추세를 보이고 있다.[12] 바닷물이 빙하의 혀를 녹이면서 피오르로 이어지는 하도가 줄어들자 조수 빙하들은 내륙의 얼음을 더 빨리 이동시켜 소실된 빙산과 융빙수를 메움으로써 동결된 비축 물을 고갈시키고 있다.[13] 조수 빙하들이 얇아지면서 표면의 고도가 낮아지고, 낮은 고도의 따뜻한 대기에서는 융빙이 더 쉽게 일어난다. 이러한 악순환 역시 양의 되먹임 효과로 알려져 있다. 2000년과 2010년 사이에 그린란드의 조수 빙하는 해마다 평균 무려 100미터 이상 감소했다.[14]

이미 그 영향이 멀리서도 느껴지기 시작했다. 그린란드 빙상의 용융은 남극 빙상과 이전까지 해수면 상승에 크게 기여했던 수많은 소형 산악 빙하를 모두 제치고 전 세계 해수면 상승의 최대 기여 요인으로 간주된다.[15] 현재 그린란드 빙상의 축소에 따른 해수면 상승은 연평균 3분의 2밀리미터가 조금 넘지만(0.77밀리미터)[16] 점점 가속화되고 있으며 언제쯤 끝날지 아무도 모른다.

2019년 8월 1일, 그린란드는 하루 만에 기록상 최대치의 얼음을 잃었다. 약 125억 톤의 물이 바다로 흘러들었고, 이는 아주 대략적으로 런던만 한 거대한 수영장을 8미터 깊이로 채울 수 있는 양이다.[17] 그린란드가 녹으면서 인근 바다는 담수화되고 있으며 이러한 담수는 북극과 좀 더 온난한 지역들 사이에서 자연적으로 일어나는 AMOC 열 교환을 늦출 것으로 우려된다. 이는 대서양을 아우르는 해류의 컨베이어 벨트가 교란되는 탓이다. 그린란드의 양옆에 자리한 노르웨이해와 래브라도해의 표층수는 냉각되면서 해빙을 형성한다. 소금은 해빙의 빙정 구조 안으로 쉽게 들어가지 못하고 대신 인근 바닷물로 밀려나 염도와 농도를 높인다. 염분이 많이 함유된 이 차가운 물은 아래로 가라앉아 해저를 따라 남쪽으로 흘러간다. 남하하는 심층수와는 반대로 따뜻한 표층수는 강한 바람에 의해 북대서양 해류로 이어지는 멕시코 만류를 통해 북쪽으로 이동한다. 이처럼 남쪽으로 흐르는 한류와 북쪽으로 흐르는 난류가 함께 컨베이어 벨트를 이루는데, 만약 이 벨트의 일부에 변화가 일어나면 AMOC 전체가 바뀐다. 해빙의 형성이 감소하고 그린란드 융빙수에서 나오는 담수의 양이 늘면, 염도 높은 북극해의 물이 심해로 가라앉는 과정이 파괴되어 AMOC이 약화된다. 이렇게 되면 유럽의 폭풍과 추위가 심해질 수도 있다.[18] 빙상들이 통째로 녹았던 과거 대대적인 융빙의 시대처럼

AMOC이 완전히 붕괴할 가능성은 희박하다고 과학자들은 믿고 있지만 이 역시 결코 확신할 수 없다.

2008년 나와 함께 그린란드에 도착한 소규모 팀의 임무는 한 가지였다. 우리는 매년 여름에 빙상의 표면에 형성되는 다량의 융빙수가 빙상 안으로 흘러들어 그 안에서 흐르는지, 그렇다면 빙하 기저부의 윤활제 역할을 하는지 확인하고 싶었다. 이런 사실이 확인되면 온난화가 심해질 경우 얼음이 더 빨리 녹아서 더 빨리 바다로 들어갈 테고, 그러면 해수면과 해류, 해양 생태계에도 영향을 미칠 수 있었다. 그러나 이를 확인하는 일은 엄청난 도전이었다. 그린란드에서 내가 표적으로 삼은 레버렛 빙하는 거대한 빙상의 아주 작은 일부에 불과했지만 그럼에도 스발바르의 핀스테르발더브린의 열 배가 넘는 규모였다. 우리는 먼저 선명한 분홍색의 로다민 염료 15킬로그램을 레버렛 빙하의 가장자리에서 안쪽으로 꽤 들어가 있는 커다란 빙하 구혈에 쏟아붓기로 했다. 이를 위해서 헬리콥터를 타고 이동한 것이었다. 나는 아롤라 프로젝트 시절에 함께 일한 오랜 친구 피트 니노와 여러 차례 긴 대화를 나누며 작전을 짰다. 만약 빙하 구혈에서부터 빙상의 앞쪽까지 깔끔하게 연결되는 하도가 존재한다면 결국 염료가 이 빙하의 주요 하천에 나타나리라는 것이 우리의 가설이었다. 물이 분홍색을 띠지 않더라도 형광 측정기를 사용하면 극미량의 로다민 염료도 탐지할 수 있었다.

이 작전을 위해서 나는 작은 헬리콥터 뒷자리에 웅크리고 앉아 울퉁불퉁한 얼음 표면을 살폈다. 곳곳에 청록색의 융빙수가 뱀처럼 흐르고 있었고 유리처럼 반짝거리는 평평한 호수들도 보였다. 나는 GPS와 내 눈을 모두 동원해 빙상 가장자리에서 안으로 15킬로미터쯤 들어온 곳에 있다는 거대한 빙하 구혈을 열심히 찾아보았다. 말처럼 쉽지는 않았다. 상공에서는 안타깝게도 모든 것이 다 똑같아 보였기 때문이다. 흰색과 청록색, 검은색, 회색으로 이뤄진 콜라주가 한없이 펼쳐지는 듯했다. 대기는 서늘했다. 기온은 0도를 조금 웃도는 듯했지만 강렬한 태양 광선 때문에 표면의 작은 빙정들이 분해되어 생물을 지탱하는 물을 만들어 내기에 충분한 날씨였다. 심야에도 그린란드의 태양은 결코 수그러들 줄 몰랐다. 24시간 대낮처럼 환했고 얼음의 반사율이 높았다. 우리가 가져간 새 텐트는 탐사를 시작할 때만 해도 칙칙한 잿빛과 황토 빛의 빙하지대에서 선명한 주황색을 자랑했지만 3개월 뒤에는 주변 풍경과 거의 구분되지 않을 만큼 색이 바랬다. 반대로 내 얼굴은 금세 검게 그을렸다.

그러나 이곳의 얼음은 흔히 상상하는 것처럼 깨끗하지 않았다. 빛과 물이 풍부한 그린란드 빙상의 표면은 조류 같은 작은 미생물이 서식하기에 좋은 조건을 갖추고 있다. 융빙의 계절이 무르익을수록 이런 미생물이 표면을 뒤덮으며 점차 성장하고, 이들이 퍼져 나가면서 하얀 얼음 위에는 어두운 구역들이 생겨난다.[19] 이런 조류의 세포에는 갈색에서부터 짙은 보라색에 이르기까지 다양한 색소가 들어 있어서 해로운 자외선을 막아 주는 역할을 한다. 조류에게는 유용할지 몰라도 빙상에는 그렇지 않다. 얼음을 뒤덮은 어두운 조류는 눈부신 흰색의 얼음보다 태양 광선을 더 많이 흡수하여 용융을 재촉하기 때문이다.[20] 이 역시 양의 되먹임 효과다. 얼음 표면이 더 많이 녹을수록 조류가 더 많아지고 조류는 표면을 더 어둡게 만들어 태양 광선을 더 많이 흡수함으로써 융빙을 촉진한다.

나는 꽤 오랫동안 헬리콥터를 타고 빙하 구혈을 찾아 헤맸다. 마침내 거대한 옥색의 하도가 보였다. 뱀처럼 구불구불 흐르는 맑은 물이 차가운 얼음 위에 난 어두운 크레바스들과 균열들을 비추었다. 황홀한 광경이었다. 저 하도는 어디서 시작되어 어디로 향하는 것일까? 우리는 잠시 하천을 따라 하류 쪽으로 이동했다. 헬리콥터는 마치 제임스 본드처럼 꼬불꼬불 이어진 도망자의 경로를 따라갔다. 그러다 갑자기 물줄기가 사라졌다. 그 위를 선회하는 헬리콥터 안에서 김 서린 창문으로 거대한 구멍을 바라보며 나는 숨을 들이켰다. 동굴 같은 구멍이 거대한 개수대의 하수구처럼 맑은 물줄기를 꿀꺽꿀꺽 삼키고 있었다. 그 안에서 차고 푸른 소용돌이가 보였다. '저 정도면 충분해' 하고 나는 생각했다.

그러나 얼음으로 에워싸인 수십 미터 깊이의 거대한 구멍으로 염료 세 통을 쏟아부으려면 어떻게 해야 할까? 아롤라에서는 그리 어려운 일이 아니었다. 빙하 구혈이 훨씬 더 작았고 염료도 몇백 그램이면 충분했으니까. 헬리콥터가 착륙하자 나는 벼랑 끝으로 조심조심 걸음을 옮겼다. 거대한 구멍을 넘겨다보니 아찔했다. "흠, 그리 간단한 일이 아니군." 나는 혼자 중얼거렸다. 어쩌면 좀 더 접근하기 쉬운 빙하 구혈을 찾는 것이 현명한 선택이었을지도 모른다. 하지만 그럴 수 없었다. 염료 15킬로그램을 들고 먼 길을 온 이상 반드시 임무를 완수해야 했다. 나는 단단해 보이는 얼음에 아이스 스크루ice screw(빙벽 등반을 할 때 밧줄을 걸기 위해 박는 기구—옮긴이) 몇 개를 박은 뒤 나처럼 고집스럽고 강인한 체코 출신의 연구 조교에게 소리쳤다. "마레크, 여기 구멍으로 들어가는 물에 염료를 바로 쏟아부으려면 이 밧줄에 몸을 묶어야 할 것 같은데, 줄 좀 잡아 줄래요?" 우리는 곧 그렇게 했다.

두 시간도 안 되어 빙상 앞쪽에 있던 우리 팀에게서 위성 전화가 걸려 왔다. 염료가 한 줄기를 이루며 거세게 빠져나왔다는 것이었다. 그렇다면 이 커다란 물줄기가 1킬로미터 두께의 빙상 아래로 빠르게 흘러들어 가 빙상 앞쪽까지 엄청난 양의 융빙수가 도달한다는 뜻이었다. 그 후 여러 번 그린란드에 가서 다른 빙하 구혈들에서도 같은 실험을 수차례 되풀이했다. 매번 점점 더 안쪽으로 들어갔고 빙상의 가장자리에서 최대 60킬로미터쯤 들어간 빙하 구혈에서는 좀 더 민감한 가스 추적자gas tracer를 사용하기도 했다. 이전까지 누구도 빙상을 흐르는 물을 추적한 적이 없었다. 선구자가 되다니 믿을 수 없는 기분이었다.

이런 성과를 거둘 때면 아드레날린이 샘솟고 굉장한 희열을 느끼기도 했지만 여러 달 동안 오지의 현장에 머무르다 보면 다양한 어려움이 따랐다. 그린란드 빙상 주변에 캠프를 치는 일은 결코 쉽지 않았다. 수 톤에 이르는 과학 장비들을 준비하는 데만 몇 달이 걸렸고 그런 뒤에는 그린란드행 화물선에 자리를 확보하기 위해 서둘러 밴을 타고 덴마크로 갔다. 화물선이 주요 도시 캉에를루수아크Kangerlussuaq에 도착하기까지 한참 걸렸고 장비가 한두 주 늦게 도착해 좌절하기도 했다. 장비가 도착하고 나면 헬리콥터 아래 매다는 슬링(커다란 그물망)에 들어가도록 다시 힘들게 싸야 했다. 헬리콥터 이용료도 만만치 않았다. 가장 작은 헬리콥터도 한 시간 이용료가 무려 2,000파운드였으므로 처음 현장에 들어갈 때나 캠프를 설치할 때 그리고 빙하 구혈을 찾아 빙상 안쪽으로 깊숙이 들어갈 때만 사용했다. 운이 좋을 때는 레버렛 빙하에서 불과 20킬로미터 떨어진 캉에를루수아크에 대기 중인 헬리콥터가 있었지만 그렇지 않을 때는 한 시간 반쯤 떨어진 누크Nuuk에서 불러야 했다. 그러면 시간당 비용이 약 6,000파운드로 치솟았다. 그러다 폭풍이라도 오면 헬리콥터는 돌아갔다가 다음 날 다시 와야 했고 이쯤 되면 우리는 엄청난 비용 앞에서 벌벌 떠는 지경에 이르렀다.

우리의 작은 캠프에는 취침용 텐트들과 좀 더 큰 실험실 텐트 두 채, 요리나 단합, 간헐적인 파티를 위한 커다란 식당용 텐트 하나가 화려하게 어우러져 있었다. 일단 캠프를 설치하고 난 뒤에는 들고 날 때 좀 더 저렴한 방식을 이용했다. 이 방식에는 머리카락이 쭈뼛 서는 구간이 포함되어 있었다. 먼저 15킬로그램짜리 배낭을 메고 자전거로 울퉁불퉁한 흙길이나 바퀴가 푹푹 빠지는 모래밭을 20킬로미터쯤 달려갔다. 제대로 속도가 나지 않았고 마지막엔 다리가 몹시 아팠다. 이 구간을 지나면 커다란 표석 뒤에 자전거를 숨겨 놓고 강을 건너야 했다. 레버렛 빙하 근처로 가려면 그 옆 빙하에서부터 부글거리며 거세게 흘러 내려오는 하천을 건너야 했다. 이를 위해 우리는 물살이 비교적 잠잠한 구간을 골라 폭이 50미터쯤 되는 하천에 도르래 시스템을 설치하고 고무보트를 연결했다. 이 고무보트에 올라 자리를 잡고 기다리면 건너편에서 네 사람이 밧줄로 보트를 끌어 주었다. 하천 한가운데 이르면 끊임없이 몰아치는 물살에 보트가 마구 떠밀려 손마디가 하얗게 되도록 붙잡아야 했다. 그런 뒤에는 발이 푹푹 빠지는 모래밭과 돌멩이들 사이로 물줄기들이 흐르는 레버렛 빙하의 넓은 범람원을 90분 동안 터벅터벅 걸었다. 마지막으로 다리가 타들어 가는 것을 느끼며 암석 구릉을 올라 최종 목적지인 '기근 캠프'(당시 이웃한 빙하에서 훨씬 더 문명에 가까운 '천국 캠프'를 운영하던 마틴 트랜터가 지은 이름)에 도달했다. 이름 그대로 고립무원이었다. 따라서 해빙기의 후반에 이르면 우리에게는 맛 좋은 음식이 떨어질 때가 많았다.

사람들은 종종 내게 과학자들을 이끌고 그렇게 먼 고립무원까지 가는 일이 힘들지 않느냐고 묻는다. 여자가 어떻게 그런 일을 하느냐고. 그럴 때면 나는 그것이 세상에서 가장 자연스러운 일로 느껴진다고 대답한다. 야생은 공평한 경쟁의 장이다. 학생이나 교수나 모두가 힘을 합쳐야 한다. 내게는 모두를 끌어올리기보다는 내가 그들의 입장으로 내려가는 것이 더 자연스러웠다. 때로는 사람들에게 약한 모습을 보일 수밖에 없다. 예를 들면, 30킬로그램짜리 짐을 끌고 낑낑거리며 툰드라를 걸어가는 모습이나 밤새 한숨도 못 자고 비틀거리며 텐트에서 나와 간신히 아침 인사를 건네는 모습 말이다. 물론, 리더로서 뚜렷한 목표를 갖고 실행 계획을 세워 사람들을 따라오게 만드는 것도 중요하다. 그러나 나는 목표가 리더의 것이 아니라 모두의 것이 되어야 한다고 생각한다. 현장 탐사에서 가장 중요한 일은 힘을 합쳐 폭풍을 견디고 기쁨을 나누는 것이다. 그린란드의 도전은 만만치 않았기에 기쁨도 배가 되었다. 수천 킬로미터를 흘러온 해류를 감지할 때 사용하는 민감한 가스 추적자를 사용해 빙상 내부에서 수십 킬로미터를 흐르는 융빙수를 추적하는 일은 결코 쉽지 않았다. 우리는 북극의 태양 아래서 끊임없이 포효하는 얼음장 같은 바람을 맞으며 어떻게든 실험을 이어가려 노력했다. 사뮈엘 베케트는 이렇게 말하지 않았던가? "실패했다면 다시 시도해라. 다시 실패해라. 더 낫게 실패해라."

초창기 현장 탐사 가운데 2009년 말에 시행한 탐사는 실패로 끝났다. 당시 나는 폴란드인 연구 조교인 그렉(본명은 그제고시Grzegorz)과 함께 레버렛 빙하의 작은 이웃인 러셀 빙하Russell Glacier 근처에 작은 텐트를 쳤다. 가을비가 줄기차게 쏟아졌다.

우리는 매일 어깨에 무거운 장비를 둘러메고 똑바로 서 있기도 힘들 정도로 불어난 빙하 강을 건너 얼음 위로 올라갔다. 아슬아슬한 여정이었다. 날마다 진창에 빠지고 모래밭에서 허우적거리며 흠뻑 젖은 채로 하루하루를 견뎠다. 그러던 어느 날 엄청난 사건이 벌어졌다. 빙하 가장자리에 고여 있던 호수가 갑자기 분출하여 폭발적인 홍수를 일으키면서 자동차만 한 빙산들을 하류로 흘려보냈고 그 바람에 하천가에 놓아둔 장비를 대부분 잃어버린 것이다. 너무도 어이없는 상황에 헛웃음이 나왔다. 밤이면 한 병뿐인 귀한 예거마이스터로 마음을 달랬고 절박할 때는 낮에도 한 잔씩 기울였다. 침울한 실패의 기억을 상기시키는 이 진하고 독한 술을 나는 지금도 마시지 못한다. 당시 우리가 빙하 구혈에 넣은 가스 추적자도 빙하의 가장자리로 나오지 않았다. 도무지 이유를 알 수 없었다.

우리는 1년이 더 지나서야 가스 추적 방식의 원리를 제대로 파악했다. 가스는 워낙 휘발성이 높아서 물이 빙하 구혈로 떨어지는 사이에 가스 추적자가 대기로 날아가 버린다는 게 문제였다. 이를 해결하기 위해 150미터짜리 정원용 호스를 사용해 빙하 구혈의 수면 아래로 가스 추적자를 넣은 뒤 근육의 힘을 이용해 호스를 다시 끌어 올리기로 했다("정원이 굉장히 긴 모양이에요." 철물점에 가서 호스를 살 때 계산원은 이렇게 말했다). 이 방식으로 우리는 성공 가도를 달렸다. 갑자기 다시 모든 것이 가능한 듯 느껴졌다. 우리는 얼음 가장자리에서 안쪽으로 40킬로미터 들어간 빙하 구혈 옆에 팀을 배치했다. 약 열두 시간 뒤에 빙하 앞쪽으로 가스 추적자가 나타났고(대략 사람이 걷는 속도와 비슷했다) 그렇다면 융빙수가 꽤 빠른 빙저 하천으로 흘러왔다는 뜻이었다.[21]

그러나 빙하 가장자리에서 안쪽으로 무려 60킬로미터 떨어진 빙하 구혈에 가스 추적자를 넣자 사뭇 다른 일이 일어났다. 우리는 레버렛 빙하에서 나오는 물줄기 옆에 텐트를 치고 추위에 몸을 웅크린 채 기다리고 또 기다렸다. 그러는 사이 줄기차게 불어오는 바람을 이겨 내며 한 시간에 한 번씩 비틀비틀 밖으로 나와 소량의 물을 채취했다. 나중에 실험실 텐트로 가져가서 그 안에 가스 추적자가 조금이라도 있는지 확인할 요량이었다. 밤이 되자 교대로 물을 채취했고 거의 포기하려는 무렵에 가스 추적자가 나타나기 시작했다. 60킬로미터를 흘러오는 데 80시간이 넘게 걸렸다.[22] 빙하 앞쪽으로 이어지는 빠른 빙저 하천에 도달하기 전에 다소 힘든 여정을 지나온 것이 틀림없었다. 이는 가장자리에서 안쪽으로 더 깊이 들어간 곳, 즉 얼음의 두께가 매우 두껍고 빙하 구혈로 들어가는 융빙수가 비교적 적은 곳에서는 움직이는 얼음의 압력 때문에 하도가 형성되기가 훨씬 더 어렵다는 것을 시사했다. 그런 곳에서는 물이 좀 더 유속이 느린 통로로 흘렀을 테고 서로 연결된 이 통로들 사이를 옮겨 가면서 부드러운 퇴적물에 흡수되기도 했을 것이다.

우리는 최초로 빙상의 바닥을 조명한 셈이었다. 총 네 번의 여름에 걸쳐 얼음 가장자리에 캠프를 치고 처음에는 걸어서, 나중에는 헬리콥터를 타고 빙상 안쪽으로 점점 더 깊숙이 들어가며 놀라운 발견을 이어갔다. 30대 중반의 나이에 수많은 시도와 자축을 거듭하며 나는 인생에서 가장 열정적인 시기를 보냈다. 가끔 우리는 그곳에서 파티를 열고 한밤의 태양 아래서 밤새도록 즐기기도 했다. 고립무원의 캠프에서는 술을 구하기 어려웠지만 새로운 누군가가 보급물을 갖고 오면 축하연을 벌이곤 했다. 게다가 우리의 실험실에는 언제나 96퍼센트 실험용 에탄올이 있었고 그렉은 통조림 복숭아와 레몬주스를 섞어 훌륭한 술을 만들곤 했다! 우리는 지지직거리는 작은 스피커로 요란한 음악을 울리며 잿빛 모래 위에서 춤을 추었다. 한번은 마레크가 기타 치는 시늉을 하고 그렉은 연료통을 드럼처럼 두드렸으며 미네소타에서 온 긴 머리 학생이 귀한 팬파이프를 연주하고 나는 디저리두(원래는 긴 피리 같은 목관 악기이지만 여기서는 강에 실험 기구를 설치할 때 사용하는 10미터짜리 플라스틱 관)를 연주하며 레드 제플린의 〈천상으로 가는 계단Stairway to Heaven〉을 우리식으로 재해석하기도 했다. 빙하 구혈을 찾아서 염료를 붓거나 가스를 주입하고 얼음 가장자리에서 그 흔적이 나타나기를 며칠씩 기다리는 가운데서도 우리는 틈틈이 이렇게 유흥을 즐겼다. 나는 하루에 네 시간 이상 잠을 잔 적이 없지만 그린란드 빙상의 배수 방식을 최초로 알아내겠다는 뜨거운 열정으로 나아갈 수 있었다.

새로운 발견을 할 때마다 뉴스거리가 될 만한 논문이 쌓여갔고 어느 순간 교수로 진급할 수도 있지 않을까 하는 기대를 품기 시작했다. 이전까지 나는 교수가 될 생각이 없었다. 솔직히 말하면 이렇다 할 계획도 없이 어쩌다 보니 학계로 들어왔고 이전 세대 교수들을 보면서 단 한 번도 동질감을 느끼지 못했다. 빙하학계는 오래전부터 거친 남성 위주의 사회일 뿐 여자 선배는 극소수에 불과했다. 그러나 기금 지원과 논문 발표가 이어지면서 어쩌면 내게도 가능한 일이 될 수 있겠다는 생각이 들었다. 동년배 남자들은 승승장구하는데 나라고 못 할 이유가 있을까 싶었다. 교수라는 고결한 직함이 내 차지가 될 수도 있다는 사실을 깨닫고 나자 나는 그 목표에 매진하기 시작했다. 단번에 성공하지는 못했다. 처음 지원했을 때 심사위원단은 결정적으로 "《네이처Nature》지와 《사이언스Science》지에 논문을 충분히 발표하지 않았거나 충분히 인용되지 않았음"이라는 평가를 내렸다. 《네이처》와 《사이언스》는 과학자들이 가장 선정적인(대개는 논란의 여지가 있는) 연구 결과를 멋들어지게 발표하는 학술지다. 이듬해 별다른 기대 없이 다시 한번 지원서를 제출했다. 그리고 놀랍게도 나는 교수가 되었다.

그린란드 연구가 그토록 흥미진진했던 것은 우리의 지식에 커다란 구멍이 있었기 때문이다. 빙상의 아랫부분과 그 아래 암석 사이에 유의미한 양의 물이 흘러 빙상의 기저면이 암석 위로 미끄러진다면 빙하학자들은 다음과 같은 의문을 품지 않을 수 없었다. 용융의 양이 많아질수록 그린란드 빙상이 바다로 더 많이, 더 빨리 미끄러질 것인가? 내가 빙상 아래 융빙수의 흐름을 추적하는 동안 피트 니노의 팀은 레버렛 빙하 표면 곳곳에 GPS 장치를 놓고 얼음의 유동을 조사하여 그렇지 않다는 결론을 내렸다.[23] 실제로 기록상 융빙량이 가장 많았던 2012년 한 해 동안 빙하가 이동한 거리는 융빙량이 보통 수준이었던 다른 해와 큰 차이를 보이지 않았다.

기본적으로 바다까지 나가지 않고 육지에서 끝나는 빙상은 영리한 자기 조절 방법을 사용해 융빙량이 많아질수록 유동과 수축이 증가하는 끔찍한 악순환을 예방하고 있었다.[24] 그중 하나는 빙상의 아래쪽에 있는 빙벽의 하도를 이용하는 것이다.

아롤라에서 그랬듯 그린란드에서도 얼음이 녹는 여름철에는 빙하 구혈로 들어가는 융빙수의 양이 많아지면서 이러한 하도의 얼음벽이 녹아 통로가 넓어지고 내부의 수압이 낮아진다. 물은 압력이 높은 쪽에서 낮은 쪽으로 이동하는 성질을 가졌고(여러 도시에서 콘크리트 탑에 물을 저장하는 이유다) 빙상 밑의 저압 하도들은 마치 급수탑 하부의 파이프처럼 빙하 밑의 고압 하도에서 물을 끌어당긴다. 이런 곳에서는 아마도 물이 부드러운 퇴적물을 통과하거나 서로 연결된 작은 통로로 느리게 흐르고 있을 것이다. 이러한 배수 시스템은 빙하 밑의 물을 배출하는 데 도움이 되지만 물이 빠지고 나면 빙상 기저면의 윤활제가 사라지는 셈이므로 빙상은 다시 암석 지반에 내려앉는다. 2012년 융빙이 가장 많이 일어난 시기에도 여름이 지나고 나자 겨울에는 얼음의 유동이 줄었다. 빙하 밑의 물을 퍼내는 거대한 하천이 기저의 물을 다 빼냈기 때문이다. 실제로 융빙량이 비교적 적은 그린란드 빙하빙을 탐구한 과학자들은 최근 몇십 년 동안 융빙의 속도가 증가했음에도 많은 빙하들의 유동은 느려졌다는 사실을 발견했다.[25] 요컨대, 얼음이 바다까지 이어지지 않는 지역에서는 빙상이 스스로를 돌보고 있다는 애기다.

물이 빠르게 흐르는 빙저 하천은 빙하의 유동 속도 조절을 도울 뿐 아니라 그린란드 주변 바다로 엄청난 융빙수를 실어 나르기도 했다. 따라서 인근 바다에는 빙하가 기반암을 침식할 때 생성되는 빙하분이라는 작은 입자가 무수히 떠 있었다. 여름에 빙상 밑으로 부글거리며 흘러나오는 물줄기들은 초콜릿 우유색을 띠고 있고 여기에 함유된 빙하분의 양을 측정해 보면 해마다 빙상 기저의 암석이 약 0.5센티미터씩 깎여 나간다는 것을 알 수 있다.[26]

빙상에서 이처럼 미세한 가루가 나온다는 발견은 그린란드의 피오르들과 그 주변의 거대한 바다에 관해 새로운 일련의 의문을 제기했다. 토양은 지구의 피부와 같다. 식물의 성장을 도움으로써 지구의 수많은 생물을 지탱한다. 이를 위해 토양은 물을 가두고 양분을 제공하며 식물의 뿌리가 파고들 수 있도록 부드러운 층을 만든다. 그래야 지상의 나무에 잎이 무성하게 달리기 때문이다. 따라서 토양을 과도하게 사용해 파괴하면 우리 지구에 생명을 제공하는 층이 파괴되는 셈이다. 기본적으로 토양은 암석 물질과 죽은 초목, 그리고 이런 죽은 물질을 분해하기 위해 열심히 일하는 작은 벌레 수억 마리의 혼합체다. 그러나 토양의 토대를 이루는 것은 암석이며 암석이 풍화 작용을 통해, 즉 비바람의 점진적인 화학적 · 물리적 공격을 통해 분해되기까지는 수십 년이 걸린다. 암석은 우리 세포의 구성 요소를 형성하여 생물을 지탱해 주는 영양분을 함유하고 있다. 식물의 양분이 되는 인과 칼륨은 암석의 분해를 통해서만 얻을 수 있다고 해도 과언이 아니다. 그렇다면 빙하분을 만들고 이 비옥한 물질을 융빙수의 하천에 실어 바다로 수송하는 빙상은 거대한 양분 공장이라고 할 수도 있지 않을까? 그러나 빙하분과 그 안에 담긴 영양분이 바다에 도달하면 실제로 어떤 일이 벌어질지 살펴보자.

자연의 많은 것들이 그렇듯 이 역시 얼핏 생각하기에는 단순하지만 실제로는 그렇지 않다. 빙하분은 풍부한 영양분을 담고 있지만 안타깝게도 하천을 뿌옇게 흐려 빛의 투과를 방해한다. 이 뿌연 융빙수는 빙상 밑을 빠져나온 뒤 피오르의 조밀한 회로망으로 흘러들어 간다. 피오르는 강의 어귀와 같다. 과거 빙기에 깊이 침식된 뒤 커다란 빙상들이 녹아 해수면이 상승하면서 무자비하게 물에 잠긴 지형이다. 주로 그린란드의 남서부와 북동부 지역, 즉 분출 빙하가 바다까지 닿지 못하고 육지에서 끝나는 지역에서는 뿌연 융빙수의 하천이 피오르의 표면으로 흘러든다. 위성 사진으로 보면 육지에서 탁한 갈색 물기둥이 퍼져 나오는 형태를 이룬다. 그리고 융빙량이 많아질수록 더 탁해진다.[27]

빛은 바다의 복잡한 먹이 사슬을 움직이는 동력이다. 식물 플랑크톤이라는 작은 식물 같은 유기물이 성장하려면 빛이 필요하다. 이 작은 생물은 광합성을 통해 대기의 이산화탄소를 흡수하고 성장하며, 이때 태양 에너지가 필요하다. 이들은 태양 에너지를 직접적으로 사용하지 못하는 더 큰 생물의 먹이가 되고, 이렇게 시작된 먹이 사슬은 점점 더 큰 생물이 작은 생물을 잡아먹으면서 결국 물고기와 물범, 바다코끼리에 이른다. 육지의 작물이 인간에게 그렇듯 식물 플랑크톤은 바다의 식량 제조기다. 그러나 육지 종결 빙하들의 융빙수가 흘러드는 그린란드의 피오르에서는 뿌연 물기둥이 빛을 차단하여 이 생물의 성장을 방해한다. 또한 담수인 융빙수는 피오르의 표면층에 떠 있고 염분과 영양분이 풍부한 해수는 식물 플랑크톤이 닿지 못하는 심층으로 가라앉는다. 이곳의 어획량이 거의 없는 것도 이런 이유 때문이다.[28] 빙하의 용융수는 피오르의 생물군을 굶주리게 만든다.

그러나 육지 종결 빙하가 아닌 조수 빙하의 융빙수가 흘러드는 그린란드 피오르들에서는 다른 상황이 펼쳐진다. 이런 피오르에서는 조수 빙하의 가늘고 긴 혀가 수면에 우아하게 떠 있고 심층부는 불안정해지면서 거대한 빙산들이 분리되어 나간다. 신기하게도 조수 빙하의 주둥이로 뿜어져 나오는 빙저 하천의 물은 염분을 함유한 피오르 해수의 수백 미터 아래로 가라앉는다. 따라서 조수 빙하의 가장자리는 옆면에서 뜨거운 물이 뿜어져 나오는 거대한 온천 욕조와 비슷한 모습이다. 다만 이 그린란드 '온천 욕조'에서 분출되는 물줄기는 조금 더 따뜻한 심해수와 차가운 융빙수의 혼합물이다. 이 분출물이 표층수 쪽으로 올라오면서 조수 빙하의 앞쪽을 녹인다. 이것이 최근에 빠르게 이뤄지는 분출 빙하 퇴각의 주요 원인이었다. 바다가 따뜻해지는 동시에 빙저 하천의 융빙수가 늘면서 온천 욕조의 융빙 효과가 강화된 것이다.[29] 그러나 깊은 곳에서 올라오는 따뜻한 물은 식물 플랑크톤이 갈구하는 영양분, 무엇보다도 질소를 가져다준다.

식물 플랑크톤이 성장하고 번식하기 위해서는 균형 잡힌 영양분이 필요하다. 가장 중요한 것은 탄소다. 이는 공기 중의 이산화탄소에서 얻을 수 있다. 그다음은 질소와 인이며 그 밖에도 철과 아연 같은 미량 요소들도 공급되어야 한다. 식물 플랑크톤의 서식지에 따라 이 가운데 한두 가지 영양소가 다른 것보다 먼저 떨어지기도 한다. 이 경우 식물 플랑크톤이 부족한 영양분에 의해 '제한'된다고 말한다. 인간에 비유하면 쌀밥만 먹는 사람은 단백질 결핍을 겪는다. 이런 사람은 쌀을 아무리 많이 먹어도 몸에 단백질을 축적하여 근육을 키울 수 없으며, 결국 영양 부족으로 약해질 것이다. 그린란드 피오르의 식물 플랑크톤에게 가장 문제가 되는 영양분은 질소다. 피오르의 심층부로 스며드는 해수에는 질소가 풍부하지만[30] 표층으로 흘러드는 담수 융빙수에는 안타깝게도 질소보다 인과 규소, 철이 더 풍부하게 들어 있다.

조수 빙하의 융빙수에서는 빛을 차단하는 입자들이 피오르 표층으로 떠오르기 전에 떨어져 나가고 '온천 욕조'를 통해 심층부에서 올라오는 질소가 피오르 표층수의 식물 플랑크톤에게 영양분을 제공한다.[31] 이 작은 생물이 얻는 혜택은 먹이 사슬의 상위에 있는 물고기들에게로 이어지고 이는 그린란드 수출 소득의 90퍼센트 이상을 가져다준다.[32] 지역 어업 소득의 절반 가까이 책임지는 큰넙치[Halibut]는 종종 피오르 어귀에 숨어 있다.[33] 실제로 조수 빙하의 '온천 욕조' 융빙수와 어획량 사이에는 상관관계가 있는 것으로 드러났다.[34] 그린란드 인근 바다에 떠 있는 빙하가 사라지지 않는다면 큰넙치가 꾸준히 메뉴에 오늘 가능성이 높다.

빙하분 이야기는 여기서 끝나지 않는다. 빙하분은 피오르에 해로운 영향을 미치지만 어딘가에는 유용할 수도 있지 않을까? 사실, 그린란드에서는 아직 확실히 알 수 없다. 그러나 이 작은 입자들의 일부가 해류에 의해 그린란드 주변 바다로 흘러든다고 추정할 만한 몇 가지 단서가 존재한다.[35] 넓은 바다에서는 빙하분이 빛을 차단할 위험이 없으며 게다가 여전히 맛있는 영양분을 함유하고 있다. 특히 빙하 밑 암석에 박혀 있던 황철석 등의 광물에서 나오는 미량 요소 철과 규소, 인이 풍부하게 들어 있다.[36]

놀랍게도 우주에서 찍은 사진에는 표층수의 색을 변화시키는 식물 플랑크톤을 포함해 살아 있는 모든 식물에서 볼 수 있는 색소인 엽록소가 감지된다. 한여름에 그린란드 서부 연안의 래브라도해에는 이 초록색 색소가 더욱 풍부해지는 듯하다. 한여름은 빙상이 가장 빠르게 녹는 시기이기도 하다. 해류에 의해 해안에서 바다로 이동하는 담수 융빙수는 식물 플랑크톤에게 양분을 전달하여 이들의 성장을 돕는 것으로 보인다. 남극 대륙을 에워싼 남극해Southern Ocean에서도 이와 비슷한 현상이 관측되었다. 이곳의 식물 플랑크톤은 철을 충분히 공급받지 못한다. 가장 큰 이유는 철이 주로 사막의 먼지에서 나오는데 남극해는 사하라 같은 곳과 멀리 떨어져 있기 때문이다. 그러나 남극 대륙에서 떠내려온 빙산들이 서서히 녹으면서 빙체 안에 갇혀 있던 흙이 철을 풀어낸다. 이를 통해 식물 플랑크톤의 성장이 촉진되고 엽록소가 증가해 바다색이 변한다.[37] 요컨대, 빙상은 북극에서든 남극에서든 우리의 바다를 비옥하게 해 주는 듯하다.

그러나 그린란드 주변의 바다가 따뜻해지면서 조수 빙하들이 빠르게 줄어 육지로 물러나고 있다. 이렇게 되면 피오르의 식량 제조기인 식물 플랑크톤이 해수면의 뿌연 물 때문에 빛을 받지 못하고, 이는 인근의 물고기들과 다른 야생 동물들에게 참사를 가져올 수도 있다. 빙하 혀의 기저부가 해수면 아래로 제법 깊이 들어가 있는 그린란드 북동부에서는 이런 일이 일어날 가능성이 비교적 희박하다. 오히려 빙하의 혀가 후퇴하면서 그 안에 남은 구멍으로 바닷물이 들어가 빙하의 혀가 계속 부유하도록 도울 가능성이 높다. 그러나 그린란드 다른 지역에서는 참사가 일어날 가능성이 농후하다.[38] 조수 빙하의 온천 욕조들이 서서히 꺼지면서[39] 식물 플랑크톤이 심해에서 올라오는 질소를 공급받지 못하면 피오르의 생산성도 점차 떨어질 것이다.

이는 결코 작은 변화가 아니다. 그린란드 주변 바다에 생계를 의지하고 있는 사람들에게도 영향을 미친다. 빙하와 해빙은 오랫동안 캐나다의 북극 지역과 허드슨만, 래브라도해를 거쳐 그린란드 북서쪽으로 이주한 현지 이누이트인들에게 중요한 자원이었다.[40] 현재 그들은 얼음의 주변에서 작은 해안 공동체들을 이루며 살아가고 있다.[41] 겨울 해빙은 사냥터가 되기도 하고 조수 빙하에서 분리된 빙산들과 함께 물범과 다른 포유류들의 중요한 휴식처가 되기도 한다. 지금처럼 얼음이 점점 얇아지고 존속 기간이 짧아진다면 이누이트인들에게는 어떤 영향이 미칠까?

그들은 이미 오랜 역사에 걸쳐 극적인 기후 변화를 견뎌 왔다. 이동이 잦고 유연한 생활 방식은 변화에의 적응을 넘어 변화를 예측할 수 있는 뿌리 깊은 능력을 길러 주었다.[42] 그린란드 북서쪽 외딴곳에 살고 있는 700명 규모의 공동체를 예로 들어 보자. 이들은 대부분 카나크라는 도시에 살고 있으며 이누후이트Inughuit라고 알려져 있지만 캐나다에서 이주하여 그린란드 툴레 지역에 정착했다는 의미로 툴레 이누이트Thule Inuit라고 불리기도 한다.[43] 이들의 삶은 바다의 생산성뿐만 아니라 물범 및 일각돌고래 사냥과도 복잡하게 얽혀 있다. 이들은 약 1100년경, 중세 온난기로 알려진 시기에 당시 캐나다 북극 지역과 그린란드를 이은 가느다란 육지로 이동하여 남쪽으로 퍼져 나갔다.

그러나 15세기 소빙기라는 한랭기가 그린란드와 전 세계 다른 지역을 점유했다. 빙하들이 확장하고 전진하여 얼음이 크게 늘면서 이누후이트는 남쪽의 정착민들과 완전히 단절되었다. 그리고 1818년에 이르러서야 존 로스John Ross 선장이 북서항로를 찾아 이 지역에 도달하면서 이들이 '재발견'되었다.

존 로스 선장의 기록에 따르면 그가 얼음 위에서 이누후이트 사냥꾼들을 처음 만났을 때 그들은 "자기들이 세상에 존재하는 유일한 인간이며 세상의 나머지 부분은 모두 얼음덩어리"라고 믿었다.[44] 이들에게 기후 변화는 오래전부터 삶과 밀접하게 연관되는 문제였다.

최근 기후가 온난해지면서 이들은 해빙이 줄어드는 정반대 상황에 직면했지만 이제는 세계 경제 및 정치적 이해가 복잡하게 얽혀 있는 탓에 예전처럼 문제가 단순하지 않다. 다행히 큰넙치가 북쪽으로 이동하면서 새로운 수입원이 되었으며[45] 석유와 가스, 광물 탐사의 개방은 상업적 이용의 기회를 예고하고 있다.[46] 그러나 안타깝게도 해빙이 사라지면서 많은 사냥꾼들은 해빙을 건널 때 썰매를 끌어 주던 개들을 죽일 수밖에 없는 상황에 이르렀다. 앞으로 어떤 일이 일어날지는 아직 모르지만 피해는 불가피할 것이다.

레버렛 빙하 앞에 설치한 우리의 작은 캠프에서 긴 하루하루를 보내면서 나는 다른 문제들과 함께 이와 같은 쟁점들을 고민해 보았다. 한때는 빙하가 자리하고 있었지만 이제는 암설이 무질서하게 쌓여 있는 울퉁불퉁한 빙퇴석들 사이에 우리의 빛바랜 텐트들이 마치 고래 행렬처럼 늘어서 있었다. 이곳은 내가 이전에 다녀 본 어떤 곳보다도 먼지가 많고 바람이 심했다. 모래 알갱이와 미사들이 옷이며 머리카락, 코, 귀, 그 밖에 좀 더 걱정스러운 부위에까지 끈질기게 파고들었다. 배낭과 텐트 같은 장비에 들어간 이 입자들은 몇 년이 지나도 사라지지 않았다. 텐트의 플라스틱 지퍼 이빨 사이로 미세한 알갱이들이 들어가 결국 지퍼가 고장 나기도 했다. 가장 효과적인 해결책은 문 옆에 벨크로를 꿰매어 붙이는 것이었지만 캔버스가 워낙 두텁다 보니 오랜 시간이 걸렸다. 습관성 불면증에 시달리는 나는 그런 곳에서는 더욱 잠을 이루지 못했다. 해가 지지 않는 여름의 백야와 요란한 바람 소리, 하천의 포효 소리가 끊임없이 머릿속을 휘저었다. 그린란드 현장 탐사는 내게 늘 기대와 함께 두려움을 선사했다. 한시라도 빨리 야생으로 돌아가 원대한 임무를 수행하고 싶은 마음이 간절했지만 끈질긴 불면이 야기하는 멍한 느낌을 떠올리면 진저리가 나곤 했다.

그나마 얼음 절벽과 힘차게 흐르는 강, 고요한 융빙수 연못, 사나운 레버렛 빙하 하천의 여울을 대담하게 건너 우리 캠프를 통과하는 사향소 떼가 어우러진 놀라운 풍경이 피로를 풀어 주었다. 1960년대에 그린란드 북부에서 남서쪽으로 유입된 사향소는 신기한 동물이다. 땅딸막한 몸통에 갈색 털이 마치 치맛자락처럼 덮여 있고 북미의 들소와도 비슷한 모양새를 하고 있다. 몸을 뒤덮은 긴 털은 특별한 기능을 가졌다. 바깥층의 털은 습기를 막아 주며 안쪽의 털은 그보다 훨씬 더 보드랍고 따뜻하며 밝은색이다.[47] 오래전부터 이곳 이누이트인들에게 털과 가죽, 고기를 내주었고, 그린란드 서부에서 한때 멸종 위기에 처해 동부에서 다시 들여오기도 했다. 내가 여러 번 목격한 가장 흥미로운 광경 중 한 가지는 늑대나 인간에게 위협받을 때 보이는 행동이다. 사향소들은 얼굴을 바깥쪽으로 향한 채 원을 이루고 서서 방어하듯 뿔을 무섭게 내렸다. 그러다가 막상 달리기 시작하면 크고 무거운 털북숭이 몸통을 앞으로 내밀고 허우적거리는 모습이 마치 거대한 기니피그 같았다. 사향소는 언제나 내게 웃음을 주었고 그린란드에 있는 동안 잠시 채식주의에서 벗어나는 계기가 되기도 했다. 나는 20년 동안 고기를 먹지 않았지만 하루는 극심한 육체노동으로 몹시 지친 나머지 캉에를루수아크 공항에서 사향소고기 버거에 굴복하고 말았다. 그리고 그런 일탈은 한 번으로 그치지 않았다. 다행히 지금은 다시 육식에서 벗어나는 데 대체로 성공했다.

우리의 캠프 위에는 좀 더 한랭한 시기에 빙상이 반지르르하게 광을 낸 암반으로 덮인 둥근 언덕이 높이 솟아 있었다. 그 측면에 우묵하게 팬 곳에는 풀이 자랐고 작은 호수도 있었다. 어둡게 반짝거리는 호수의 수면은 바다로 흘러가는 요란한 빙하 강을 고요히 내려다보았다. 나는 머리를 식히고 싶을 때면 캠프를 벗어나 그곳으로 향했다. 여름이면 시끄러운 기러기 한 쌍이 어김없이 찾아왔고 그들의 요란한 지저귐이 그 아래로 입을 벌리고 있는 계곡에 울려 퍼졌다. 그곳에 올라가면 캉에를루수아크 옆에 자리한 피오르까지 한눈에 내려다보였다. 레버렛 빙하의 하천이 다른 물줄기들과 합쳐져 빙하성 평원(샌더sandur라고도 한다) 곳곳으로 어지러이 퍼져 나갔고 햇살에 반짝거리면 마치 뒤엉킨 은색 실처럼 보이기도 했다. 한쪽은 온통 잿빛과 흰색이었고 다른 쪽은 온통 초록이었다. 그린란드, 말 그대로 초록의 땅이었다.

그렇다면 이누이트인들이 오늘날까지 명맥을 이어오는 반면 그린란드의 노르만인들이 오래전에 사라져 버린 이유는 무엇일까? 이 가혹한 땅에 정착한 것을 보면 양쪽 모두 강인한 정신과 역경을 함께 헤쳐 나가는 투철한 공동체 의식을 지녔을 텐데 말이다. 노르만인의 멸종은 오래전부터 신비에 싸여 있었다. 이들은 그린란드 남부에서 인구가 수천 명 규모로 늘어 주요 정착촌 두 개를 꾸려 나갔지만 500년 뒤 두 부락은 붕괴했고 그린란드 남서쪽 끝에 돌집과 농가의 잔해만 남았다. 노르만인은 이누이트족과 마찬가지로 중세 온난기인 900년에서 1400년 사이에 그린란드로 왔다. 그러나 1350~1450년 사이에 소빙기가 시작되면서 그린란드 남부의 기후는 더 한랭해지고 폭풍도 심해졌다. 노르만인이 사라진 것은 1450년경이다.[48] 두 시기가 맞물린다는 점으로 미루어 노르만인들은 주로 바다에서 식량을 얻은 이누이트족과 달리 궂은 날씨에 적합한 농경 기술을 개발하지 못했다고 추정할 수도 있다.[49] 그러나 최근, 노르만인들이 꽤 잘 적응했으며 그린란드 주변 바다에 생계의 많은 부분을 의존했음을 보여 주는 증거가 발견되었다. 특히 바다코끼리 엄니는[50] 중세 유럽의 호화 상품에 사용된 상아의 귀한 원료이기도 했다.[51] 실제로 당시의 상아 유물에서 채취한 DNA로 미루어 보면 노르만인들은 유럽의 바다코끼리 상아 무역을 완전히 독점했을 가능성이 높다. 어쩌면 이 같은 성공이 오히려 그들의 쇠락을 부추겼을지도 모른다. 변화의 시기에 적응하지 못하고 바다코끼리에만 지나치게 의존했을 가능성도 있다.

이 강인한 북부 사람들의 이야기에는 교훈이 담겨 있다.[52] 그들은 이주를 택하기보다는 더 확실한 정착에 치중했다. 단일 상품, 즉 바다코끼리 엄니에만 의존해 이를 과용한 것으로 보이며 좀 더 다양한 사냥 전략을 지닌 이누이트족과 협력하지 않았다.[53] 그 사이에 기후는 더욱 추워졌고 흑사병으로 유럽 인구가 대폭 감소했으며 코끼리 상아가 시장에 쏟아져 나오면서 바다코끼리 상아의 수요는 급격히 떨어졌다. 대략

1327년 이후로 그린란드에서 유럽으로 바다코끼리 엄니가 수출된 증거는 아직 발견되지 않았다.[54] 어쩌면 이것이 그린란드의 노르만인이 멸종한 단서일지도 모른다. 안타깝게도 이 모든 가설의 근거가 된 것은 주로 영구 동토층에 보존되어 있던 유물들인데, 이러한 유물은 땅이 녹고 유기 잔해가 부패하면서 빠르게 소실되고 있다.[55] 아마도 이 귀중한 잔해들과 함께 진실도 유실될 것이다.

그러나 농업과 사냥에 의존하던 그린란드 남부 노르만인들이 쇠락한 이유가 무엇이었든 이제 그들의 이야기는 우리와 동떨어진 것으로 치부할 수 없게 되었다. 우리의 기후는 극적으로 변화하고 있으며 온 세상이 점차 연결되어 시장이 글로벌화되고 항공 여행으로 팬데믹이 가속화되고 있다. 노르만인들의 사례는 인간이 기후 변화 앞에서 얼마나 강인한지 그리고 얼마나 취약한지를 모두 보여 준다.[56] 그들이 만약 이누이트족과 더 가까운 관계를 쌓았더라면, 이주하여 가혹한 기후에서 벗어났더라면, 단일 상품에만 너무 의존하지 않았더라면 살아남았을 것이다.[57] 어쩌면 우리는 그들의 운명에서 우리가 나아갈 향방의 단서를 찾아야 할지도 모른다.

4. 극한에서의 삶

남극 대륙

끈질긴 태양 아래서 낮과 밤이 구분 없이 흘러갔다. 그는 바다로부터 안쪽으로 깊숙이 들어왔다. 어느 날 물고기를 잡다가 가족과 헤어졌고 육지로 올라와 보니 어디로 가야 하는지 알 수 없었다. 평소 같으면 태양을 나침반으로 삼았을 테지만 하필 구름이 짙게 덮인 탓에 이마저도 쉽지 않았다. 그래서 불룩 튀어나온 곶을 넘어가려고 바다로부터 멀어지기 시작했다. 하지만 그곳은 곶이 아니었고 아무것도 없는 하얀 표면은 어디로 가야 할지 아무런 힌트도 주지 않았다. 그는 그저 계속 걸었다. 견딜 수 없이 배가 고팠다. 그러던 어느 날 지평선에 울긋불긋한 반구형 지붕들이 얼핏 보였다. 순백의 배경에 노란색과 주황색 천막들이 펼쳐져 있었다.

그는 아델리펭귄이었다. 남극 대륙 연안에서 가장 몸집이 작고 가장 흔한 펭귄 종에 속하는 아델리펭귄은 물고기를 찾아 150미터 수심까지 내려갈 수 있으며 최대 6분 동안 잠수할 수 있다.[1] 우스꽝스러운 외모의 이 조류는 19세기 프랑스 탐험대에게 처음 발견된 뒤 아델리 랜드의 이름을 따서 아델리펭귄으로 불렸다. 남극 대륙 본토에 속한 아델리 랜드는 탐험가 쥘 뒤몽 뒤르빌Jules Dumont D'Urville이 자기 아내 아델의 이름을 딴 곳이었다.[2] 이 작은 펭귄은 내가 인간 동료들을 제외하고 남극 대륙에서 처음 목격한 생물체였다. 녀석은 어느 날 길을 잃고 뒤뚱뒤뚱 우리 캠프로 들어왔다. 우리는 전날 맥머도 남극 기지(남극의 로스섬 서쪽 가장자리에 위치한 미국 최대의 관측 기지—옮긴이)에서 한 시간 남짓 헬리콥터를 타고 바다에서 100킬로미터쯤 들어왔으니 이곳에 신선한 물고기가 있을 리 만무했다.

이곳 맥머도 드라이 밸리McMurdo Dry Valleys에서는 야생에 개입하는 일이 엄격하게 금지되어 있다. 새와 동물에게 음식을 줄 수 없고 모든 것을 그저 자연에 맡겨야 한다. 따라서 검은색과 흰색의 옷을 입은 우리의 새 친구에게 해 줄 수 있는 일은 아무것도 없었다. 처음에 이 펭귄은 온갖 재롱으로 우리를 즐겁게 해 주었다. 뒤뚱거리며 날개를 퍼덕거리고 식당용 텐트 자락에 걸리기도 했으며 버팀줄에 발이 엉키기도 했다. 우리는 웃음을 터트렸다. 펭귄은 마른 땅에서 결코 우아하지 않다. 이

꼬마 아델리펭귄과의 만남은 우리에게 달콤하면서도 씁쓸한 경험이었다. 녀석을 보는 것은 달콤한 일이었지만 도울 수 없다는 사실이 씁쓸하기 그지없었다.

남극 대륙은 지구상에 마지막으로 남은 거대한 황무지다. 지금껏 인류가 뿌리내리지 못한 유일한 땅, 우리의 모든 상상을 뛰어넘는 미지의 땅으로, 세계 지도에는 인간이 살 수 없는 흰색 공백으로 자리하고 있다. 영어로 남극 대륙을 뜻하는 'Antarctica'는 '북극Artic'의 반대라는 뜻이다. 이 외딴 대륙은 캐나다와 비슷한 크기이며 전체 지역의 약 2퍼센트를 제외하고는 대부분이 거대한 빙상으로 덮여 있다. 대륙을 가로질러 로스해와 웨들해를 연결하는 남극종단산맥Transantarctic Mountains의 꼬불꼬불한 등줄기가 동쪽과 서쪽을 나눈다.

대륙을 에워싸고 있는 위험한 남극해의 해수는 남극 환류에 의해 차갑게 유지된다. 남극 환류가 대륙을 시계 방향으로 돌면서 북쪽 난류의 유입을 막아 빙상이 보존되도록 돕고 있다. 북쪽 경계에서는 남극 환류가 아남극의 좀 더 따뜻한 해수 밑으로 들어가고 이 두 해류가 섞여 표층수에 영양분을 공급하면서 이곳의 생물군, 특히 귀한 남극 크릴을 지탱한다. 크릴은 해류를 따라 바다를 떠다니는, 새우와 비슷한 반투명의 갑각류로 동물 플랑크톤의 일종으로 분류된다. 남극해 해양 생물 가운데 식물 플랑크톤 같은 생물을 직접 소비할 수 있는 생물종의 하나로, 깃털 같은 작은 다리를 사용해 해수에서 식물 플랑크톤을 걸러서 먹는다. 다양한 해양 생물이 크릴을 섭취하기 때문에 크릴은 노르웨이와 일본 같은 나라의 소중한 어업을 지탱해 준다. 크릴이 사라지면 남극해의 먹이 사슬도 무너질 것이다. 이렇듯 남극해에는 가혹한 환경에도 불구하고 해양 생물이 넘쳐난다. 고래와 앨버트로스, 펭귄, 물개, 크릴뿐 아니라 수많은 종의 물고기들이 이곳에서 번성하고 있다.

남극 대륙은 지구상에서 가장 외지고 가장 극한의 환경인 만큼 오래전부터 인간의 한계를 시험하는 기준점이 되었다. 극지 탐험이 한창 이뤄지던 시대부터 현재까지 인간은 미지의 세계를 모험하고자 하는 고질적인 열망을 이곳에서 충족하고 있다. 많은 사람들이 재미도 색깔도 없는 이 땅으로 순례를 떠났다. 남극 대륙에 와 본 사람이라면 누구나 이 광활한 불모의 극지에서 모종의 깊은 인상을 받았을 것이다. 경외심을 불러일으킨다거나, 밋밋하다거나, 적대적이라거나, 고독하다거나, 고요하다거나, 삭막하다거나, 인상적이라거나, 무자비하다거나……. 내게 그곳은 쓸쓸함의 극치였다. 남극 대륙을 찾은 2010년 마침 나는 삶에서 가장 쓸쓸한 시기를 겪고 있던 탓이었다.

그린란드를 탐사할 때는 늘 모험심과 행복감, 야심과 희망에 도취되었다. 그러나 사실 그 시기에 어머니는 진행성 유방암 진단을 받았고 이미 여러 부위에 전이된 상태였다. 그래도 다행히 항암 치료가 효과를 보였다. 어머니는 내가 아는 누구보다도 긍정적인 사람이었다. 그것이 어느 정도는 영향을 미쳤을 거라고 나는 생각한다. 그러나 2년쯤 치료를 받고 나자 항암제가 예전처럼 잘 듣지 않았고 여러 심각한 부작용을 일으키기 시작했다. 그렇게 우울한 나날을 보내던 봄에 불쑥 남극 대륙에 갈 기회가 왔다. 어느 날 날아온 뉴질랜드 과학자의 이메일이 이 모든 것의 시작이었다. 존 오윈John Orwin이라는 이 과학자는 아롤라 프로젝트 시절에 만난 나의 빙하학 교수 마틴 샤프와 남극 대륙에서 함께 연구를 진행하고 있었다. 그는 뉴질랜드의 추운 남쪽 지방 더니든에서 작은 팀을 꾸렸는데, 연구 기금 신청서를 쓰기 위해 맥머도 드라이 밸리로 가서 데이터를 수집해야 했다. 이를 위해 빙하뿐 아니라 물의 화학 작용에 관해서도 잘 알고 있으며 현지 연구에 당장 합류할 수 있는 사람을 찾고 있었다. 늘 그랬듯 얼음의 부름은 거부할 수 없었다.

탐험은 처음부터 쓸쓸했다. 나는 크리스마스 당일에 뉴질랜드 크라이스트처치에서 어느 안락한 아파트에 혼자 앉아 가족이 내 배낭에 찔러 넣은 알록달록한 선물들을 조심스레 풀어 보았다. 그토록 먼 곳에 혼자 떨어져 있다는 사실이 너무도 괴로웠다. 돌아갔을 때 만약 어머니가 세상에 없다면? 그래도 그곳에서는 알 길이 없었다. 다른 곳도 아니고 세상의 반대편인 남극 대륙까지 와서 무얼 하는 걸까? 어째서 나는 '보통' 사람들처럼 힘들어하는 가족의 곁을 지켜 주지 못하는 걸까? 어째서 끊임없이 먼 곳으로 떠나야 할까? 이튿날 나는 군용 비행기에 꼿꼿이 앉아서 안전벨트를 채운 채 요란한 포효를 들으며 남쪽 대륙으로 향했다. 이제 돌이킬 수 없었다.

폭풍으로 헬리콥터가 뜨지 못하는 경우가 많아서 우리도 로스섬의 뉴질랜드 관측 기지인 스콧 기지에 며칠 동안 발이 묶였다. 이 기지에 이름을 내준 로버트 팰컨 스콧Robert Falcon Scott이 1910~1913년에 이뤄진 죽음의 테라 노바 탐사Terra Nova Expedition를 떠날 때 출항지로 삼았던 로스 빙붕Ross Ice Shelf 해안 인근이었다(로버트 스콧이 이끈 영국 탐사대는 로알 아문센이 이끄는 노르웨이 탐사대에게 최초의 남극점 도달을 빼앗겼을 뿐 아니라 돌아가는 길에 모두 목숨을 잃었다). 나는 예전부터 연구 기지들이 밀실 공포증을 일으키는 이상한 곳이라고 생각했다. 서로 잘 모르는 데다 대개는 앞으로도 친해질 기회가 없는 사람들이 식사 자리에서 가벼운 대화를 나누려고 애쓰고 서로 철저히 예의를 지키느라 무거운 분위기가 감돈다. 난방이 과하게 돌아가는 탓에 공기는 숨 막힐 듯 답답하고 2층 침대가 놓인 방을 함께 쓰는 사람이 코를 골기라도 하면 잠을 제대로 잘 수 없어서 늘 몽롱한 상태로 지낸다. 그런데 막상 스콧 기지에 갇혀 보니 그렇게 나쁘지 않았다. 쾌활한 성격을 가진 이곳 사람들은 나름대로 오락을 즐기는 데 익숙했다. 내가 있는 동안 스무 명 남짓한 상주 직원들은 건장한 목수와 건장한 요리사의 '가짜' 결혼식을 올렸다. 그 후에는 여장을 하고 만찬과 축사, 피로연까지 이어갔다. 게다가 나는 가느다란 크로스컨트리 스키를 손에 넣게 되었다. 타는 법을 전혀 몰랐지만 그린란드 탐험에서 만난 캐나다인 동료 애슐리 더브닉Ashley Dubnick이 자상하게도 로스 빙붕에서 즉석 강습을 해 주었다. 미끄러운 빙붕의 표면에서 리듬을 타며 한 발 한 발 우아하고 유연하게 나아가는 그녀는 마치 한 마리의 백조 같았지만 나는 영락없는 아기 사슴 밤비였다. 두세 걸음 나아가다가 중심을 잃고 바닥에 넘어지기를 수없이 반복했다.

어중간한 상태로 그렇게 며칠을 보낸 뒤 마침내 우리는 헬리콥터를 타고 목적지로 날아갔다. 그곳은 남극 대륙에서 가장 넓은 지역에 걸쳐 얼음이 없는 맥머도 드라이 밸리였다. 남극종단산맥과 로스해 사이에 자리한 이 메마른 계곡에는 수분도 온기도 없고 여름에도 대개는 기온이 영하로 유지된다. 산지에서 흘러 내려오는 기이한 모양의 빙하들이 이곳의 계곡들까지 뻗어 있지만 대부분 한랭 빙하로 그 아래 암석에 얼어붙어 있고 거대한 빙체의 압력으로 일어나는 빙정의 미미한 움직임이나 변형에 의해서만 아주 느리게 이동한다. 통통하고 하얀 돌출 부위들에서 삐져나온 빙하의 혀들은 흡사 설화 석고로 만든 거대한 뱀도마뱀과 같고, 모래 평원 위로 위압적인 얼음 절벽이 드러나 있다. 수직에 가까운 이 절벽은 뾰족한 아이젠과 피켈, 담력의 도움을 받아야만 오를 수 있다. 이처럼 가파른 얼음 절벽이 존재한다는 것은 얼음이 거의 녹지 않는다는 방증이다. 융빙량이 적다 보니 드라이 밸리 빙하들의 주둥이는 알프스산맥의 빙하처럼 완만한 경사를 이루지 못했다. 이쪽 지역은 1년 내내 기온이 영하로 유지되기 때문에 다른 곳에 비해 빙하들이 비교적 안정적으로 유지된다. 온난화의 시한폭탄이 아직은 이곳을 온전히 강타하지 않았다.[3]

드라이 밸리에서 머문 기간은 6주였지만 내게는 그 시간이 마치 6개월처럼 느껴졌다. 이곳에서는 그린란드에서처럼 활기와 기쁨을 만끽할 수 없었다. 광란의 파티도 없었고 기운을 북돋워 줄 기념비적인 발견을 하지도 않았다. 쓸쓸함과 노역이 계속될 뿐이었다. 팀원은 애슐리와 존 오윈, 나, 이렇게 세 과학자뿐이었고 이 외딴 현장에는 우리 말고 아무도 없었다. 전화도, 이메일도, 무전도 쓸 수 없어서 집에 있는 어머니가 몹시 걱정되었고 세상과 완전히 단절된 느낌이 들었다. 동료들은 탐사 기간 내내 금주를 했지만 나는 매일 밤 잡념을 지우기 위해 싱글몰트 위스키를 한두 모금 마셨다. 내게는 소중한 의식이었다. 나는 물 표본을 채취하기 위해 가져온 28밀리리터들이 유리병에 독한 금색의 아일러 싱글몰트 위스키를 조심스레 따르곤 했다. 많은 이들에게 꿈의 탐험지인 남극 대륙에서 그 순간을 유일한 낙으로 삼을 만큼 나는 우울했다.

우리의 작은 캠프는 드라이 밸리의 남쪽 끝, 맥머도 빙붕과 광활한 로스해에 맞닿은 가우드 밸리Garwood Valley의 콜린호Lake Colleen 근처에 있었다. 이곳 계곡들이 건조하리라는 것은 이미 예상했지만 막상 와 보니 상상을 초월했다. 남극 대륙의 다른 곳과 마찬가지로 구름에서 눈이 떨어져 내렸지만 바닥에 닿은 눈은 한 시간도 안 되어 다시 하늘로 증발했다. 직접 보고도 믿기지 않았다. 기온이 너무 낮아서 녹지 않되 공기가 극도로 건조한 탓에 고체 상태의 눈이 마법처럼 수증기로 바뀐 것이다. 고체에서 바로 기체로 변화는 이 과정을 승화라고 부른다. 얼음 한 덩어리를 냄비에 넣고 불에 올리면 먼저 액체로 변했다가 수증기(기체 상태)가 되지만 이곳에서는 액체가 되는 단계가 빠졌다. 맥머도 드라이 밸리의 빙하들은 여름에 조금씩 녹기도 하지만 눈의 승화가 빙하 소실의 주요 원인이다.[4]

극한의 추위와 건조한 대기 때문에 바다표범과 펭귄, 그 밖에 실수로 이곳에 들어온 무지한 생물들의 사체가 미라로 변해 곳곳에 널브러져 있었다. 이렇게 추운 대기에서는 박테리아나 다른 미생물에 의한 분해가 일어나지 않기 때문에 그들의 가죽이 수천 년 동안 보존될 수도 있다.[5] 그렇다고 드라이 밸리에 미생물이 없는 것은 아니지만 열대 지방과 비교하면 현저히 적으며 이곳 환경에서는 분해 과정이 느리게 작용한다. 드라이 밸리를 처음 발견한 사람은 스콧 대장이었다. 그는 드라이 밸리에 속한 테일러 밸리Taylor Valley를 '죽은 자들의 계곡Valley of the Dead'이라고 언급했다.[6] 왜인지 알 수 없지만 이 계곡을 상상했을 때 내 머릿속에 가장 먼저 떠오른 이미지는 수많은 생명이 생존하려고 발버둥 치는 묘지의 풍경이었다. 그것이 나를 이곳으로 이끌었다. 나는 내가 이전에 미생물에 관해, 그리고 그들이 빙하 밑에서 생존하는 방식에 관해 알아낸 사실을 토대로 지구상에서 가장 척박한 환경인 이곳 빙하에서 생물이 어떻게 생존하는지 파악하고 싶었다. 물론, 이와 더불어 이러한 생물의 생존 방식이 조용히 앉아 있는 거대한 이웃 빙상의 생태에 관해서, 그리고 다른 추운 행성들과 위성들의 생태에 관해서도 무언가를 알려줄 수 있을지 궁금했다.

배경은 사체들이 널브러진 오싹한 극지의 황무지였지만 우리의 캠프는 내가 이전에 지내본 어떤 캠프보다도 호화로웠다. 아마도 영국에서 준비한 캠프가 아니었기 때문일 것이다. 영국인은 무슨 일이든 힘든 길로 돌아가는 경향이 있다. 뉴질랜드 지원팀은 발전기로 작동하는 아이스박스까지 헬리콥터로 실어다 주었고, 그 안에는 포장된 고기와 맛있는 소스들이 우리의 얼음 표본과 함께 사이좋게 들어 있었다. 남극 대륙에서 현장 연구를 하게 되면 대개는 특정 국가, 즉 영국이나 미국, 뉴질랜드, 그 밖에 남극 대륙에 기지를 가진 약 40여 개 국가 중의 하나의 물자 지원 시스템과 연계되어 적절한 장비와 안전을 보장받는다. 강인한 빙하학자들로 구성된 나의 작은 팀이 물자 보급부터 수송, 캠프 설치, 장비, 동력, 식량, 일일 계획까지 모두 알아서 처리하던 그린란드 시절과는 딴판이었다.

'웨더헤븐Weatherhaven'이라는 적절한 이름을 가진 우리의 식당용 텐트는 토네이도도 견딜 만큼 튼튼했다. 둥근 폴대가 이어진 텐트는 아코디언처럼 펼쳐졌고, 설치 후의 모습은 커다란 노란색 바나나 같았다. 나는 처음부터 이 텐트와 애증의 관계를 쌓았다. 아주 잠깐 날씨가 좋아진 틈을 타서 먼저 헬리콥터를 타고 이곳에 도착한 애슐리와 나는 낑낑거리며 텐트를 설치했다(존은 남은 장비를 싣고 오기 위해 나중에 합류하기로 했다). 둘 다 처음 보는 텐트라 당황했지만 결국 간신히 방법을 알아내서 둥근 폴대들을 제대로 설치한 뒤 희한한 모양의 몸체를 만들었다. 그런 뒤 안으로 들어가 우리의 작품에 감탄하며 그 둥글고 노란 형태를 감상하고 있을 때 강한 돌풍이 빙하성 모래밭을 휩쓸기 시작했다. 우리는 예고도 없이 격렬하게 내동댕이쳐졌다. 허공으로 떠오른 텐트가 암석 비탈을 굴러 호수 쪽으로 떨어지고 있었고 그 안에서 우리는 마치 쳇바퀴를 굴리는 햄스터들처럼 미친 듯이 허우적거리며 몸을 가누려고 안간힘을 썼다. 깜빡하고 텐트를 땅에 고정하지 않은 탓이었다. 다행히 바람이 잦아들면서 유리 같은 호수의 얼음 위로 들어가기 직전에 구르는 것을 멈췄다.

개인용 텐트들은 좀 더 간단히 설치할 수 있었다. 내 텐트는 현실의 폭풍과 마음의 폭풍을 모두 피할 수 있는 안식처였다. 뉴질랜드 지원팀은 침낭도 안쪽과 바깥쪽 다운 침낭 하나씩과 안에 넣을 플리스 라이너까지 무려 세 개씩 제공했고 그 밑에는 양모 플리스 펠트를 씌운 두툼한 단열 에어매트리스를 깔아 주었다. 아이러니하게도 나는 드라이 밸리에서만큼 숙면을 취해 본 적이 없다. 낮에는 속이 복작거렸지만 밤이 되면 몸과 마음의 리듬이 느려지면서 안정되었고, 그러고 나면 목구멍에 남은 톡 쏘는 위스키의 뒷맛을 음미하며 나만의 작은 텐트 안에서 안락을 찾았다.

내가 맡은 임무는 그 쓸쓸한 풍경에서 생물을 찾는 일이었다. 생물이 생존하는 데 꼭 필요한 한 가지 기본적인 요소는 물이다. 그러나 내가 있는 곳은 드라이 밸리, 말 그대로 마른 계곡이었다. 물이 없으면 세포는 죽는다. 인간이 물 없이 버틸 수 있는 기간은 일주일 남짓이다. 어쨌든 우리는 세포로 이뤄져 있고 우리 체중의 절반 이상을 수분이 차지하고 있다. 더군다나 세포 하나로만 이뤄진 단세포 생물은 물이 없으면 아예 존재할 수 없다. 따라서 드라이 밸리에서 내가 가장 먼저 해야 할 일은 수원을 찾는 것이었다. 얼핏 생각하면 불가능한 일처럼 보인다. 이곳은 이미 기온이 영하니까 말이다. 그러나 드라이 밸리에서도 빙하는 녹는다. 이곳은 태양이 강렬하며 여름에는 24시간 내내 얼음 표면에 가장 강한 광선이(대개는 단파 복사의 형태로) 내리쬔다. 빙하의 표층에 묻혀 있는 어두운 먼지 입자들이 이 태양 복사를 흡수하여 따뜻해지면 주변과 특히 그 아래의 얼음이 녹기 시작한다. 표층의 얼음이 녹으면서 흙먼지는 서서히 안으로 더 깊숙이 들어가고 그 바로 위에는 녹은 물의 액체 덮개가 형성되며 시간이 흐르면 크라이요코나이트 구멍cryoconite hole이라는 것이 생긴다. 말 그대로 빙벽으로 이뤄진 원형의 관이다. 하부에는 흙먼지(크라이요코나이트)가 가라앉아 있고 그 위에는 물이 자리하고 있다.

전 세계 어디서든 융빙이 일어나는 빙하 위에 서서 표면을 내려다보면 얼음에 깊이 뚫린 수백 개의 구멍이 보일 것이다. 마치 거대한 펀치로 뚫어 놓은 것 같고 구멍의 바닥에는 미량의 흙먼지가 보인다. 그러나 드라이 밸리의 크라이요코나이트 구멍들은 차가운 대기 때문에 표면이 얼어서 대개는 얼음으로 된 잼 병처럼 두꺼운 얼음 뚜껑을 덮고 있다.[7] 이런 이유로 이곳에서는 크라이요코나이트 구멍을 찾기가 몹시 어려웠다. 흥미로운 점은 얼음 뚜껑 아래 갇혀 있는 물이 여름에는 대개 액체 상태로 유지된다는 것이다. 이는 바닥에 있는 어두운 퇴적물이 끊임없이 강렬한 태양 복사를 흡수하여 열을 내고 얼음 뚜껑이 추위를 막아 주는 단열재의 역할을 하기 때문이다.

처음으로 인근의 조이스 빙하Joyce Glacier를 찾은 날, 두 시간 동안 모래밭과 암석, 얼음을 차례로 지나며 힘겹게 빙하 위로 올라간 나는 당황하지 않을 수 없었다. 크라이요코나이트 구멍들이 다 어디로 갔지? 조이스 빙하는 로열 소사이어티 산맥Royal Society Range에서 내려오는 빙하로, 산지를 뒤덮은 눈부시게 희고 평평한 얼음이 중간에서 불쑥 종결되어 빙벽을 내보인다. 깎아지른 듯 수직을 이룬 빙벽에는 과거에 쌓인 흙과 하얀 얼음이 층층이 드러나 줄무늬를 이루고 있다. 기반암에 얼어 붙어 있는 탓에 빙하 저면에도 하천이나 늪지, 동굴 따위는 숨어 있지 않다. 나는 빙하 표면에서 크라이요코나이트 구멍 몇 개를 발견했다. 그러나 우리를 사로잡은 것은 얼음 뚜껑이 덮인 커다란 융빙수의 연못들이었다. 때로는 폭이 수 미터에 달하는 연못의 바닥에 퇴적물이 쌓여 있고 맨 위에 옥수수 통조림 높이만 한 두께의 단단한 얼음 뚜껑이 덮여 있었다. 오래되지 않아 드라이 밸리의 인근 캐나다 빙하Canada Glacier에서도 비슷한 연못들이 발견되었다. 여기에는 '크라이요 호수cryolake'라는 이름이 붙었다.[8] 크라이요 호수는 주로 빙하의 가장자리에 모여 있는 듯했고 때로는 작은 물줄기로 서로 이어져 얼음 지붕들끼리도 연결되었다. 빙하 저면의 배수 시스템이 빙하 표면에 있는 셈이었다. 빙하 위에 생성되는 융빙수가 빙벽을 넘어 하천과 호수로 흘러가기 전에 마지막으로 거치는 곳이었다. 굉장한 발견이었다. 매끈한 빙하 표면을 미끄러지면서 얼음 뚜껑 너머로 물이 들어찬 지하 세계를 들여다볼 수 있다니. 극지 사막의 오아시스와도 같았다.

내가 남극 대륙에 가기 10년쯤 전만 해도 빙하에는 생물이 살지 않는다는 믿음이 널리 퍼져 있었다. 빙하는 지구의 자연사를 고려할 때 대체로 무시해도 좋은 불모의 황무지라고 여겼다. 그러나 상아롤라 빙하 밑에 미생물이 산다는 놀라운 발견이 이뤄진 뒤 연구자들 사이에서는 다른 빙하들에도 이처럼 작은 생물이 살고 있는지 알아보려는 움직임이 일었다. 전 세계 어느 곳에서나 빙하에 생물이 살고 있다면 지구의 탄소가 저장되고 흘러가는 복잡한 과정(탄소 순환)과 생물의 다양성에 관한 고려에서 더 이상 얼음으로 뒤덮인 극지방과 높은 산들을 제외할 수 없다는 뜻이었다. 이 강인한 생명체는 오히려 극한의 추위나 빙하 표면에 가혹하게 내리쬐는 태양 복사, 빙하 아래 퇴적물에서 나오는 수은 등의 중금속에 적응하는 방법을 보여 줄 수도 있었다. 어쩌면 이런 생물이 가진 유전자를 자외선 차단제를 개발하는 데 응용하거나 중금속의 유해성을 줄이는 데 사용할 수 있을지도 모를 일이었다.

그렇다면 두꺼운 얼음 뚜껑이 덮인 크라이요 호수에 육안으로 볼 수 없는 작은 생물이 사는지 어떻게 확인할 수 있을까? 다행히 그 무렵 나는 사우샘프턴에 있는 영국 국립 해양 연구 센터National Oceanography Centre의 유능한 엔지니어들과 협력하기 시작했다. 그들은 바로 이런 분야와 관련된 기술, 말하자면 대양이나 다른 행성의 생명체를 감지하는 데 사용하는 기구들을 개발하고 시험하는 전문가들이었다. 그 가운데 맷 몰럼Matt Mowlem이라는 젊은 엔지니어는 성냥갑만 한 크기의 작고 평평한 플라스틱 칩을 사용해 바다의 영양분을 탐지하는 선구적인 방법을 개발한 인물로 유명했다. 간단히 설명하면 맷이 이끄는 팀은 내 연구실에 있는 거추장스러운 탁상용 화학 기구들의 구성 요소를 축소하여 칩 하나에 담았다. 1.5리터들이 물병만 한 크기의 탐지기를 만들고 여기에 '랩온칩Lab-on-Chip'이라는 이름을 붙였다. 맷은 아주 실용적인 사람이었다. 자기가 묵는 호텔 객실의 환풍기나 조명이 고장 나면 스스로 고쳤다. 사우샘프턴 외곽에 사는 그는 자기 집 정원에 비둘기들이 너무 자주 찾아오면 공기총으로 쏴서 저녁 식사로 먹을 수도 있는 사람이었다. 나는 늘 그의 재간에 감탄하곤 했다.

당시 맷과 나는 그의 랩온칩을 비롯해 일반적인 환경에서 사용하도록 개발된 여러 기술을 빙하에 시험해 볼 목적으로 정부의 기금을 받은 터였다. 우리가 특히 흥미를 느꼈던 기구는 물에 녹아 있는 산소의 양을 측정하는 탐지기였다. 용존 산소량은 우리의 크라이오 호수에 생물이 살고 있는지를 가늠하게 해 주는 훌륭한 지표였다. 이 밀폐된 융빙수 캡슐 속의 산소 농도가 대기의 산소 농도보다 낮다면 그 안에 있는 생물이 산소를 소비하고 있다는 신호이며 반대로 산소 농도가 대기보다 높다면 광합성에 의해 산소가 생성되었다고 볼 수도 있었다. 이미 과학자들이 인근 테일러 빙하Taylor Glacier의 좀 더 작은 크라이요코나이트 구멍들과 드라이 밸리의 여러 빙하 전방 지대에 형성된 얼음 덮인 호수들 속에서 조류를 발견했으므로 나는 희망을 품었다.[9] 그러나 그런 곳에서도 극한의 환경에서 생물이 어떻게 생존하는지는 명확히 밝혀지지 않았다. 크라이요 호수의 얼음 지붕 밑에 기구를 넣어 몇 분에 한 번씩 용존 산소량을 측정한다면 실마리를 얻을 수도 있었다.

애슐리와 내가 커다란 장비들을 빙하 위로 끌어 올리는 데는 거의 일주일이 걸렸다. 우리에게 필요한 장비는 데이터 이력 기록기(그때그때 데이터를 기록하는 단순한 컴퓨터)와 다양한 기기 및 전선들, 금속 막대, 잡다한 연장, 태양열 전지판, 배터리 그리고 가장 중요한 덕트 테이프였다(다운 재킷에 난 구멍에서부터 너덜거리는 전선, 벌어진 솔기 등에 이르기까지 태양 아래 존재하는 거의 모든 문제는 덕트 테이프로 해결할 수 있으므로 빙하학자들은 어디를 가든 반드시 이것을 챙긴다). 애슐리는 그린란드에서 레버렛 빙하의 빙하 구혈로 가스 추적자를 주입할 때나 엄청난 길이의 정원용 호스를 빙상 위로 끌고 올라갈 때 큰 도움을 준 동료였다. 그녀는 힘이 셌다.

매일 아침 나는 텐트로 스며드는 희미한 주황색 광채에 눈을 뜨고 평온한 마음으로 하루를 맞이했다. 그러나 이내 병상에 누워 있는 어머니와 우리 사이에 가로놓인 엄청난 거리가 떠올라 가슴이 무거워지고 불안감이 밀려들었다. 아침 식사도 괴로운 일과였다. 동료들과 함께 시리얼을 먹으며 수다를 떨기 위해서는 마음을 짓누르는 묵직한 절망의 장막과 씨름해야 했다. 식사가 끝나면 우리는 배낭에 짐을 넣고 조이스 빙하로 출발했다. 캠프 옆의 얼어붙은 호수를 건너는 일은 그리 어렵지 않았다. 그러고 나면 얼음이 사라지고 질척한 구역이 나타나면서 차고 축축한 구멍에 다리가 빠지기도 했다. 그런 뒤 빙하가 가까워지면 무거운 짐을 끌고 사구 같은 빙퇴석들을 피해 발이 푹푹 들어가는 모래밭을 걸어갔다. 우리는 마치 짐을 지고 사막을 지나는 가축들처럼 늘 일렬로 서서 터벅터벅 걸었다. 이 구역을 지날 때면 유난히 감정이 북받쳤으므로 동료들이 내 얼굴을 볼 수 없다는 사실이 고마웠다. 깊숙이 담아 둔 걱정이 밖으로 넘쳐흘러 눈물이 주룩주룩 쏟아졌다. 스발바르에서처럼 여기서도 음악이 구세주가 되었다. 그러나 스발바르에서 애용하던 소니 워크맨은 구시대의 유물이 되었으므로 이곳에서는 아이팟으로 음악을 들었다. 활기찬 기타 소리와 정신없는 드럼 연주가 절망에 빠진 내게 기운을 북돋워 주었다.

빙하 가장자리의 얼음 절벽을 올라가는 구간이 가장 힘들었다. 게다가 우리는 비상용 옷과 음식, 물과 함께 각종 기구와 배터리, 기기들을 쑤셔 넣은 배낭에다 무작위로 고른 연장을 20킬로그램쯤 매단 터였다. 빙벽의 좁은 협곡을 오를 때는 아이젠과 피켈을 사용했다. 나는 예전부터 발이 빠른 편이었고 수년 동안 브리스틀 에이번 협곡의 암벽을 타면서 균형 감각을 익혔다. 이 빙벽은 아주 가파르지 않았고 오르기에 까다로운 편도 아니었지만 발이 미끄러져 굴러떨어질 수도 있다는 생각 때문에 더욱 위험하게 느껴졌다. 무거운 다리를 간신히 움직여 마지막으로 가장자리를 넘어갈 때는 늘 그랬듯 배낭끈이 어깨를 파고드는 듯했고 몸을 숙이면 눌린 신경의 통증이 목으로 올라왔다. 체구에 비해 지나치게 무거운 배낭을 옮길 때 흔히 일어나는 통증이다. 이럴 때는 이를 악물면 도움이 된다. 마음을 다잡게 되기 때문일 것이다. 이런 통증은 금세 적응이 되고, 그러고 나면 마치 더위나 추위 또는 공기가 흐르는 느낌처럼 그저 하나의 자극이 된다. 그런 자극을 알아차리고 잠시 소통한 뒤 계속 나아가면 그만이다.

170센티미터 키에 체중이 54킬로그램에 불과한 나는 극한의 활동을 즐길 만큼 튼튼해 보이지 않지만 실제로는 꽤 체력이 강인한 편이다. 지난 수년 동안 나를 처음 본 사람들은 놀란 얼굴로 편견에 찬 말을 건네곤 했다. "빙하학자처럼 보이지 않는데요." "살도 없는데 추위를 어떻게 견뎌요?" 이제는 이런 얘기를 들어도 그저 예의 바르게 웃어넘기곤 한다. 굳이 에너지를 낭비할 필요가 없으니까. 그러나 탐사 현장에서 생활하다 보면 여자라서 훨씬 더 힘든 점이 분명히 존재한다.

젊은 여학생들이 탐사를 떠날 때 자주 걱정하는 한 가지는 빙하에서 소변을 해결하는 방법이다. 밋밋하고 황량한 얼음이나 암석 위에는 몸을 숨길 곳이 거의 없다. 나는 단순한 논리에 따라 문제를 해결하려 했다. 바로 아무것도 마시지 않는 것이다. 초창기 탐사에서는 여자가 나뿐인 경우가 많았던 탓에 이런 방식으로 창피한 상황을 모면했다. 열두 시간 동안 아무것도 배출하지 않도록 방광을 통제한 것이다. 그러나 이러한 자기 부정의 방식은 결코 지속 가능하지 않았다(게다가 해로울 수도 있었다). 그래서 가끔은 표석 뒤나 눈구덩이 속으로 살그머니 사라져야 했다. 때로는 확 트인 곳에서 동료들에게 눈을 가려 달라고 부탁하기도 했다.

드라이 밸리에서는 이런 단순한 생리 현상도 다른 방식으로 해결해야 했다. 그곳에서는 자유롭게 소변을 볼 수 없었다. 소변뿐 아니라 사실상 모든 폐기물을 모아 두었다가 탐사가 끝날 때 헬리콥터에 싣고 나가야 했다. 드라이 밸리에서 이뤄지는 모든 과학 연구에 적용되는 지침, 즉 '아무것도 해치지 말라'는 행동 강령 때문이다. 따라서 현장 탐사가 시작될 때 (깨어 있는) 뉴질랜드 사람들은 여성 팀원들에게 '시위Shewee'(간단히 말하면 필요할 때 필요한 부위에 갖다 댈 수 있는 플라스틱 관)와 그 '배출물'을 받을 플라스틱 병을 하나씩 지급했다. 획기적인 방법이었다. 오랜 탐사 기간 동안 처음으로 남자와 똑같은 혜택을 누리게 된 것이다. 이제 표석 뒤나 눈구덩이에 숨을 필요도, 동료들에게 창피한 부탁을 할 필요도 없었다. 그저 조금 떨어진 곳으로 걸어가서 선 채로 소변을 볼 수 있었다. 굉장한 해방이었다!

캠프에서 조이스 빙하까지 가는 데는 약 두 시간이 걸렸다. 애슐리와 나는 하늘이 유난히 흐리던 며칠 동안 조이스 빙하를 오가며 빙하 가장자리에서 적당한 크기의 크라이요 호수 두 개를 찾았다. 그런 뒤 마침내 깨끗한 얼음 뚜껑에 얼음용 드릴로 구멍을 뚫고 물의 산소 농도와 빛, 온도를 측정하는 기구들을 넣었다. 이틀이 지나자 다시 구멍이 막혀 융빙수 캡슐과 그 안에 든 모든 생물이 바깥 기후와 차단되었다. 이 두 크라이요 호수의 얼음물에 한 달 동안 담가 놓은 우리의 측정 기구들은 놀라운 이야기를 들려주었다. 이미 예상했듯이 날씨가 추울 때는 호수의 두껍고 울퉁불퉁한 얼음 지붕으로 햇빛이 거의 투과되지 못한다는 사실을 확인했다. 우리의 빛 탐지기는 태양 복사가 무려 90퍼센트 차단된다는 것을 보여 주었다.[10] 그러나 이상하게도 크라이요 호수의 산소 농도는 위쪽 대기와 비슷했다(때로는 더 높기도 했다). 호수 안의 공기는 외부와 차단되었는데 대체 어디서 산소가 나왔을까?

식물은 광합성 작용을 통해 우리 행성을 생물이 살 수 있는 곳으로 만들어 준다. 지표의 물과 대기의 이산화탄소를 흡수한 뒤 태양 에너지를 이용해 이를 유기물로 전환하고 그 과정에서 부산물로 산소를 내놓는다. 크라이요 호수에 산소가 있다는 것은 단세포 식물과 같은 유기체(예를 들면 어항의 물을 갈지 않았을 때 물을 녹색으로 변하게 하는 조류)가 존재한다는 단서였다. 그러나 밀폐된 공간에서 조류가 끊임없이 산소를 만들어 낸다면 크라이요 호수 속의 산소 농도가 끊임없이 높아져야 하는데 그렇지 않았다. 산소 농도가 안정적으로 유지된다는 것은 다른 무언가가 물의 산소를 처리하고 있다는 뜻이었다.

그렇다면 크라이요 호수의 물속에는 산소를 소비하고 수위를 조절하는 다른 미생물군이 있는 게 틀림없었다. 스스로 광합성을 통해 양분을 만들지 못하고 조류 같은 다른 생물이 만든 양분에 의존하는 종속 영양 생물, 즉 박테리아가 있다는 뜻이었다. 박테리아는 유기 탄소를 분해하여 양분을(대개는 에너지를) 생성하는 데 산소를 소비하고 부산물로 이산화탄소를 내놓는다. 이 이산화탄소는 조류가 광합성을 할 때 사용된다. 즉 두 종류의 미생물이 함께 생존하고 있다는 뜻이었다. 이 영리한 상호 작용은 크라이요 호수를 일종의 테라리엄으로 만들었다. 얼음이 유리병의 역할을, 조류가 식물의 역할을 하는 셈이었다. 이런 형태의 폐쇄된 환경에서는 식물이 생성한 산소를 박테리아가 소비하고, 박테리아가 생성한 이산화탄소를 식물이 광합성을 하는 데 사용하여 유기물을 만들어 낸다. 균형 잡힌 시스템이다.

내 연구 조교이자 드라이 밸리 탐사 베테랑인 리즈 백쇼Liz Bagshaw는 물을 채운 유리병에 진짜 크라이요 호수 바닥에서 채취한 퇴적물을 넣은 뒤 이 병을 우리의 브리스틀 실험실 냉동고에 넣어 인공 크라이요 호수를 만들었다. 그녀는 크라이요 호수의 두꺼운 얼음 뚜껑을 투과하는 빛의 양이 적어지면 (박테리아 같은 종속 영양 생물과 조류에 의한) 유기 탄소의 분해 과정에서 소비되는 산소와 (조류의) 광합성을 통해 유기 탄소가 생성되는 과정에서 만들어지는 산소의 균형이 달라지는지 알아내고자 했다.[11] 모든 것을 감안할 때 크라이요코나이트 퇴적물의 조류가 만들어 내는 '수제' 유기물이 소비되는 양보다 많으면 어두운 유기물이 많아지면서 얼음의 색이 어두워지고, 이에 따라 태양 복사가 더 많이 흡수되어 빙하 표면의 용융이 가속화될 가능성이 있었다.

리즈는 수개월 동안 실험을 진행했다. 냉동실의 빙하 미생물이 실제 빙하 환경에서처럼 행동하기까지는 약간의 시간이 걸렸다. 먼저 산소 농도가 떨어졌고 이는 종속 영양 생물이 조류보다 우세하다는 뜻이었다. 조류는 혼합 진흙 속에서 오랫동안 동결 상태로 휴면한 터라 퇴적물 표면에서 그리 번성하지 못했다. 그러나 몇 주가 지나자 병 속의 퇴적물 표면이 초록색 조류로 뒤덮였고 물의 용존 산소량도 증가하기 시작했다. 이제 조류는 이 차가운 세상에서 확실하게 뿌리를 내렸고 퇴적물 깊숙이 자리한 종속 영양 생물은 빛이 닿는 표면에서 광합성으로 어두운 유기물을 만들어 내는 이웃이 연료로 쓰기에 충분하고도 남을 이산화탄소를 만들어 냈다.

우리는 빛의 양이 증가할수록 유기물이 소비되는 양보다 조류에 의해 생성되는 양이 더 많아지는 시점이 빨라진다는 사실을 알아내고 흥분을 감추지 못했다. 이는 높은 산소 농도로 확인한 사실이었다. 그러나 이런 상황이 한없이 지속되는 것은 아니었다. 조이스 빙하의 눈부신 표면(크라이요 호수의 바깥쪽)이 조류에게 빛을 아무리 많이 내주어도 이들이 양분을 만들어 내는 데에는 한계가 있었다. 흥미롭게도 드라이 밸리 크라이요 호수의 조류는 사실상 아주 적은 양의 빛으로 광합성을 하고 추위에서도 번성하도록 적응된 광영양 생물이었다. 나를 포함해 대부분의 살아 있는 생물은(내 경우를 생각하면 아이러니하지만) 추위와 흐린 날씨를 싫어한다. 그러나 남극 대륙과 빙하 밑에 서식하는 유기체는 그런 조건을 좋아할 뿐 아니라 오히려 더 선호하는 듯 보인다.

처음에는 우울하고 칙칙한 나날이 몇 주간 계속되었지만 조이스 빙하 현장 탐사가 중반에 이르렀을 때 마침내 태양이 빙하 표면에 강렬한 빛을 내려보냈다. 나는 큰 변화를 예상하지 않았지만 실제로 엄청난 변화가 일어났다. 크라이요 호수에 꽂아 둔 우리의 측정 기구들에 따르면 얼음 뚜껑이 녹아서 얇아지면서 빛의 투과도가 5퍼센트에서 70퍼센트로 급증했다. 갑자기 빙하 표면의 배수 시스템이 깨어나기 시작했다. 크라이요 호수들이 커졌으며 이들을 연결하는 하도로 융빙수가 쏟아져 들어가 얼음 지붕이 소실되고 물줄기가 폭포를 이루며 빙벽 아래로 쏟아져 내려 조이스 빙하의 주요 하천으로 들어갔다. 그리고 이 하천은 요란하게 포효하며 얼음 덮인 콜린호로 흘러갔다.[12]

이러한 '빙하 홍수'는 맥머도 드라이 밸리의 다른 지역에서도 보고된 바 있다. 2002년경 이곳이 10년에 걸친 냉각기를 벗어나면서 대규모의 융빙이 일어났다.[13] 이 융빙수의 홍수는 신선한 퇴적물과 양분을 실어 날랐다. 하천의 하류에 서식하는 모든 생물에게 일종의 '간식'을 제공한 셈이다. 우리는 이

크라이요코나이트 구멍들과 크라이요 호수들이 식량 공장이라는 사실을 깨달았다. 태양 빛을 받는 퇴적물 표층에 서식하는 조류는 광합성을 통해 유기물을 만들어 내고 퇴적물 깊은 곳에서 박테리아가 이를 '연소'하고 있었다. 이 순환적인 탄소의 생성과 소비가 크라이요 호수의 물에 탄소와 묶인 양분을 풀어놓았다. 추위가 오면 크라이요 호수와 크라이요코나이트 구멍들은 탄소와 양분을 저장하고 순환시켰다. 그러다가 대대적인 융빙이 일어나면 식품 저장실의 문이 열리고 영양분이 빙하를 넘어 모래 평원으로 수송되었다.[14] 맥머도 드라이 밸리의 빙하성 하천 하류에 자리한 거대한 호수들은 그 안에 사는 생물에게 충분한 양분을 공급하지 못한다. 얼음 덮개가 빛을 최대 99퍼센트까지 걸러 내기 때문이다. 따라서 빙하에서 여분의 영양분이 공급되면 이런 호수의 생물군에는 큰 도움이 된다.[15] 조이스 빙하는 결국 가우드 밸리 하류의 생태계에 자양물을 제공하는 셈이었다.

빙하에 대한 우리의 인식은 춥고 황량한 불모지에서 점차 인근의 모든 생태계에 영양물을 제공하는 식품 공장으로 바뀌고 있었다. 그곳은 '죽은 자들의 계곡'이 아니었다. 그러나 드라이 밸리의 빙하들 밑에서는 사뭇 다른 이야기가 펼쳐졌다. 그곳 빙하들은 대부분 지반에 얼어붙어 있다. 그러나 테일러 빙하는 예외로 밝혀졌다. 이 빙하 밑에는 고대의 소금물, 즉 예전의 바닷물이 남아 있고 그 물은 염분 때문에 얼지 않아서 생물의 생존을 지탱할 수 있다.[16] 하지만 이 지역의 다른 빙하들에서는 대부분 크라이요코나이트 구멍과 크라이요 호수 같은 빙하 상부의 오아시스에서만 생물이 번성할 수 있다. 얼어붙은 하부에서는 활동이 일어나지 않는다.

조이스 빙하의 두부에서 남극종단산맥을 바라볼 때면 드라이 밸리 너머에는 무엇이 있을까 늘 궁금했다. 그 뒤에 웅크리고 있는 거대한 얼음덩어리(커다란 남극 빙상)를 넋 놓고 바라보면서 저 밑에는 무엇이 숨어 있을까 생각해 보곤 했다. 오래전부터 빙하와 빙상의 표면보다는 그 아래 어둡고 신비로운 저면이 더 나의 흥미를 끌었다. 남극 대륙에서는 더욱 그랬다. 그곳은 3,000만 년 동안 빛에 굶주린 세상, 아무도 접근하지 못한 세상이었으니까.

베일에 싸인 남극 대륙의 빙하 저면에 흥미를 느낀 사람은 나뿐만이 아니다. 남극 대륙은 지구상에서 누구에게도 소유되지 않은 마지막 땅의 일부로 전쟁이 일어난 적도, 석유나 가스, 광물 탐사가 이뤄진 적도 없다. 1959년 열두 개 국가가 이 대륙을 '과학과 평화적 목적에 헌정된 천연보호구역'으로 지정하는 남극 조약Antarctic Treaty을 체결했고 오늘날 이 조약에 서명한 국가는 50개국이 넘는다. 이곳에서는 과학 연구와 관광을 제외한 다른 활동이 허용되지 않는다. 그러나 한편으로 여러 국가가 남극 대륙에 발을 들여놓고 있는 데에는 그리 떳떳하지 못한 이유가 있다. 바로 얼음 아래 조용히 숨어 있는 자원인 석유, 가스, 광물을 훗날 탐사할 수 있을지도 모른다는 희망 때문이다. 또 다른 요인은 이 대륙의 깨끗한 하늘이다. 특히 내륙부에서는 더더욱 전파의 방해가 거의 없으므로 장거리 수색과 위치 추적 시스템에 활용하기에 훌륭한 후보지다. 이렇듯 19세기 이래로 남극 대륙은 과학과 탐사, 지정학이 복잡하게 얽혀 있는 지역이었다.[17] 현재는 중국이 이 모든 것을 연결하는 '도로', 기본적으로 동서를 잇는 견인식 기차 운행로를 건설하겠다는 야망을 갖고 다섯 번째 과학 연구 기지를 짓는 데 열을 올리고 있다. 현재 40개국 이상이 남극 대륙에 연구 기지를 운영하고 있으며 이 기지들은 남극 조약이 체결되기 전에 아르헨티나와 칠레, 프랑스, 뉴질랜드, 노르웨이, 영국, 호주(두 군데)가 영유권을 주장한 여덟 개 영토에 걸쳐 있다(남극 조약으로 영유권 주장은 동결되었다).

남극 대륙의 빙상 밑을 탐사하는 일은 녹록지 않다. 한가운데 두께가 4킬로미터에 달하다 보니 이 거대한 얼음 덮개 밑에 무엇이 숨어 있는지 거의 알려지지 않았다. 1970년대부터는 남극 대륙의 공중 탐사가 집중적으로 이뤄졌다. 고든 로빈Gordon Robin이 이끄는 케임브리지 대학의 지구물리학 팀이 먼저 손을 댔고 이어 덴마크 팀이 힘을 보탰다.[18] 그들은 빙상의 표면 위로 레이더 음파기를 장착한 항공기를 띄웠다. 얼음을 뚫고 들어간 전파는 얼음 내부와 하부의 경계에서 반사되어 튕겨 나오고 과학자들은 빙상의 여러 곳에서 반사되는 파장을 취합해 내부를 어느 정도 이해할 수 있었다. 이미 예상했을 테지만 탐사 결과 당연히 얼음은 여러 층으로 이뤄져 있고 깊이 들어갈수록 더 오래된 퇴적물이 갇혀 있는 것으로 드러났다. 그러나 가장 놀라운 결과는 빙상의 하부와 그 아래 암석 사이에 커다란 호수들이 있다는 사실이었다. 호수의 평평한 수면은 레이더 영상에서 환한 반사면으로 나타났다. 그중 하나인 보스토크호Lake Vostok는 남극 대륙 동쪽의 빙상 아래 깊숙이 자리해 있으며 길이는 250킬로미터, 너비는 50킬로미터에 달해 세계에서 여섯 번째로 큰 호수다.

여기서 가장 의미 있는 발견은 표면의 대기 온도가 무려 섭씨 영하 80도에 달하는데도 남극 빙상 하부의 상당 부분이 젖어 있다는 것이었다. 앞에서 고층 빌딩만 한 거대한 사각 얼음을 냉동실에 넣으면 그 엄청난 무게 때문에 아래쪽 얼음의 녹는점이 섭씨 0도보다 낮아진다고 설명한 바 있다. 남극 대륙의 빙상 하부도 이런 경우에 속한다. 여기에 지구 깊은 곳에서 올라오는 약간의 열(지열)과 빙하 저면의 암석 위로 얼음이 이동할 때 발생하는 마찰열까지 고려하면 빙상 하부의 여러 군데 물이 고여 있는 것도 그리 이상한 일은 아니다.[19] 1970년대 이후로 과학자들은 남극 빙상 아래에서 호수를 400개 이상 발견했고 그 사이로 흐르는 강과 그 너머의 늪지대도 발견했다.[20] 이는 빙하의 밑에서 발견할 수 있는 여러 지형과 오싹하리만치 흡사하다. 한 가지 차이가 있다면 남극 빙상은 온도가 너무 낮은 탓에 표면에서 물이 나오지 않는다는 것이다. 그보다는 조금 더 따뜻한 지반 위의 아래쪽이 아주 서서히 녹는다. 한 지점에서 녹는 양은 1년 내내 몇 밀리미터에 불과할 테지만 대륙 전체로 보면 꽤 많은 양이 될 수 있다. 그래도 그린란드 융빙량의 약 10분의 1에 불과하다.

나는 생물의 집으로써 빙상의 하부가 어떤 모습일까 상상해 보았다. 당연히 칠흑같이 컴컴할 테고 빙하가 이동할 때 암석에서 깎여 나온 자갈과 모래, 토사도 가득할 것이다. 이 빙상보다 더 일찍부터 존재했던 무기물도 섞여 있을 것이다. 이를테면 나무와 수풀, 바다 진흙, 그 밖에 약 5,000만 년 전 지구 대기의 이산화탄소 농도가 낮아지면서 남극 대륙이 서서히 냉각되기 시작해 마침내 3,000만 년 전쯤 대륙만 한 빙상이 형성될 때 얼음에 희생된 모든 것 말이다.[21] 다시 말해 물과 어둠, 유기물이 가득하고 산소는 희박한 환경이다. 나는 생물이 사는 곳 가운데 이와 비슷한 환경이 어디일지 고민해 보았다. 습지 같은 쓰레기 매립지가 떠올랐다. 어쩌면 소의 위와도 비슷할 것이다. 그러자 머릿속이 복잡해졌다. 이 두 환경에서 번성하는 생물 형태는 '메탄 제조기'라고 불리는 특정 유형의 미생물, 전문 용어로는 메탄 생성균methanogen이다.

메탄 생성균은 강인한 생활 양식을 갖고 있다. 산소가 희박하면 다른 미생물은 대부분 생존할 수 없어서 사라지지만 메탄 생성균은 저절로 생겨난다. 오히려 이들에게는 산소가 스트레스를 일으킨다. 기억할지 모르겠지만 나는 스발바르에서 이미 산소를 필요로 하지 않고, 산소 원자 네 개를 가진 황산염을 사용해 유기 탄소를 산화하고 에너지를 생성하는 특정한 유형의 미생물이 존재한다는 증거를 발견했다. 이 미생물이 황산염을 모두 소비하고 나면 그다음에 생겨나는 미생물이 바로 메탄 생성균이다. 메탄 생성균은 오래전에 산소 공급이 끊긴 깊고 어두운 장소에서 번성할 수 있다. 이런 적응성 때문에 대기에 메탄이 소량 존재하는 화성에서 살 수 있는 생물의 후보로 선발되었다.[22] 메탄 생성균이 번성하는 데 필요한 것은 적절한 종류의 탄소와 약간의 수소뿐이다. 그러면 이들은 지구상에서 가장 강력한 온실가스를 만들어 낸다. 메탄은 같은 양의 이산화탄소에 비해 (100년 동안) 20~30배의 온난화 효과를 발휘한다. 축산업이 문제가 되는 것도 이런 이유 때문이다. 그렇다면 남극의 바닥도 마치 거대한 소의 소화관처럼 깊은 얼음 밑에 엄청난 양의 메탄 방귀를 쌓고 있는 것일까? 드라이 밸리 빙하의 지저분한 주둥이 밑에서 약간의 퇴적물을 채취한다면 이 냄새 지독한 의문의 답을 찾을 수 있을 것 같았다. 하지만 그러려면 얼음을 파고 들어가야 했다.

다시 브리스틀로 돌아온 나는 반짝이는 주황색 새 사슬톱 네 개(다다익선이니까 전기로 작동하는 톱 두 개와 가스로 작동하는 톱 두 개)와 귀마개, 고글, 질기고 안전한 작업복 바지를 장만한 뒤 내 몸이나 다른 사람의 몸을 절단하는 사고를 막기 위해 사슬톱 안전 교육을 신청했다. 어느 화창한 봄날, 나는 지리학과 주차장에서 안전 교육 강사와 함께 그린란드 시절 내 전우였던 그렉 리스, 내 연구실을 관리하는 존 텔링Jon Telling을 만나 우리의 대형 냉동고에서 꺼내 온 커다란 얼음덩어리를 자르는 연습을 했다. 그나마 실제로 빙하를 베는 것과 가장 가까운 모의실험이었다.

그 후 우리 세 사람은 동료들의 도움을 받으며 1년에 걸쳐 그린란드와 스발바르, 노르웨이 그리고 당연히 남극 대륙의 빙하들을 사슬톱으로 갈랐다. 이 빙하들은 장소에 따라 제각기 다른 유형의 암석 위에 자리해 있었다. 예를 들어 드라이밸리의 빙하들은 아주 오랜 옛날 찐득한 호수 퇴적물, 굶주린 메탄 생성균이 좋아하는 탄소가 가득한 지형을 훑고 지나갔다. 그린란드의 빙하는 얼음 기저층에 고대의 토양과 식물이 박혀 있었다. 이것들은 북극 툰드라의 잔여물로, 메탄 생성균에게 아주 맛있는 먹이는 아니지만 그럭저럭 쓸 만한 양분이었다. 놀랍게도 빙하 기저부에서 사슬톱으로 떼어 낸 얼음덩어리 가운데 쓸 만한 형태의 탄소가 들어 있는 곳에는 어디에나 메탄 생성균이 있었다.[23] 이 미생물이 실제로 메탄을 얼마나 생성하는지 알아보기 위해 우리는 톱으로 잘라 낸 얼음덩어리 속의 흙을 작은 유리병에 융빙수와 함께 소량 담아 밀봉한 뒤 냉동고에 넣어 두었다.

2년 뒤에 꺼내 보니 메탄 생성균은 실제로 메탄가스를 만들었지만 낮은 온도 때문에 생성 속도가 매우 느렸다.[24] 그로부터 얼마 뒤 미국 연구팀이 서남극 빙상 가장자리의 800미터 두께 얼음을 뚫고 윌런스 빙저호Subglacial Lake Whillans에 접근했다. 그들은 열수 시추 방법hot water drilling을 사용해 접시보다 큰 시추공을 뚫고 빙상 바닥에서 많은 양의 메탄을 발견했다.[25]

남극 대륙의 얼음 밑 깊은 곳에서 이처럼 많은 양의 메탄이 생성된다는 것은 지구에 다소 불길한 소식이었다. 메탄은 주로 기체 상태이지만 변신의 귀재라 상황에 따라 형태를 바꿀 수 있다. 일정량은 물에 용해되지만 메탄이 너무 많으면 물이 포화 상태에 이른다. 흠뻑 젖은 스펀지가 더는 물을 빨아들일 수 없는 것처럼 말이다. 이렇게 되면 대개는 기체 방울이 형성되기 시작한다. 그러나 온도가 낮고 압력이 높은 환경에서는, 즉 빙상 밑과 같은 환경에서는 다시 형태가 바뀐다. 이런 경우 메탄 분자는 물 분자 속으로 피신하여 얼음과 비슷한 안정적인 고체가 된다. 이를 메탄 하이드레이트methane hydrate 또는 클라스레이트clathrate라고 부른다. 우리는 남극 빙상의 바닥 곳곳에 계곡과 분지가 있다는 사실을 알았으며, 그중 일부는 깊이가 수천 미터에 달하고 이런 곳에는 수 킬로미터 얼음 밑에 퇴적물이 가득 갇혀 있다. 퇴적물을 담고 있는 이 거대한 그릇들은 깊고 춥고 외딴 조건 때문에 메탄 하이드레이트의 완벽한 저장고다.[26]

나는 빙상 아래 메탄 하이드레이트가 실제로 얼마나 저장되어 있는지 알아보기 위해 나만큼 이 문제에 흥미가 있는 두 과학자, 브리스틀 대학의 샌드라 아른트Sandra Arndt와 캘리포니아 대학 산타크루즈 캠퍼스의 슬러웩 튤라직Slawek Tulaczyk과 공동 연구를 시작했다. 그들은 얼음의 유동과 해류의 흐름 같은 자연의 주요 시스템을 컴퓨터 모형으로 구현했다. 우리는 자연이 작동하는 방식을 정확하게 이해할 수 없으므로 이런 모형은 늘 불완전하게 마련이다. 그렇다고는 해도 남극 빙상 또는 전 지구와 같은 거대한 대상을 연구하기에는 더없이 유용한 도구다. 이런 대상들은 물리적인 실험이 불가능하지만 연구 목적에 따라 중요하다고 간주하는 특징들을 모두 포함하는 수학 방정식을 만든 뒤 변수들을 추가하면 비슷한 실험을 수행할 수 있다.

남극 빙상 아래 갇힌 메탄을 연구하면서 한편으로 우리는 얼음 밑에서 다른 방식으로, 즉 미생물이 개입하지 않는 방식으로 메탄이 생성될 수도 있을까 하는 의문을 품었다. 열과 압력이 있다면 가능한 일이었다. 특히 서남극 빙상 밑에는 지열이 높은 지점들이 있다. 지각이 비교적 얇아서 맨틀의 열기가 더 많이 올라오는 이런 곳에는 화산이 생겨난다. 그중 가장 두드러지는 곳은 로스섬의 에러버스산Mount Erebus이다.[27] 에러버스는 남극 대륙에서 확인된 140여 개 화산의 하나일 뿐이며 이 화산들은 대체로 서남극 열곡대West Antarctic Rift System(로스해와 남극 반도 사이 3,000킬로미터 이상의 폭을 아우르는 대지구대)와 연결된다.[28] 이곳에서는 지구의 대륙 지각이 늘어나 서로 다른 방향으로 당겨지면서 선형의 분지들이 형성되었다. 따라서 좀 더 잘 알려진 아프리카 대지구대와 크기가 비슷하며 대부분이 얼음 밑에 감춰져 있는 서남극 열곡대는 어쩌면 지구상에서 화산이 가장 조밀하게 모여 있는 지역일 수도 있었다. 그렇다면 이곳에 깊이 저장된 탄소는 열을 받을 것이고 큰 분자들은 메탄을 포함한 작은 분자들로 쪼개질 가능성이 있었다. 서남극 빙상 밑에서 미생물이 만들어 내는 메탄과 함께 이 '뜨거운 메탄'이 얼마나 생성될 수 있는지 컴퓨터 모형으로 계산한 결과 수십억 톤에 이르는 것으로 나타났다.[29]

기후의 온난화로 남극 빙상이 부분적으로 얇아지거나 사라질 수도 있다는 점을 감안하면 이러한 발견은 엄청난 의미를 내포한다. 특히 서남극 빙상의 하부는 우리의 현재 해수면보다 수천 미터 더 낮다. 따라서 이 빙상의 빙하들이 남극종단산맥에서 흘러 내려오면 바다 위에 떠 있을 것이다. 이런 얼음이 해수면으로 퍼져 나가면 로스해나 웨들해, 그 밖에 남극 대륙 주변의 여러 지역에서 볼 수 있는 거대한 빙붕을 형성한다. 가장자리에 있는 암석 산비탈에 고정된 이 빙붕들은 빙상이 바다로 마구 흘러 내려오는 것을 예방하는 거대한 브레이크의 역할을 한다는 점에서 매우 중요하다.

그러나 따뜻한 바닷물이 이 남극 빙붕들의 배를 어루만지면서 빙붕들은 녹아서 얇아지기 시작했고 더 많은 빙산이 바다로 유출되고 있다.[30] 대기가 따뜻해지고 그에 따라 바다도 따뜻해져서 빙붕이 녹는다는 것은 말처럼 그리 간단한 문제가 아니다. 남극의 기후는 지구의 여러 지역과 원격으로 연결된 복잡한 시스템이다. 예를 들어 남극 대륙 주변 바다의 해수 표면을 떠다니는 남극 연안류Antarctic Coastal Current(동풍류East Wind Drift라고도 한다—옮긴이) 밑에는 환남극 심층수Circumpolar Deep Water라는 따뜻한 소금물이 흐른다. 이 해류가 빙붕들이 가까이 있는 남극 대륙붕까지 침입하고 있다. 스발바르와 그린란드 일부 지역의 빙하들이 후퇴하는 원인과 다르지 않지만 이를 야기하는 해류는 지역마다 다르다.

남극 대륙 주위에 이처럼 따뜻한 물이 흐르는 이유는 명확히 밝혀지지 않았다. 우리의 바다가 대기의 열을 점점 더 많이 흡수하면서 심층수가 데워지기 때문일 수도 있고 남극의 바람이 변하는 탓일 수도 있다.[31] 남극 대륙에는 주로 아남극(저기압)과 남위 30도 부근의 아열대(고기압) 사이의 기압차 때문에 시계 방향, 즉 서쪽에서 동쪽으로 소용돌이치는 남반구 편서풍이 분다. 지난 20년 동안 남반구 편서풍은 갈수록 거세지며 남극 대륙을 더 단단히 끌어안고 있다.[32] 오존홀의 확장과 온실 효과에 따른 압력장의 변화 때문인 것으로 간주한다.[33] 파타고니아 같은 온대 지역에서는 편서풍이 남극 대륙 쪽으로 축소된 탓에 강설량이 감소해 빙하들의 크기가 줄고 있다. 그러나 얼음으로 뒤덮인 이 대륙은 편서풍이 강해져 찬 공기가 갇히는 탓에 서남극 지역을 제외하고는 세계의 다른 빙하 보유 지역들처럼 뚜렷한 온난화 양상을 보이지 않는다. 심지어 일부 지역(주로 동남극)은 최근 몇십 년 동안 한랭기를 보이기도 했다.[34] (이는 또한 맥머도 드라이 밸리의 조이스 빙하가 다른 곳의 빙하들에 비해 안정적인 상태를 유지해 온 이유이기도 하다.) 그러나 이처럼 남극을 에워싼 바람의 미세한 패턴 변화는 따뜻한 심층수가 해수면 가까이로 올라와 빙붕들의 혀를 간질이게 만드는 요인이 되는 듯 보인다.[35]

해수면보다 한참 더 낮은 빙상의 기저부와 거대한 빙붕들, 따뜻한 바다, 이런 현상들은 결코 안정적인 상황이 아님을 보여 준다. 무엇보다도 빙붕이 녹아 두께가 얇아지고 이에 따라 남극 빙상의 유동을 막는 브레이크들이 약화되면서 내륙에서 해안으로 향하는 얼음의 유동이 더 빨라지고 있다. 그러나 이러한 유동은 빙붕 가장자리에서 소실되는 얼음을 대체할 만큼 빠르지 않기 때문에 빙하들은 후퇴한다. 이런 현상은 특히 뱀처럼 튀어나온 남극 반도의 서해안에서 뚜렷이 나타난다.[36]

이런 상황을 유독 힘겨워하는 빙하가 하나 있으니, 바로 아문센해 인근의 파인 아일랜드 빙하Pine Island Glacier다. 이것은 영국 면적의 3분의 2가 조금 넘으며 지구상에서 가장 빠르게 줄어드는 빙하로, 1년에 1미터 이상 얇아지고 있다.[37] 두께가 얇아지면 점점 더 약해지고 쉽게 깨질 뿐 아니라 때로는 얼음을 받쳐 주는 해저의 암석 산에서 분리되는 탓에 빙하 앞쪽으로 직경이 최대 수백 킬로미터에 달하는 거대한 빙산들이 떨어져 나온다. 파인 아일랜드 빙하는 남극 대륙 전체에서 가장 큰 질량 손실을 보인다. 인근의 빙류ice stream까지 합치면 이 빙하의 융빙수는 해수면을 1미터 이상 높일 수 있다.[38] 서남극 빙상 전체의 약 3분의 1에 해당하는 양이다. 이런 아문젠해의 빙하들은 서남극 빙상의 유동과 붕괴를 막는 데 중요한 역할을 한다. 향후 이 빙하들의 후퇴는 서남극과 우리 해수면의 상승을 좌우하는 열쇠가 될 것이다.

과학자들은 두 빙기 사이의 마지막 간빙기인 약 12만 년 전 에미안기Eemian에 서남극 빙상의 붕괴가 일어났다고 보고 있다. 당시 지구의 평균 기온은 오늘날보다 섭씨 1도가량 높았지만 해수면은 최소 6미터나 더 높았다. 이는 부분적으로 남극 대륙 얼음의 소실 탓이었을 가능성이 높다.[39] 현재 남극 빙상과 빙하의 용융이 야기하는 해수면 상승은 1년에 약 0.43밀리미터로 그린란드 얼음의 용융이 야기하는 상승(0.77밀리미터)의 절반을 조금 웃돈다.[40] 그러나 서남극 빙상이 다시 무너진다면 그 규모는 훨씬 더 클 것이고, 그렇게 된다면 영국 잉글랜드 동부와 몰디브 같은 저지대 섬들, 네덜란드처럼 간척지에 세워진 연안 국가들과 도시들, 보스턴 그리고 동남아시아 전 지역의 해안 지대에 작별을 고해야 한다.

메탄 하이드레이트는 추위와 압력을 좋아한다. 이런 조건이 사라지면 불안정해질 것이다. 그러면 수백만 년 동안 갇혀 있던 얼음 같은 고체 메탄이 기체로 변할 수 있다. 마지막 빙기 말기에 북유럽에서 이런 일이 일어난 것으로 보인다. 해저에서 발견된 거대한 분화구들은 당시 빙상들이 녹아 해저의 메탄 하이드레이트가 불안정해지면서 기체가 되어 폭발적으로 분출한 흔적이다.[41]

2015년 파리 협정을 통해 전 세계 거의 모든 국가들은 지구의 평균 온도를 산업화 이전 시대(약 150~200년 전)와 비교해 섭씨 2도 이상, 이상적으로는 1.5도 이상 올리지 않겠다는 협약을 맺었다.[42] 그러나 이 협약은 빙상이나 영구 동토층이 녹을 때 메탄이 야기하는 추가적인 온난화를 고려하지 않았다. 빙상 아래 갇혀 있는 메탄 하이드레이트가 방출될 가능성은 분명히 존재하며 이를 감안하면 우리는 화석 연료 배출량을 훨씬 더 많이 줄여야만 온난화를 파리 협정에서 약속한 수준으로 유지할 수 있다. 그러나 빙상 아래 메탄 하이드레이트에 관해서는 과거의 증거만 존재할 뿐 현재와 관련해 아무도 확실한 증거를 내놓지 못했으므로 이 문제의 많은 부분이 여전히 불확실하다.[43] 설사 메탄이 용해되어 있다고 확인된 남극 깊은 곳에 메탄 하이드레이트가 숨어 있다고 해도 대기로 빠져나오기 전에 덜 해로운 이산화탄소로 전환될 가능성도 있다. 빙상 밑에 서식하는 다른 미생물군은 메탄을 이산화탄소로 전환하여 에너지를 얻기 때문이다. 이런 미생물을 '메탄 영양체 methanotroph'라고 한다.[44] 그러나 메탄 영양체가 이런 역할을 얼마나 잘 수행하느냐는 메탄이 대기로 나오기 전에 메탄을 소비할 시간이 얼마나 주어지느냐에 따라 달라질 것이다.

내가 지도하는 박사 과정 학생 중에 2014년 화창한 가을에 퀘벡에서 온 기욤 라마르슈가뇽Guillaume Lamarche-Gagnon은 빙상 밑에서 생성되는 메탄의 운명에 시간이 미치는 영향을 멋지게 입증했다. 그가 메탄 탐험을 시작한 것은 우리와 함께 2015년 그린란드 빙상으로 현장 탐사를 떠났을 때였다. 나무가 무성한 캐나다의 전원 지역에서 자란 기욤은 사슬톱 액션의 현장을 선호했다. 그리하여 레버렛 빙하의 하천이 단단히 얼어 있던 초봄에 그는 처음으로 강렬한 가스를 탐지하기 위해 하천 얼음에 사슬톱으로 구멍을 뚫고 머리를 들이밀었다. 구멍 밖으로 그의 두 다리가 마치 살랑거리는 물개의 꼬리처럼 튀어나와 있었다. 그는 실제로 구멍 하부의 융빙수에서 매우 높은 수준의 메탄을 감지하고 빙하의 주둥이에서 그 메탄이 나올 거라고 생각했다. 이후 그는 융빙의 절정기에 레버렛 빙하의 깊고 어두운 복부에서 흘러나오는 거대한 하천 역시 메탄 포화 상태라는 것을 밝혔다. 빙하 하부의 무른 퇴적물에서 생성되는 메탄이 거대한 하천을 타고 빠르게 빙하 주둥이까지 수송되어 대기로 방출된다는 뜻이었다. 이는 메탄을 소비하는 메탄 영양체에게 일할 시간이 충분히 주어지지 않았기 때문이다.[45]

현재 빙상은 주로 바다에 에워싸여 있으므로 메탄이 나온다면 암석과 퇴적물을 통과해 상승하는 액체에 실려 그 위쪽 바다로 바로 흘러들어간다. 이를 메탄 침출methane seep이라고 부르는데, 만약 퇴각하는 빙상의 가장자리에서 이 현상에 의해 메탄이 처음 방출된다면 상황이 조금 달라질지도 모른다. 2020년 남극 대륙에서는 오리건 주립 대학의 연구팀에 의해 처음 메탄 침출 현상이 발견되었다. 이 연구팀은 로스해 에러버스산 근처에서 퇴적물을 통과해 올라오는 액체에 의해 해저로 나오는 고농도의 메탄을 감지했다.[46] 기후나 빙하와는 무관한 이 메탄 침출은 아주 흥미로운 이야기를 들려주었다. 메탄 영양체가 처음 발견된 것은 2011년이지만 5년간 연구가 진행된 끝에 새로운 사실이 밝혀졌다. 메탄 영양체는 새로운 메탄을 에너지원으로 이용하고 퇴적물 표면에만 서식하며 메탄이 위쪽 바다로 흘러들기 전에 모조리 산화하여 이산화탄소로 바꿀 수는 없다는 것이었다. 메탄이 바다로 들어간다는 것은 좋은 소식이 아니다. 그린란드에서 기욤이 밝힌 사실과 더불어, 이 역시 빙상의 하부와 그 질척한 주변에서 바다나 대기로 얼마나 많은 메탄이 방출될지를 파악하는 데 시간이 중요한 변수라는 의미가 될 수 있다.

아무리 빙하학자라고 해도 맥머도 드라이 밸리 같은 곳에서 지내다 보면 극지방의 빠르고 극적인 변화의 의미를 상상하기가 놀랍도록 어렵다. 짧은 여름이 지나고 겨울이 되어 춥고 어두운 장막이 대지를 뒤덮는 가운데 그저 '시간이 멈춘 듯한' 기분, 마치 좌우로 리드미컬하게 움직이는 추에 매달려 있는 기분에 빠지기 쉽다. 나는 매일 빙하로 걸어가는 길에 마치 연못에 잔물결이 퍼지듯 조이스 빙하 앞으로 퍼져 나간 울퉁불퉁한 빙퇴석들을 지나갔다. 이 빙퇴석들은 이제는 소리도 없고 움직임도 없지만 과거에 빙하 주둥이가 전진했다는 증거다. 그리고 빙하성 평원 곳곳에 수백만 년에 걸쳐 바람이 괴상한 모양으로 조각해 놓은 암석들이 널브러져 있었다. 나는 그 중 하나에 '웃는 사내'라는 이름을 붙였다. 눈구멍은 비어 있고 조롱하는 웃음을 흉내 내듯 입을 벌리고 있는 사내의 누운 얼굴이 잿빛 모래 위로 솟아 있었다. 마치 내게 인생이 무상하며 모든 것은 변한다는 사실을 일깨워 주기 위해 저세상에서 건너온 사자 같은 모습이었다.

그러나 몇 주 동안 음침한 나날이 이어지다가 잠시 햇살이 비치면 빙하 표면의 배수 시스템이 살아나면서 영양가 풍부한 물이 드라이 밸리 아래로 쏟아져 내려가고 얼음으로 뒤덮인 호수의 생명체들이 피어나기 시작했다. 느릿느릿 일어나던 변화의 속도가 갑자기 빨라졌다. 느림과 빠름이라는 두 척도는 양립 불가하지 않다. 기후의 온난화에 따른 지구의 자연적인 반응은 이 두 가지를 모두 아우른다. 느리고 점진적인 변화(종종 선형적 변화라고 부른다)가 일어나다가 티핑 포인트를 지나면 변화가 빨라지고 가속화되면서(비선형적 변화) 위기의 순간이 찾아온다. 우리가 그린란드와 남극 빙상의 티핑 포인트에 가까워지고 있다는 것은 심각한 걱정거리가 아닐 수 없다.

맥머도 드라이 밸리에서 보낸 시간은 확실히 내게 삶이 유리처럼 깨지기 쉽다는 사실을 일깨워 주었다. 길을 잃고 우리의 캠프로 들어온 굶주린 아델리펭귄은 결국 가슴 저미는 운명을 맞이했다. 우리는 규정상 이 펭귄에게 아무것도 해 줄 수 없었다. 펭귄은 며칠 동안 우리의 시선을 끌기 위해 열심히 날개를 푸드덕거리다가 소용없다는 사실을 깨닫고 어느 날 사라져 버렸다. 구해 줄 수 없는 가엾은 동물을 보면서 날마다 가책에 시달렸던 우리는 잠시나마 마음이 편안해졌다. 그러나 며칠 뒤 얼어붙은 호수를 지나 빙하로 걸어가는 길에 저만치 떨어진 곳에서 펭귄의 작은 사체를 보게 되었다. 얼마 전까지 활기가 넘쳤던 사랑스럽고 우스꽝스러운 동물은 이제 세상에 존재하지 않았다. 생명이 완전히 꺼진 채 생기를 잃은 새까만 눈이 하얀 수의와 극명한 대비를 이루었다. 그 뒤로 나는 그 사체마저도 매일 조금씩 소멸해 가는 모습을 보았다. 굶주린 도둑갈매기들이 펭귄의 사체를 뜯어 먹는 광경을 볼 때면 가슴이 죄어 왔다. 외면하고 싶기도 했지만 결국에는 늘 그쪽으로 다시 시선을 돌렸다.

이 작은 펭귄의 운명은 여러 방식으로 내게 인생의 덧없음과 불시에 사람을 집어삼키는 슬픔을 일깨워 주었다. 결국 대개는 자연이 이긴다. 우리는 속도를 늦추거나 잠시 경로를 바꿀 수는 있지만 결국 우리가 할 수 있는 일은 거의 없다. 나의 애간장을 녹이던 어머니는 다행히 내가 집으로 돌아갈 때까지 살아 계셨고 그 후 3년 더 우리 곁에 머물다가 세상을 떠났다. 이 역시 내가 결코 막을 수 없는 일이었다. 인간이 개입을 하든 말든, 우리가 무언가를 하든 말든 자연은 결국 제 갈 길을 간다.

제3부 × 빙하의 그림자 속에서

5. 글로프를 주의하라!

파타고니아

외딴 오지에서 머리 위 50~60센티미터 높이까지 팽팽하게 둘린 얇은 캔버스 천을 바라보고 있노라면 잠을 이룰 수 없을뿐더러 어둠 속에서 들려오는 굉음에 괜히 오싹해진다. 그러나 한편으로는 자신보다 훨씬 더 커다란 존재와 연결된 느낌이 든다. 어떤 존재든, 무어라 부르든 중요하지 않다. 어쨌든 우리 인간은 그런 존재와 연결되기를 갈망하는 듯하다. 내게 파타고니아는 몇 년 동안 괴로운 단절의 시간을 보낸 끝에 나 자신과 그리고 빙하와 다시 연결을 시도한 곳이었다. 처음 그곳에 간 것은 2016년 8월 칠레의 한겨울이었다. 나는 파타고니아의 거대한 두 빙원 가운데 북쪽 빙원의 아래쪽에 길고 가느다란 코처럼 튀어나온 슈테펜 빙하Steffen Glacier의 주둥이 근처에 자그마한 비바크용 텐트를 치고 잠을 청했다. 그러나 줄기차게 내리는 빗소리에 이따금 깜빡깜빡 졸기만 할 뿐 좀처럼 잠들 수 없었다.

새벽이 되자 빗소리가 사그라졌다. 나는 하늘이 드디어 수문을 닫은 모양이라고 생각하며 빼끔 밖을 내다보았다. 그러나 이제는 비에 젖은 땅에 부드러운 눈송이가 소리 없이 떨어지고 있었다. 일어나고 싶지 않았다. 부츠는 흠뻑 젖었고 며칠 동안 그런 상태였다. 옷들도 정도의 차이만 있을 뿐 모두 축축했다. 나는 환기하기 위해 마지못해 지퍼를 열었다. 마치 다른 세상에서 눈을 뜨기라도 한 듯 장엄한 풍경이 나를 맞이했다. 우리 캠프 주위에는 눈이 쌓이지 않았다. 눈꽃을 담아 놓기에는 땅이 너무 따뜻한 탓이었다. 나무가 무성한 비탈들 위로 두툼한 구름 장막이 무겁게 내려앉아 있었지만 가장자리가 끊임없이 움직이고 모양을 바꾸며 마치 어두운 방에 피워 놓은 향처럼 무성한 숲의 나뭇잎들 사이로 연기를 피워 올렸다. 구름이 만드는 영화, 나무와 얼음으로 이뤄진 원형 극장 위로 유령처럼 춤을 추듯 모양을 바꾸는 형체들을 홀린 듯 바라보았다.

서서히 서쪽의 구름이 갈라지고 푸른빛이 스며들더니 비와 눈의 커튼을 천천히 올리고 흑백의 동판화 같은 거대한 산들을 선보였다. 낮은 고도에서 눈이 비로 바뀌는 탓에 산비탈을 가로질러 마치 워터마크처럼 선명한 선이 그어졌다. 듬성듬성 보이는 매끈한 화강암은 2만 년 전 파타고니아를 뒤덮은 훨씬 더 커다란 빙상을 목격했을 것이다. 그러나 산의 측면은 수천 년에 걸쳐 움직이는 얼음에 침식되었는데도 헌 종이봉투처럼 울퉁불퉁 구겨진 모습이었고 꼭대기에는 반짝이는 얼음이 덮여 있었다. 매끈한 암석과 거친 암석이 나란히 자리한 이 괴이한 광경은 빙하가 이들을 조각할 때 두 가지 방법을 사용했다는 증거다. 마식abrasion은 사포질과 비슷한 방법으로, 빙하가 장애물을 넘어갈 때 대개는 상승면에서 기저부가 압력에 의해 녹으면서 일어난다. 굴식plucking(또는 채석)은 하강면에서 융빙수가 암석의 틈으로 흘러들어 가 압력이 완화되고 얼어붙은 뒤 암석이 약해진 상태에서 빙체가 계속 아래로 이동하면서 암설이 뽑혀 나갈 때 일어난다.

20년 동안 얼음의 땅을 돌아다녔으니 파타고니아에 갈 때는 철저히 준비했을 법도 하지만 사실은 그렇지 않았다. 북파타고니아 빙원Northern Patagonian Icefield의 언저리에 텐트를 치고 누운 첫날 밤, 나는 이전 어느 곳에서보다도 더 추위에 떨었다. 내가 가져간 터무니없이 비싼 새 텐트는 알고 보니 환기가 전혀 되지 않았다. 코 바로 위로 둥글게 휘어진 폴대에 팽팽하게 걸쳐진 어두운 천막 안에서 나는 밤새도록 수증기를 들이마시고 내쉬었다. 텐트 옆면에 맺힌 물방울이 엇박자로 다운 침낭에 똑똑 떨어졌다. 알고 보니 다운 침낭은 파타고니아에는 적합하지 않았다. 전형적인 극지 사막인 그린란드에서는 훌륭한 장비였지만 파타고니아처럼 습한 곳에서는 아니었다. 심지어 나는 거액을 투자해 하이드로포빅 다운 침낭을 준비했는데 말이다. 이 침낭은 텐트에서 떨어지는 물방울을 흡수하며 밤새 점점 더 무거워졌다. 여벌의 옷을 최대한 껴입었지만 잿빛 새벽에 밖으로 나올 무렵에는 온몸이 꽁꽁 얼어 있었다. 콘도르(남미에 서식하는 대형 독수리의 일종—옮긴이) 한 쌍이 머리 위를 맴돌았다. 겨울이면 이곳 평원의 어디선가는 살아 있는 존재가 비명횡사할지도 모르니까. 아마도 그들은 내게 눈독을 들였을 것이다.

나는 카페인으로 무기력한 몸을 깨우기 위해 주섬주섬 작은 버너와 알루미늄 통에 든 커피콩을 꺼냈다. 동행 중 하나인 존 호킹스Jon Hawkings가 나의 피로를 감지하고 내게 커피 여과지 대용으로 쓸 만한 얇은 양말 한 짝을 건넸다. 검은 액체가 방울방울 떨어져 간신히 작은 컵 하나를 채웠다. 나는 그 천상의 풍미를 입으로 가져가 숨을 깊이 들이마시고 눈을 감은 채 음미했다. 커피는 나를 부활시키는 듯했다. '하느님, 감사합니다. 어쩌면 오늘도 쓸모 있는 일을 할 수 있을 것 같네요.' 나는 속으로 이렇게 중얼거렸다.

이 춥고 습한 밤이 보여 주었듯 파타고니아는 물의 땅이다. 그리고 물이 다양한 형태로 존재한다. 남위 약 37도에서 55도 사이 태평양 연안을 따라 칠레와 아르헨티나 국경에 걸쳐 있는 이 가느다란 땅은 같은 위도에 있으며 빙하뿐 아니라 비슷한 기후를 가진 뉴질랜드와 비교하면 길이가 두 배에 달한다. 파타고니아의 풍부한 습기는 태평양을 휩쓸고 오는 남반구 편서풍 때문이다. 끊임없이 이어지는 폭풍이 해안으로 수분을 실어 오고 습한 공기가 안데스산맥 꼭대기로 급속히 올라가 거대한 두 빙원에 눈을 뿌린다. 북파타고니아 빙원과 남파타고니아 빙원은 남극 대륙을 제외하면 남반구에서 가장 넓은 빙원으로, 날카롭게 솟은 화강암 봉우리들을 굽이굽이 뒤덮고 해수면으로 이어진 수백 개의 빙하를 먹여 살린다. 남파타고니아 빙원이 전체의 4분의 3 이상을 차지하며 남북 빙원을 합친 얼음의 양은 알프스산맥 얼음의 40배에 달한다.[1] 그런데도 우리는 멀리 떨어져 있고 기후도 거친 이 빙원에 관해 비교적 잘 알지 못한다.

파타고니아 해안 지역의 강수량은 연간 5,000~1만 밀리미터로 상상을 초월한다. 그러니까 눈으로든 비로든 연간 5~10미터의 물이 쏟아진다는 얘기다.[2] 참고로 브리스틀의 강수량은 이곳의 10분의 1에 불과하며 런던의 강수량은 그보다도 더 적다. 믿기지 않겠지만 여기에 비하면 영국은 건조한 나라에 속한다. 남반구 편서풍은 파타고니아의 날씨뿐 아니라 사실상 남반구 전체의 기후를 좌우한다. 2만 년 전 마지막 빙기가 절정에 달했을 때 훨씬 더 추운 남극 대륙이 이 계속되는 바람을 북쪽의 파타고니아로 밀어 올려 비와 눈이 몰리는 지역이 넓어지면서 길이가 2,000킬로미터에 달하는 거대한 파타고니아 빙상이 형성되었다. 온도가 낮은 바다와 대기도 파타고니아의 빙하들을 키우는 데 일조했다. 약 1만 8,000년 전 마지막 빙기가 끝나 갈 무렵 남반구 편서풍 지대가 다시 남극 대륙 쪽으로 축소되었고 갑자기 파타고니아 얼음이 후퇴하여 결국 오늘날처럼 더 작은 두 빙원과 남쪽 끝 코르디예라 다윈Cordillera Darwin의 산악 빙하들을 형성했다.[3]

끊임없는 편서풍 때문에 두 빙원의 서쪽 면에 자리한 파타고니아 빙하들은 약 30미터쯤 되는 엄청난 강설량을 자랑한다. 이 습한 바람이 비탈면을 타고 점점 올라가 안데스산맥의 정상에 도달하기 때문이다.[4] 스위스 알프스산맥의 상아롤라 빙하와 마찬가지로 이곳 빙하들도 바닥이 젖어 있어서 얇은 수막을 윤활제 삼아 바다로 미끄러져 내려간다. 이러한 특징이 엄청난 강설량과 합쳐져서 이곳 빙하들은 세계에서 가장 빠르게 움직이는 빙하에 속한다. 1년에 거의 10킬로미터,[5] 또는 하루에 수십 미터씩 이동한다. 이곳 빙하들은 상부에서 하부로 눈을 옮기려면 빠르게 움직여야 한다. 마치 치약 튜브를 짜듯, 해마다 10미터의 눈이 쌓여 압력이 더해지면서 그 안의 내용물이 빙하의 혀로 빠르게 흘러나오는 것이다. 빠른 유동 때문에 파타고니아 빙설에는 크레바스가 가득하고 빙체는 얼음이 짓이겨진 채로 해안의 평원까지 펴져 나가 빽빽한 온대 강우림을 집어삼킨다. 그러나 파타고니아 빙하들은 대부분 건강 상태가 좋지 않다. 지난 50년 동안 기록적인 속도로 얼음이 소실되었다. 현재 매년 표면의 얼음과 눈이 1미터씩 소실되고 있으며 이는 세계 최고 속도의 질량 손실에 속한다.[6]

파타고니아 빙하들은 왜 이토록 어려운 상황에 부닥쳤을까? 한 가지 이유는 빙하들이 해수면까지 신나게 흘러 내려오기 때문이다. 이 때문에 빙하의 혀는 이미 따뜻하고 미지근한 기후에 자리하고 있다. 그중에서도 가장 큰 고초를 겪는 것은 혀가 바다에 닿아 있는 남파타고니아 빙원 서쪽 면의 빙하들이다. 이런 빙하들은 표면의 얼음뿐 아니라 따뜻한 바닷물에 닿아 있는 혀도 함께 녹아서 그린란드와 남극 대륙에서처럼 앞쪽에서 빙산이 바다로 분리되어 나간다. 남쪽 빙원의 호르헤 몬트 빙하Jorge Montt Glacier는 이런 현상을 가장 극적으로 보여 주는 사례다. 이 빙하는 1980년대 이후로 10킬로미터 이상 후퇴했다.[7]

이는 상아롤라 빙하나 핀스테르발더브린의 후퇴 속도의 열 배에 달한다.

아르헨티나 쪽 남파타고니아 빙원의 상황도 장밋빛은 아니다. 북파타고니아 빙원의 빙하들은 바다에 닿지 않고 육지에서 끝나지만 역시 상황이 그리 좋지 않다. 이곳의 많은 빙하들은 점점 후퇴하는 얼음의 자리에 빠르게 형성되는 커다란 호수에 주둥이를 담그고 있다. 빙하는 호수 형성에 완벽한 조건을 만든다. 이동하는 빙하들은 땅을 깎아 우묵한 지형을 만든다. 만약 전진도 후퇴도 하지 않고 한동안 제자리에 머물러 있다면 얼음에서 침식된 파편이 나와 빙퇴석을 이룬다. 표석이 섞인 진흙이 쌓여 등성이를 이루면서 형성되는 빙퇴석은 융빙수를 집수하는 댐의 역할을 한다. 파타고니아 빙하들은 아주 평평한 해안 평원을 넘어 후퇴하고 있으므로 융빙수는 별다른 도움 없이도 우묵한 지형과 빙퇴석의 댐 안쪽에 저절로 고인다. 그 결과 파타고니아는 남아메리카에서 호수가 가장 많이 운집한 지역이 되었다. 1980년대 이후로 남파타고니아에는 1,000개가 넘는 호수가 새로 형성되었고 대개는 후퇴하는 빙하가 원인이었다.[8]

이러한 호수의 급증은 비단 파타고니아에만 국한된 현상이 아니다. 그린란드와[9] 히말라야산맥 동쪽 지역의 네팔과 부탄에서도[10] 얼음이 줄면서 같은 현상이 일어나고 있다. 이는 빙하 감소에 따른 암울한 연쇄 효과다. 빙하가 후퇴하면서 호수가 형성되고, 이런 호수에 떠 있는 빙하의 혀가 불안정해지면서 빙산들을 풀어낸다. 이에 따라 빙하는 더 빠르게 후퇴하고 호수가 점점 더 커지는 악순환이 되풀이되는 것이다. 이러한 악순환은 빙하가 더 높은 곳으로 후퇴하여 호수를 완전히 벗어날 때까지 계속된다.

표면적으로 내가 파타고니아에 간 이유는 기후와 얼음, 물이 복잡하게 뒤얽힌 현상을 연구하기 위해서였다. 하지만 그것만으로는 2016년 한겨울에 슈테펜 빙하 언저리의 소박한 텐트 안에서 오들오들 떨며 밤을 지새운 연유를 온전히 설명할 수 없다. 그 뒤로 나는 자주 자문해 보았다. 내가 파타고니아를 찾은 것일까, 아니면 파타고니아가 나를 부른 것일까? 사실 파타고니아는 삶의 많은 것들이 그렇듯 내가 간절히 원할 때 나를 찾아왔다. 나는 약 10년 동안 양쪽 극지를 오가며 거대한 빙상의 내부 작용을 알아내고자 했고 해당 분야의 최전방에 머물러 있으려 노력했다. 팀을 이끌고 대륙빙의 언저리로 향하는 여성 지휘자는 극소수에 불과했으므로 그중 한 사람으로서 나는 언제나 남성 지휘자들보다 훨씬 더 열심히 노력해야만, 그러니까 이를 악물어야만 성공할 수 있다고 느꼈다.

나는 그린란드를 사랑했다. 그것은 그곳이 안겨 주는 엄청난 도전 때문이다. 내게는 그런 도전이 중독과도 같았다. 그러나 도무지 해결할 수 없을 것 같은 문제의 답을 찾아 점점 더 극한의 경험을 갈망하기 시작했다. 어떤 면에서는 그린란드에서 '히트'를 칠 만한 성과를 내기가 갈수록 어려워졌기 때문이다. 헬리콥터를 타야 했으므로 엄청난 비용이 들기도 했고, 과학자들이 몰리기도 했다. 경쟁이 심화되면서 기금을 따내기가 갈수록 어려워졌다. 기금 신청을 거절하는 답장이 끊임없이 쌓여 갔다. 그러나 내게는 아직 답을 찾지 못한 문제가 너무도 많았다. 이를테면, 빙하들이 육지 쪽으로 대거 후퇴하는 현상이 바다의 생태계와 어업에 어떤 영향을 미칠까? 인간에게는 어떤 영향을 미칠까? 과학자는 이처럼 커다란 문제에 사로잡히면 헤어 나오기 어렵다. 때로는 건강을 해치기도 한다.

그러던 중 2015년 어느 날 영국의 자연환경 연구 위원회Natural Environment Research Council가 정확히 이런 쟁점을 다루는 영국과 칠레 간 공동 프로젝트의 기금 지원 입찰 공지를 내놓았다. 연구 대상지는 세계에서 가장 빠르게 변화하는 지역 중 하나인 파타고니아였다. 이거야, 하고 나는 생각했다. 그러고 보니 마감일이 채 3주도 남지 않았다. 게다가 나는 칠레에 아는 사람이 전혀 없었고 파타고니아에 관해서도 거의 문외한이었다.

하지만 내게는 이번이 어쩐지 마지막 기회인 것 같았다. 2년 전 어머니가 7년간 암과 싸우다가 세상을 떠난 뒤로 나는 어머니의 부재와 새롭게 바뀐 나의 위치를 받아들이려고 안간힘을 썼다. 무려 마흔한 살의 나이에 난생처음으로 내 가족과 자식을 갖고 싶다는, 즉 나를 중심으로 한 가정을 이루고 싶다는 충동을 느꼈다. 내게는 오랜 연인이 있었고 어머니가 떠난 뒤 2~3년 동안 빙하 연구는 뒷전으로 밀려나 있었다. 그러니 뜬금없는 충동은 아니었다. '개를 길러 보는' 방법은 이미 시도해 보았다. 삶에서 많은 것을 어렵게 해 왔듯 이 역시 쉬운 방법을 택하지 않았다. 나는 사냥개 시합에서 패하고 버려진 개들을 모아 놓은 웨일스의 한 유기견 센터에서 굶주린 래브라도 한 마리를 데려왔다. 반려견은 많은 교훈을 주었지만 무엇보다도 인내심을 키워 주었다. 처음 데려왔을 때 이 암컷 강아지는 개와 인간(특히 짙은 색 스웨터를 입은 남자들), 자전거, 버스에 극심한 공포와 공격성을 보였으므로 방에 혼자 둘 수가 없었다. 집이 파괴되는 것을 막기 위해 한 달 동안 휴가를 내야 했다.

나는 대개 목표를 정하면 내가 가진 모든 에너지를 거기에 쏟아붓는 사람이다. 그래서인지 칠레 탐사 기금을 요청하기 직전에 임신 사실을 알게 되었다. 그러나 오랫동안 자유롭게 살아온 나는 두 번 다시 빙하에 갈 수 없게 될까 봐, 내 정체성의 중심을 잃게 될까 봐 두려웠다. 과연 내가 빙하학을 포기하고 엄마가 될 수 있을까? 답은 알 수 없었지만 갑자기 아기를 품에 안기 전에 마지막이 될 빙하 프로젝트의 기금을 반드시 확보해야 한다는 생각이 절실해졌다.

나는 2주 동안 친구들과 동료들을 들볶으며 세상 반대편에 아는 사람이 있는지 캐물었고 이전에 발표된 파타고니아 관련 과학 논문을 모조리 읽었다. 이 지역에 대해서, 빙하가 떠 있는 피오르들 때문에 울퉁불퉁한 그곳의 해안선에 대해서 알면 알수록 빙하의 빠른 후퇴가 이 장엄한 환경과 그곳 사람들에게 어떤 영향을 미칠지 알고 싶은 마음이 간절해졌다. 나는 칠레와 영국에서 함께 일할 사람들을 끌어모았고 밤을 새워 가며 제안서를 쓰는 데 몰두했다. 결국 임신 12주 만에 유산을 하고 나자 기금을 받아야겠다는 의지가 더욱 확고해졌다. 슬픔과 절망의 나락이 나를 집어삼켰다. 그리고 연인과의 관계도 그 나락으로 함께 들어가 버렸다. 그곳에서 헤어나기 위해서는 20년 넘게 나의 열정에 불을 지펴 준 빙하와 다시 연결되어야 했다. 다행히 내 제안서가 선발되었다. 그것도 최고 점수로. 그렇게 해서 나는 파타고니아로 떠났다.

북파타고니아 빙원 바닥의 물을 배출해 주는, 안도라와 비슷한 크기의 슈테펜 빙하는 1890년대 칠레 정부의 청부를 받아 칠레 아이센주Aysén Region의 아르헨티나 분쟁 지역을 탐험한 독일 지리학자 한스 슈테펜Hans Steffen에 의해 발견되었다. 이곳은 숲 관리를 돕거나 지나는 관광객들을 통해 수익을 올리는 소규모의 거친 칠레 '정착민'들을 제외하고는 아무도 살지 않는 곳이었다. 험난한 여정을 거쳐야만 갈 수 있는 곳이라는 점은 내게 이 빙하의 큰 매력으로 다가왔다. 영국에서부터 비행기를 두 번 갈아타고 열여섯 시간 비행하여 칠레 남부의 코야이케까지 간 뒤 픽업트럭을 타고 유명한 카레테라 아우스트랄Carretera Austral 도로를 꼬박 이틀 동안 덜컹거리며 달려야 했다. 이 도로의 남쪽은 대부분 비포장도로였다. 아우구스토 피노체트 대통령의 독재 시절인 1970년대 후반, 남부 영토의 통제를 위해 건설된 이 길고 구불구불한 간선도로는 남북 빙원을 이으며 완공되기까지 15년이 걸렸다. 사실 피노체트는 이 도로로 두 빙원 전체를 아우르겠다는 거창한 포부를 품었지만 이는 결국 과욕으로 드러났다.[11] 오늘날 카레테라 아우스트랄은 파타고니아 곳곳에 흩어져 사는 200만 주민들을 연결하는 데 중요한 역할을 할 뿐 아니라 1,000킬로미터가 넘는 야생 지역을 가로지르며 세계 최고의 절경을 자랑하는 고속도로에 속한다. 이 도로와 인접한 피오르와 해협, 만 등은 모두 엄청난 강우량 때문에 생명력이 넘치는, 두툼하고 풍성한 초록 카펫으로 뒤덮여 있다. 발광 이끼와 은빛 틸란드시아에서부터 빙하 하천을 따라 이어진 초록 고사리와 부드러운 이회토 등 다양한 식생과 토양을 볼 수 있으며 이 모든 것이 잿빛 하늘과 기막힌 대비를 이룬다.

나는 카테레라 아우스트랄의 거의 모든 구간을 달려 보는 행운을 누렸다. 잊을 수 없는 경험이었다. 연어 양식장이 점점이 박힌 북쪽 연안의 복잡한 항구 도시 푸에르토몬트에서 시작하는 이 도로는 피오르랜드fjordlands의 가파른 가장자리를 끼고 무성한 온대 강우림을 지난다. 쿠에울라트 국립공원Queulat National Park으로 들어서면 강우림이 무서울 정도로 빽빽해지고 여기서부터 도로는 굽이굽이 산을 휘감는다. 산지를 넘어가면 곧 인간의 손이 훨씬 더 많이 닿은 지역이 나타난다. 20세기 초반 양과 소, 말을 키우기 위해 숲을 없애고 마련한 넓은 초원에는 새까만 나무 그루터기가 점점이 박혀 오싹한 풍경을 이룬다(남아메리카의 다른 나라들과 달리 그 뒤로 칠레에서는 축산업이 쇠퇴했다. 외딴곳이라 경제적으로 수지가 맞지 않는 탓이었다). 코야이케 남쪽으로는 얼음의 땅이 펼쳐진다. 기온이 크게 떨어지고 도로가 더 거칠어지며 눈과 빙하를 뒤집어쓴 화강암 봉우리들이 사방에서 맞이해 준다. 이곳에는 습한 안데스산맥과, 대기가 건조하고 땅이 바싹 말라 있으며 부드러운 풀밭이 그림같이 펼쳐지는 안데스 동쪽 지형 사이의 보이지 않는 경계가 자리하고 있다. 풀밭은 바로 파타고니아 스텝Patagonian steppe이다.

여기서 남쪽으로 더 내려가면 두 빙원 가까운 곳에 파타고니아에서 가장 외진 지역이 나온다. 강가에는 통나무집들이 여기저기 흩어져 있고 주위에는 말과 양 우리를 에워싼 십자 모양의 알록달록한 울타리들이 보인다. 이곳에서 우리는 간선도로를 빠져나가 어느 피오르에 목제 기둥들을 세우고 그 위에 올라앉은 아주 작고 조용한 마을 토르텔에 도착했다. 2003년이 되어서야 카레테라 아우스트랄 덕분에 칠레의 다른 지역들과 연결된 마을이다. 물 위에 널빤지를 깔아 만든 보도가 이어져 있을 뿐 이렇다 할 도로도 없고 500여 명의 주민들은 어업과 목재업 그리고 여름에 잠깐 관광업으로 생계를 꾸린다. 들개에 가까운 개들도 꽤 많은데, 처음 이곳에 갔을 때 나는 아름답고 활달한 콜리 잡종견을 만났다. 어찌나 장난을 좋아하는지 내게 놀자고 덤벼들다가 나를 넘어뜨리기도 했다. 그러나 1년 뒤에 다시 만났을 때는 다리를 절었고 얼굴은 절반쯤 뜯어 먹힌 듯 끔찍한 흉터가 남아 있었다. 겨울이 워낙 혹독해서 관광이 끊기다 보니 토르텔의 많은 개도 먹을 것이 부족할 수밖에 없다. 마음 아픈 일이었다.

좀처럼 가만히 앉아 있지 못하는 나는 슈테펜까지 가는 긴 여정에서 덜덜거리는 탈것을 여러 번 옮겨 다니며 갇혀 있으려니 몸부림이 났다. 그러다 마침내 토르텔에 도착하면 작은 배를 타고 피오르들이 이어진 미로의 관문인 바케르강을 둘러볼 수 있었다. 그래서인지 이곳에 올 때면 육체노동도 반가울 따름이었다. 뱃전으로 커다란 금속 상자들을 넘겨 젖은 갑판에 실을 때면 디젤과 습기가 뒤섞인 악취가 코를 간질였다. 트럭 뒤 칸에 인간 종이접기처럼 구겨진 채로 이틀 동안 달려온 뒤라 내 근육은 힘든 일을 반기는 듯했다. 기름이 낀 듯 매끈한 바케르강의 초록빛 물 위로 배가 나아가기 시작하면 수분을 가득 머금은 깨끗한 바다 공기가 폐로 들어오면서 기분이 들떴다. "숨을 깊이 쉬세요, 깊이, 깊이." 부드러운 목소리가 내게 속삭이는 가운데 나는 열린 선실에 앉아 빙하에서 배출되는 미사로 뿌연 바다를 바라보았다. 배를 따라오는 하얀 거품이 어두운 숲으로 뒤덮인 산의 배경과 뚜렷한 대조를 이루었다.

여정의 마지막은 도보로 채워졌다. 완전히 길들지 않은 말들이 배에서부터 빙하 근처의 캠프까지 우리의 장비를 날라주었다. 말은 파타고니아의 삶에서 중요한 일부를 이룬다. 이 혹독한 지역의 상징처럼 풍화된 풍경과 너무도 잘 어우러지고 어떤 날씨에도 잘 견딘다. 짐을 나르지 않을 때는 빙하 앞쪽 관목지에서 자유롭게 풀을 뜯으며 덤불과 이끼, 거친 풀을 우적우적 씹어 먹는다. 그들이 키 작은 자작나무 숲을 어슬렁거리다가도 위험한 무언가를 보거나 듣고 바짝 경계하는 모습을 우리는 여러 번 보았다. 발굽은 대개 갈라져 있고 지시를 받으면 순종하듯 머리를 조아렸다. 몇 년 전부터 인간과 말 사이에 일어나는 영혼의 교감을 즐겨 온 내게는 그런 모습이 서글프게 느껴졌다. 한 번은 온순하고 눈이 다정해 보이는 적갈색 말이 우리 장비를 실어다 주러 왔다. 나는 그 말이 어떤 삶을 살고 있는지, 어디에서 왔는지, 언어로 소통할 수 있다면 어떤 이야기를 들려줄지 궁금했다. 그래서 녀석에게로 걸어가 목에 내 머리를 갖다 댔다. 거친 털에 나의 차고 축축한 코를 대고 손가락으로 녀석의 턱 밑을 부드럽게 쓰다듬으며 치켜 올라간 귀에 대고 나지막이 콧노래를 흥얼거리자 귀가 서서히 힘을 빼며 아래로 내려왔다. 녀석은 나에게로, 나는 녀석에게로 몸을 기울였다. 얼굴에 빗방울이 떨어지는 것을 느끼며 축축한 털옷의 퀴퀴한 냄새를 맡고 있노라니 말의 몸속으로 흐르는 피의 온기가 전해지는 듯했다. 시간이 멈추었고 우리는 천천히 서로 연결되었다.

실제로 파타고니아의 삶은 느릿느릿 흘러간다. 오전 열 시에 무언가를 하겠다고 계획하면 결국 정오쯤 하게 된다. 차를 몰고 어딘가로 가려고 계획해도 산사태 때문에 도로가 막히기 일쑤다. 결국 포기하고 아무거나 가능한 것을 타고 가야 한다. 전화와 인터넷, 이메일도 쓸 수 없다. 미래도 과거도 없이 그저 현재를 살아야 한다. 당위에 상관없이 가능한 것만 할 수 있는 곳. 산더미 같은 일을 빨리빨리 해내는 데 익숙해져 있고 게다가 우울한 한 해를 겪은 나 같은 사람에게 파타고니아는 균형을 되찾아 주는 평형추와도 같았다.

그렇다고는 해도 내게는 구체적인 목표가 있었다. 슈테펜 빙하에서 얼마나 많은 물이 흘러나오며 그 물이 하류로 흘러 피오르로 들어가면 어떤 영향을 주는지 알아보고 싶었다. 1980년대 이래로 이 빙하의 주둥이는 4킬로미터쯤 후퇴했고 그에 따라 최근 몇십 년 사이 슈테펜 빙하의 호수가 급격히 커졌다. 이제는 호수에서 보면 잿빛의 드넓은 물에 떠 있는 다양한 색조의 빙산들이 시야를 가려 빙하가 잘 보이지 않을 정도다.

슈테펜 빙하의 가장자리로 떠난 그 한겨울의 첫 탐사 여행은 평생 나의 기억에 남아 있을 것이다. 여정은 몹시 불편했지만 그런 점이 오히려 매력을 더했다. 수면 부족과 추위는 물과 혹독한 기후의 땅이 품은 극도의 아름다움을 한층 더 절감하게 해 주었다. 그러나 나는 장기 캠핑이 파타고니아에서는 적합하지 않다는 사실을 곧 깨달았다. 극한의 날씨 때문이었다. 지난 몇십 년 사이 슈테펜 빙하가 후퇴하면서 아래로 길게 뻗은 빙하의 혀가 고지에서 슬금슬금 내려와 그 앞에 거대한 호수를 형성하였다. 나는 슈테펜 빙하에서 흐르는 하천 옆에 작은 캠프를 치면 파타고니아 빙하의 축소와 호수의 확증이 미치는 영향을 쉽게 조사할 수 있을 거라고 판단했다. 처음 만난 칠레인 공동 연구자들은 우리의 계획을 듣고 눈썹을 치올렸다. 우리는 아무것도 몰랐지만 그들은 우리가 얼마나 고약한 날씨에 시달릴지 잘 알고 있었던 것이다.

다행히 우리는 파타고니아 생태 연구 센터Centro de Investigación en Ecosistemas de la Patagonia라는 작은 연구소의 비호를 받았다. 느긋한 조반니 다네리Giovanni Daneri 연구소장은 트럭과 말, 배를 비롯해 우리가 캠프로 가는 데 꼭 필요한 물자를 조달하도록 도와주었고, 가끔 우리의 생사를 확인하기도 했다. 나중에 알게 된 사실이지만 몇 달씩 '야영'하는 이들을 좀처럼 보기 힘든 이 지역에서 우리는 '로스 브리스틀Los Bristols(브리스틀 사람들)'이라는 애칭과 전설적인 지위를 얻었다. 커다란 알루미늄 상자들과 표본 채취용 병을 들고 다닐 때면 현지 사람들이 우리뿐 아니라 알 수 없는 장비들을 보고 수군거리는 소리가 들리곤 했다.

2016년 8월의 축축한 새벽 내가 선잠에서 깨어 텐트 밖으로 나온 그 첫날, 우리가 밤을 보낸 곳은 빽빽한 온대 강우림에 에워싸인 마른 하천이었다. 우리 '로스 브리스틀'은 물이 마른 모래밭에 옹기종기 텐트를 쳤다. 캔버스 천 아래서 울적하게 밤을 지새운 뒤로 나는 그곳에 갈 때면 그린란드에서 쓰던 돔형 산악 텐트 대신 겨우내 줄기차게 내리는 비를 피하고 불을 피울 수 있는 튼튼한 원뿔형 텐트를 준비했다. 불과 두세 달 사이에 캠프에 쏟아져 내린 비는 브리스틀에서 꼬박 1년 동안 맞을 비를 합친 양이었다. 캠프는 멀리서 보면 휴양용 글램핑장 같았지만 우리는 텐트 안에 작은 실험실을 꾸며 놓았다. 동력을 얻기 위해 태양 전지판도 설치했지만 결국 이곳에는 태양이 거의 뜨지 않는다는 사실을 인정해야 했다.

한겨울에 처음 찾아간 슈테펜 빙하에서 나는 모래 평원을 가로지르며 가파르고 매끈한 기반암을 따라 우리 캠프 옆을 경쾌하게 흘러가는 빙하 강을 발견하고 깜짝 놀랐다. 현지에 사는 작은 사슴의 이름을 딴 우에물레스강Río Huemules이었다. 내가 탐사한 다른 모든 빙하들은 겨울이면 배수 시스템이 거의 차단되었고 하천도 봄에 녹은 눈이 다시 생명을 불어넣기 전까지는 휴면 상태를 유지했다. 내가 천막 아래서 흠뻑 젖은 채로 밤을 지새운 첫날에 톡톡히 배웠듯이 파타고니아에는 겨울에도 많은 비가 내리고 빙하의 혀가 해수면과 가까운 탓에 끊임없이 녹는다. 나는 이런 상황을 예상하지 못했다. 이렇게 되면 우리는 1년 내내 강의 유량(배출량)을 측정해야 했다. 물론, 우리가 1년 내내 머무를 수는 없었다. 그래서 하천에 측정 기구들을 설치해 놓는 방법을 택했다.

나는 이 빙하 강이 얼마나 위험한지 익히 들은 터였다. 그곳에 빠지면 오래 버틸 수 없을 게 분명했다. 불과 2~3년 전에도 두 칠레인 과학자가 유량 측정 기구를 설치하겠다는 우리와 똑같은 목적을 갖고 작은 배로 우에물레스강을 항해하다가 목숨을 잃었다고 했다. 그러니 내 칠레인 동료들이 그와 똑같은 작업을 하겠다는 우리의 계획을 듣고 걱정하는 건 당연한 일이었다. 그리고 처음 그 강을 직접 보았을 때 나는 우리가 정말 정신 나간 계획을 세운 게 아닐까 생각했다.

그러나 어쨌든 우리는 계획한 일에 착수했다. 가장 먼저 한 일은 강의 유량을 파악하는 것이었다. 수심을 측량하기에 가장 좋은 위치는 비극적 운명을 맞이한 칠레 연구팀이 찾았던 바로 그 지점이었다. 캠프에서 언덕을 넘으면 나오는 이 하천의 탄탄하고 매끈한 회색 화강암에 금속 볼트로 기기를 고정해야 했다. 단순한 작업 같지만 파타고니아 온대 강우림의 위력을 간과할 수 없었다. 강우량이 엄청난 곳에선 생명이 무성하게 자라기 마련이다. 그곳에는 상상할 수 있는 모든 종류의 초목이 층층이 우거져 있으며 맨 위에는 장엄한 남부너도밤나무가 자리하고 있다. 비가 오면 숲 전체에 샤워기를 틀어 놓기라도 한 듯 나뭇잎에서 흠뻑 젖은 흙으로 커다란 물방울이 뚝뚝 떨어져 내린다.

대개 빙하학자는 나무를 상대할 일이 없다. 이 컴컴하고 빽빽한 숲을 처음 지날 때 나는 존 호킹스와 동행했다. 그는 빙하에서 나오는 철이 바다를 비옥하게 만들 수 있다는 사실을 발견하여 그린란드 빙상의 '철의 남자', 즉 '아이언맨'으로 불리고 있었다. 이곳에서 그는 파타고니아 빙하들도 영양분 공장의 역할을 하는지 알아보려 했다. 다행히 존과 나는 수년 전에 나무들을 베어 낸 오솔길의 흔적을 발견했다. 덕분에 아름드리나무들이 앞을 가로막지는 않았지만 이끼와 뒤엉킨 잡초, 바닥에 파릇하게 솟아오른 묘목들이 마구잡이로 섞여 우리를 방해했다. 장애물이 수없이 나타났고 그때마다 존은 이렇게 외쳤다. "제마, 길이 다시 사라진 것 같은데요." 신비로운 곳이었다. 어느 구멍으로 들어가 반대편으로 나가면 완전히 다른 세상이 펼쳐질 것만 같았다. 머리와 어깨를 움츠린 채 나무가 우거진 함정의 끝에 자리한 새로운 세상을 찾아 기다시피 나아가고 있자니 마치 끊임없이 굴을 파며 나아가는 두더지가 된 기분이었다.

숨 막힐 듯 빽빽한 초목을 제외하고는 생의 흔적을 느낄 수 없었지만 어디서나 존재감을 드러내는 생명체가 하나 있었다. 칠레와 아르헨티나의 고유종으로 덤불 속에 살금살금 숨어 다니는 작은 새 추카오 타파쿨로chucao tapaculo였다. 생김새는 커다란 유럽울새와 비슷하고 둥근 모양의 적갈색 가슴에서부터 끌어올리는 요란한 지저귐은 울창한 계곡 곳곳에 울려 퍼진다. 때로는 가까이서, 때로는 멀리서 시시각각 들려오는 이 소리는 파타고니아가 선사하는 수많은 감각의 배경을 장식한다. 칠레 시인 파블로 네루다는 시집 《모두의 노래Canto General》에서 이 새와 그 서식지를 아름답게 묘사했다.[12]

차갑고 울창한 나뭇잎들 속에서 갑작스러운 추카오의 지저귐

마치 모든 야생이 뒤섞인 것처럼

마치 젖은 나무들이 지저귀는 것처럼

마치 다른 무엇도 존재하지 않는 것처럼.

빠르게 날며 느리고 깊게 지저귀는 떨리는 울음이

나의 말 위를 어둡게 지나가자 나는 멈칫했다.

어디였더라? 언제였더라?

잃어버린 계절, 말 달리던 시절

하염없이 창문을 때려 대는 빗줄기

폭풍우 속에서 두 개의 점을 이글거리며 어슬렁대는 퓨마
흠뻑 젖어 아름다운 초록 동굴들을 흘러가는 물줄기들
그 고독, 그리고 개암나무 밑에서 나눈 첫사랑의 입맞춤이
정글 속에서 추카오가 축축하게 지저귀며 지나가는 순간
마치 홍수처럼 기억을 잠식했다.

가끔 운이 좋으면 오솔길 옆에서 총총거리며 호기심 가득한 눈으로 나를 쳐다보는 추카오를 만나기도 했지만 대개는 보이지 않았다. 나는 덤불 속을 도망치듯 숨어 다니는 이 용감한 꼬마 새를 사랑하게 되었다. 그러나 목청껏 외치는 울음소리를 들으면 훨씬 더 커다란 새로 착각하기 쉽다. 슈테펜 캠프에 동이 터올 때면 늘 이 새의 노래를 음미하며 내 멋대로 해석하곤 했다. "아침이에요, 오늘도 눈이 올 테지만 그래도 강으로 가야죠……."

울창한 추카오 서식지를 지나고 나면 대조적인 풍경이 펼쳐졌다. 활기찬 파티를 즐긴 뒤 휴게실을 찾은 것 같다고나 할까. 숲이 끝나는 지점부터 강기슭까지 매끈한 암석이 펼쳐져 있고 수심이 얕은 지점에서는 마치 햇볕을 쬐는 커다란 고래의 둥근 등처럼 튀어나와 있었다. 유량이 적은 시기에는 뿌연 회색의 물이 편자 모양의 굽이를 잔잔하게 돌아내려 갔다. 얼

음에 깎여 나간 암석들의 표면 위쪽에는 연녹색 이끼가 덮여 있었지만 수면 위 1미터가량의 지점부터는 보이지 않았다. 용융의 속도가 더 빠른 기간에는 유량이 훨씬 더 많았다는 증거다. 이끼의 포자가 휩쓸려 내려가서 이 풍마된 구역에는 이끼가 자랄 수 없었다. 바로 그래서 우리도 겨울에 측량 기구를 설치해야 했다. 여름에는 모든 것이 물에 잠겨 버릴 테니까.

울창한 숲을 통과하는 고된 여정에 비하면 이곳에서 하는 일은 식은 죽 먹기였다. 그저 몇 시간 동안 평화롭게 스패너와 착암기를 들고 다니며 수면 바로 밑 고래 등에 탐지기를 설치하는 것이 전부였다. 우리가 설치한 기구들은 보통 30분에 한 번씩 측량하는 자급식 기기로, 약 30미터 길이의 가늘고 긴 총알 모양에 배터리와 기록 장치, 여러 종류의 탐지기가 내장되어 있었다. 강의 온도와 유량을 측정하는 탐지기도 있었고 퇴적물과 물에 용해된 화학 물질을 기록하는 탐지기도 있었다. 이듬해에 다시 가서 이 측정 기구들을 확인한 결과, 이끼를 통해 짐작했듯이 겨울의 유량은 여름 유량의 약 4분의 1에 불과한 것으로 드러났다. 유량이 가장 적을 때도 빙하 하천치고는 수위가 꽤 높은 편이었다. 융빙수와 억수같이 쏟아지는 비가 합쳐져 런던의 템스강과 비슷한 수준이었다. 여름에는 정신없이 흘러넘쳤다.

나는 '글로프GLOF'라는 것을 소문으로 들어 알고 있었다. 사실, 이 이름을 들을 때면 얼굴이 흉측하고 성격이 변덕스러운, 바위에 사는 고블린이 떠올라 혼자 키득거리곤 했다. 글로프를 주의하라! 어쨌든 글로프는 고블린처럼 경계할 대상이긴 하다. 빙하가 후퇴하여 융빙수가 고이는 지역에서 매우 흔하게 일어나는 현상인 '빙하호 범람Glacier Lake Outburst Flood'의 줄임말이니까. 이런 빙하호는 태생적으로 불안정할 수밖에 없다. 대개는 적어도 한쪽에 얼음이 자리하고 있고 나머지 면은 울퉁불퉁한 빙퇴석에 에워싸여 있다. 물이 가득 차면 얼음 둑이 파열되고 고여 있던 물이 폭발적으로 쏟아져 나오면서 인근 지역 사회에 엄청난 피해를 준다.

나는 슈테펜 빙하 일대의 호수들에서 이런 범람이 일어나 강의 수위가 수 미터씩 올라가고 모든 것을 휩쓸었다는 이야기를 들었다. 이 홍수가 지나간 뒤 키우던 양들이 나무에 걸려 있었다는 지역민들의 놀라운 보고가 들어오기도 했다. 엄청난 재난인 듯했다. 나중에 알게 된 사실이지만 야영지로 아주 적당해 보이는 평평한 모래밭에 설치한 우리의 캠프도 글로프를 주의해야 하는 통로에 있었다. 하지만 다행히 하방 침식 작용 때문에 이미 이곳은 주요 하도에서 벗어나 있었다. 우리는 겨울뿐 아니라 여름에도 몇 달씩 우에물레스 강기슭에 캠프를 쳤지만 글로프를 겪은 적은 한 번도 없었다. 그러나 이 강에 설치한 우리의 기구들은 글로프를 겪은 모양이었다. 측량된 기록에 따르면 여름 동안 이런 엄청난 홍수는 두 번쯤 일어나며 그럴 때면 하룻밤 사이에 유량이 템스강의 50배 이상 증가했다. 도무지 믿기지 않는 규모였다. 그 많은 물이 어디서 오는 것일까?

우리는 육안으로 볼 수 없는 이 범람을 사진으로 찍기 위해 글로프의 영향권에서 한참 벗어난, 강이 내려다보이는 높은 암석들 위에 카메라 몇 대를 설치했다. 사진을 확인하니 전날까지만 해도 잔잔하게 하류로 흘러가던 강의 수위가 다음날에는 무려 8미터쯤 높아졌다. 물은 미친 뱀처럼 꿈틀거리며 무서운 기세로 굽이를 돌아 쏟아져 내려갔다. 같은 시각에 촬영된 위성 사진으로 교차 확인한 결과 이 엄청난 물의 발원지를 알 수 있었다. 가파른 계곡의 10킬로미터쯤 상류 지점에서 슈테펜 빙하의 가장자리에 자리한 호수에 융빙수가 불어나면서 얼음이 떨어져 나왔다. 호수의 물은 영국 컴브리아주 호수 지방의 더원트호만큼 불어났다. 만약 더원트호의 물이 갑자기 빠져나가려 한다면 컴브리아주 관광청에서는 난리가 날 것이다. 또 한 번은 빙하의 동쪽에 면한 다른 호수에서 글로프가 일어났다. 범람한 물은 하곡 전체를 뒤덮었고 주민들의 목제 가옥

들도 수해를 입었다. 반짝이는 수면 위로 나무들이 섬처럼 튀어나와 있었다.

파타고니아는 인구가 많지 않아서 글로프에 의한 재해의 규모도 대개는 작은 편이다. 그러나 인구 밀도가 높은 지역에서는 이런 엄청난 홍수가 현지인들에게 무시무시한 위협이 된다. 역사상 기록된 최대 규모의 글로프 재해 중 하나는 1941년 페루의 코르디예라 블랑카에서 일어났다. 당시 이 빙하의 빙퇴석에 둘러싸여 있던 팔카코차라는 빙하호가 크게 불어나면서 50미터 높이의 빙퇴석 둑이 무너졌고 엄청난 수마가 인근 우아라스 도시를 파괴하여 수천 명이 목숨을 잃었다. 그 뒤로 페루는 물을 가두는 댐과 불어난 융빙수를 빼내는 배수관을 비롯해 구조 공학적인 해결 방안에 크게 투자했고 그 결과 글로프가 크게 줄었으며 사상자도 발생하지 않았다.[13]

전 지구적인 차원에서 글로프 문제가 점차 개선되는지 악화되는지는 확실하지 않다. 19세기 후반 소빙기가 끝나고 자연적인 온난화가 일어나면서 빙하들이 빙하 말단부에 퇴적된 빙퇴석으로부터 후퇴하고 호수가 커져 1930년대에는 많은 글로프가 일어났다.[14] 그 뒤로 글로프 발생 빈도는 줄었지만 아마도 부분적으로는 페루에서처럼 인간이 개입하여 위험을 줄이는 방책을 시도했기 때문일 것이다. 곡빙하들이 후퇴하면서 당연히 호수는 확장될 수밖에 없다. 따라서 글로프가 언제 일어날 지, 얼마나 심각한 규모일지 예측하는 방법을 찾아야 한다. 수면 아래의 고래 등에 설치되어 슈테펜 빙하에서 일어난 두 번의 글로프를 우리에게 알려준 측정 기구들은 이제 현지 당국에 이 극적인 사건을 통지해 주는(그리고 아마도 예측해 주는) 도구로 사용되고 있다. 글로프는 분명 극적이지만 우에물레스 강 연간 유량의 대부분을 차지하는 것은 강우량이나 강설량이다. 글로프가 쏟아 내는 물은 연간 유량의 겨우 10분의 1을 차지한다.

내가 가장 애착을 느끼는 장소 중 하나는 슈테펜 빙하 앞쪽의 호수 남쪽을 에워싸고 있는, 미소 짓는 입술 모양의 커다란 빙퇴석 가장자리다. 이 퇴적물의 더미는 1870년경 파타고니아 소빙기에 이 빙하가 가장 컸을 때의 규모를 알려주는 표지다.[15] 그곳을 오를 때면 얼음을 휩쓸고 오는 활강 바람이 빙하의 존재를 알리곤 했다. 빙퇴석 위에 오르면 빠른 유동을 자랑하는 빙하 혀가 보였다. 혼잡하게 모여 있는 크레바스에서 떨어져 나온 빙산들이 반짝거리며 고요한 물 위로 흩어지는 광경을 보면서 파타고니아의 빙하 강들에 대해 생각해 보곤 했다.

북파타고니아 빙원의 가장자리에는 이제 호수가 자리한 곳이 많다. 뿌옇게 고인 물이 얼어붙은 빙하의 혀를 때리며 빙산들에게 푹신한 휴식처를 제공하고 있다. 이제 완연히 육지에 자리해 있는 이 빙원은 이웃한 남파타고니아 빙원의 미래와, 아직 바다에 발끝을 담그고 있지만 바다가 따뜻해지면서 점차 내륙으로 후퇴하는 그린란드와 알래스카, 남극 대륙 빙하들의 미래에 대해 많은 것을 시사한다. 나는 그린란드와 남극 대륙의 연구를 통해 빙하에서 나오는 하천들과 빙산들이 인과 규소, 철과 같은 영양분과 유기 탄소를 가득 담고 있다는 사실을 배웠다. 흐르는 물에 녹아 있기도 했고 빙하 밑 암석에서 깎여 나온 아주 미세한 암분과 뭉쳐 있기도 했다. 이런 작은 퇴적물과 미사 알갱이들이 육지에서 피오르를 지나 넓은 대양에 이르기도 하며 바다의 작은 식물인 식물 플랑크톤에게 영양분을 제공한다는 사실도 알았다. 그렇다면 파타고니아에서도 마찬가지일까? 그리고 이곳의 수많은 호수가 영양분의 컨테이너 벨트에는 어떤 영향을 미칠까?

이에 답하기 위해서는 스발바르에서 다룬 물의 화학적 기억을 떠올려 볼 필요가 있다. 만약 융빙수가 빙하의 밑으로 내려가면서 화학 물질과 퇴적물의 흔적을 흡수하여 '화학적 기억'을 갖게 된다고 해도 이곳에서는 호수들이 빙하의 융빙수가 어디에서 왔는지 '망각하도록' 돕는다. 빙하 밑에서 분쇄되어 나온 입자들은 호수에 갇혀 있게 되는데, 이 기간은 작은 호수라면 며칠에 불과하겠지만 슈테펜 빙하호처럼 커다란 호수에서는 몇 주에서 몇 달에 달하기도 한다. 이 기간에 입자들은 물에서 벗어나 그 아래 고운 진흙에 층층이 침전된다. 이런 호수들은 거대한 물 여과기의 기능을 하므로 융빙수는 호수에서 퇴적물과 화학 물질을 잃고 완전히 다른 물이 되어 나온다. 슈테펜 빙하의 호수에서 흘러나온 하천을 조사한 결과 내가 그동안 조사한 다른 빙하들에서 나온 하천과 비교했을 때 1리터당 함유된 퇴적물의 입자가 10분의 1에 불과했다.[16]

파타고니아 피오르에는 좋은 일이 아니냐고 반문할지도 모르겠다. 그린란드에서 우리는 수면의 입자들이 작은 식량 제조기인 식물 플랑크톤에게 닿는 빛을 차단한다고 배웠으니까. 그러나 안타깝게도 이곳의 호수들은 입자의 색깔을 없애는 데는 재주가 없는지 하천은 여전히 뿌연 색을 띤다. 아주 고운 입자는 가라앉기까지 시간이 걸려서 빨리 '망각되지' 않는 탓이다. 따라서 피오르의 물은 여전히 탁하다. 그뿐만 아니라 파타고니아 빙하들에서 끊임없이 흘러나오는 뿌연 융빙수는 호수에 입자들이 갇히는 속도보다 더 빠르게 증가한다.[17] 1980년대부터 슈테펜 빙하 앞쪽의 커다란 호수가 확장되었으니 입자를 가두는 효과가 더 높아졌을 거라고 생각하겠지만 사실은 정반대다. 이 시기 동안 빙하에서 나오는 융빙수가 점점 많아지면서 우에물레스강이 피오르로 실어 나르는 미세한 입자도 더 증가했다. 그린란드에서와 마찬가지로 호수가 있든 없든 얼음이 많이 녹으면 입자도 많아진다.

빙하가 적은 파타고니아 북부에서 얼음이 많은 남부로 내려올수록 피오르 표층수에 있는 식물 플랑크톤의 생장은 부진해진다. 고운 입자를 실은 융빙수가 하천으로 흘러들면서 짠 바닷물 위로 뿌연 담수층이 생성되는 탓이다.[18] 이러한 담수층에는 식물 플랑크톤이 필요로 하는 질소도 충분하지 않다. 질소는 그 아래 갇혀 있는 해수에 들어 있다. 따라서 남파타고니아 피오르의 식물 플랑크톤에게는 질소와 빛이 충분히 공급되지 않고 이는 생물의 종류와 개체수에 영향을 미친다. 이곳에서는 낮은 수준의 영양분으로도 비교적 잘 생존할 수 있는 작은 형태의 식물 플랑크톤이 번성한다.[19] 이곳 남반구의 기후에서는 먹이 사슬의 위쪽에 있는 물고기 같은 생물을 지탱할 먹이가 훨씬 더 부족하다고 생각할지도 모르겠다. 그러나 파타고니아 피오르를 벗어나 넓은 바다로 나가면서 입자들은 떨어져 나간다. 과학자들이 현미경으로 관찰한 결과, 이런 곳에서는 바다와 하천의 영양분이 합쳐지고 빛이 더 많이 투과되어 더 큰 식물 플랑크톤이 번성하는 것으로 관측되었다. 파타고니아 하천에 유독 풍부하게 담긴 영양분은 바로 규소다.[20] 규소는 바다에 사는 큰 식물 플랑크톤, 즉 규조류에 중요한 영양분이다. 이들은 규소를 사용해 단세포의 몸체 주위에 아름다운 유리 껍질을 만든다.

따라서 파타고니아는 어떤 면에서 그린란드와 닮았다. 빙하들이 녹으면서 피오르 먹이 사슬의 토대를 이룬다는 점에서 말이다. 그러나 기후가 계속 따뜻해진다면 어떻게 될까? 한편으로 빙하의 용융은 증가하고 있다. 융빙수가 하천의 주요 수원인 지역들에서는 최근 몇십 년 사이 기온이 따뜻해지면서 유량이 증가했다.[21] 다른 한편으로 융빙수에 크게 의존하지 않는 파타고니아의 하천들은 수분을 가득 품은 남반구 편서풍의 경로가 극지 쪽으로 이동하면서 점점 말라가고 있다. 이는 인간에 의한 기후 변화의 결과로 보인다.[22] 토르텔 마을 옆으로 탁한 초록색 물을 흘려보내는 파타고니아 최대의 하천 바케르강의 하류는 1980년대 이후로 유량이 5분의 1가량 감소했다.[23] 전반적으로 이곳의 상황은 혼란스러우며 앞으로 어떤 일이 일어날지 파악하기 어렵다. 그러나 이곳은 활발한 물의 순환이 모든 생물군에 중요한 역할을 하는 지역이다. 그렇다면 한 가지 확실한 사실은 이 모든 것이 연결되어 있다는 점이다.

나의 모든 빙하 탐사가 그랬듯 파타고니아에 간 것도 답을 찾기 위해서였다. 그러나 내가 찾은 답은 더 많은 의문을 낳았다. 지구의 끝인 듯 보이는 이 멀고 혹독한 지역에서도 기후 온난화의 영향은 뚜렷하게 나타나고 있었다. 빙하들은 병들었고 그들의 혀는 기록적인 속도로 사라지고 있었으며 피오르와 그 안의 모든 생물이 대가를 치러야 했다. 아니, 사실은 우리가 모두 대가를 치르게 될 터였다.

우리는 여러 번에 걸쳐 이 폭우의 땅을 탐사했다. 그리고 탐사가 끝나갈 무렵 나는 마치 병든 빙하들의 뒤를 잇기라도 하듯 몸에 이상을 느끼기 시작했다. 2018년 10월 말, 강에 설치한 측량 기기들의 데이터를 수집하러 짧게 탐사를 떠났을 때였다. 파타고니아에서는 보기 드물게 하늘이 맑았고 모래밭에 설치한 우리의 캠프에는 햇살이 내리쬈다. 빙하와 다시 연결되도록 도와준 푸근한 땅으로 돌아왔다는 생각에 한껏 들떠 있었다. 환기가 잘되는 텐트와 수분을 흡수하지 않는 침낭 등을 챙겨 첫 탐사 때보다 더 철저히 준비했다. 그런데도 모든 게 힘들었다. 도무지 이유를 알 수 없었다.

그 무렵 나는 1년여 전부터 심한 두통에 시달리고 있었다. 그 이유는 인체 공학이 금기시하는 비행기, 기차, 소파 등에서 노트북을 사용하는 고질적인 습관 탓이었다(나는 그렇다고 확신했다). 나 같은 일 중독자들은 대개 일할 수 있는 곳이면 언제 어디서든 일을 한다. 그런데 슈테펜 빙하에서 유난히 통증이 심해졌다. 마지막 날 텐트를 걷으려고 바닥에 쪼그리고 앉자 머리로 찌릿한 통증이 올라왔다. 결국 나는 죽어가는 짐승처럼 바닥을 기어 다니며 말뚝 하나를 뽑고 잠시 누워 울리는 머리를 진정시킨 뒤 다시 힘을 끌어모아 다른 말뚝을 공략했다. 이 간단한 작업에 한 시간이 걸렸고 일이 다 끝나고 나자 제대로 일어설 수도 없었다. '아, 망할 놈의 노트북 때문이야. 앞으로 조심해, 제마.' 나는 스스로를 꾸짖었다.

짐이 가득 든 배낭을 메고 걸어가야 했지만 난생처음 그럴 수 없을 것 같았다. 그래서 칠레인 동료들이 결사반대하는 방법을 쓰기로 했다. 바로 배를 잡아타고 우에물레스강을 따라가는 것이었다. 당연히 위험을 감수해야 했다. 이 강은 매우 찰 뿐 아니라 곳곳에 급물살과 급류가 도사리고 있었고 이미 여러 사람의 목숨을 앗아가기도 했다. 나는 두 동행, 존 호킹스와 내가 지도하는 박사 과정 학생 알레한드라 우라Alejandra Urra를 도보로 두 시간 걸리는 연안 지점에서 만나기로 하고 작은 배를 기다렸다. 얼마 후 배가 윙윙거리며 굽이를 돌아왔다. 사람들로 가득한 검정색 공기 주입식 고무보트에는 현지의 자연 관리원인 돈 에프라인Don Efraín도 끼어 있었다. 바람에 거칠어진 그의 조각 같은 얼굴은 지금까지도 파타고니아의 표정으로 내 머릿속에 남아 있다. 뱃머리에 자리를 잡자 안도의 한숨이 나왔다. 뿌옇게 부글거리는 급물살을 헤치고 나아가며 이전에 한 번도 보지 못한 울창한 숲을 지나간다는 사실만으로도 흡족했다. 배가 잠시 멈추더니 사람들이 가시 돋친 거대한 대황을 닮은 식용 식물, 칠레대황nalca 줄기를 벴다. 나는 누군가가 건네준 이 식물을 들고 어쩔 줄 몰라 하다가 곧 요령을 터득했다. 이로 겉껍질을 벗긴 다음 속살을 베어 물자 씁쌀한 맛이 돌면서 턱으로 즙이 흘러내렸다.

잠시 모든 것을 내려놓는 자유, 현지인들의 솜씨를 믿고 물살에 몸을 맡기는 그 자유의 행위는 아마도 귀한 인생 교훈이었을 것이다. 나는 결국 무사히 파타고니아를 벗어났지만 그 과정이 모두 그리 순조롭지는 않았다. 강풍을 맞으며 보트를 타고 토르텔에 도착했을 때 픽업트럭을 이용할 수 없다는 소식을 들었다. 타이어 펑크 때문이었다. 쏟아지는 빗속에서 지친 몸을 가누고 있기도 버거운 상황에서 이 문제까지 해결해야 했다. 집으로 돌아가는 긴 비행 동안 휴식하고 나자 어느새 두통이 사라졌다. 그러나 아직 안도의 한숨을 쉬기에는 너무 일렀다. 런던의 히스로 공항에 착륙해 자리에서 일어난 나는 비행기를 빠져나가기도 전에 괴로워하며 잠시 정신을 잃었다. 여전히 왜인지 알 수 없었다. 스트레스 때문일까? 일단 잊어버리기로 했다. 진짜 이유는 그로부터 한 달 뒤에야 밝혀졌다.

6. 말라가는 흰 강들

인도 히말라야

바람이 휘저은 눈가루가 어둡고 음울한 산비탈을 배경으로 수백 마리의 날개 달린 곤충들처럼 춤을 췄다. 정신을 몽롱하게 하는 네팔 안내인들의 연호 소리가 계곡에 울려 퍼졌다. 모래와 같은 색의 거대한 표석에 기대어 잠시 쉬는 동안 연호가 폭발하듯 커지며 노래로 바뀌었다. 굉장한 사람들이라는 생각이 들었다. 겨우 운동화와 작업복 바지, 얇은 외투만 걸치고 계단 한 층을 오르듯 가볍게 빙하를 올라가다니. 나는 우두커니 서서 우리를 내려다보는 뾰족뾰족한 봉우리들을 훑어보았다. 해발 약 6,000미터, 알프스산맥에서 보았던 봉우리들의 약 두 배 높이였다. 두툼한 털목도리 속으로 몸을 움츠려도 살을 에는 듯한 추위는 가시지 않았다.

나는 서인도 히말라야의 높은 산지에 서 있었다. 히말라야는 산스크리트어로 '눈'이라는 뜻의 '히마hima'와 '거처'라는 뜻의 '알라야alayah'가 합쳐진 이름이며, 서로 교차하는 세 개의 산맥, 힌두쿠시와 카라코람, 히말라야를 모두 포함하기도 한다. 이 거대한 산계는 아프가니스탄과 타지키스탄에서 시작해 파키스탄과 인도, 네팔, 미얀마, 방글라데시, 부탄을 거친 뒤 중국의 티베트고원에 이르기까지 눈 덮인 봉우리들로 이뤄진 넓은 포물선으로 아시아를 장식하고 있다. 서쪽의 카라코람산맥은 주로 겨울에 비와 눈을 몰고 오며 북반구 중위도 전역의 기후 패턴을 좌우하는 편서풍의 영향을 받는다. 그러나 동쪽으로 갈수록 여름마다 인도와 네팔, 다른 아시아 국가들을 흠뻑 적시는 강한 몬순의 영역이 펼쳐진다. 히말라야 산계가 북쪽에서 불어오는 차가운 극지의 바람을 막아 주기 때문에 인도 아대륙은 여름에 열기에 휩싸인다. 뜨거운 육지와 차가운 인도양의 온도 차 때문에 덥고 습한 해풍이 인도로 유입된 후 무거운 구름이 산맥을 넘어가는 도중에 버티지 못하고 비를 퍼붓는다. 반대로 북쪽 지역, 예를 들면 몽골 스텝이나 중국 서부 신장의 사막 지구는 비가 내리지 않아서 상상을 초월할 만큼 건조하다.

히말라야와 그 일대의 산맥(이후로는 줄여서 '히말라야'로 통칭한다)은 북극과 남극을 제외하고 지구상에서 빙하가 가장 넓게 분포한 지역이라 '제3의 극지Third Pole'라고 불리기도 한다. 그린란드와 남극 대륙은 높게 솟은 봉우리와 골짜기를 거대한 빙상이 모조리 뒤덮고 있지만 히말라야산맥에는 5만 개 이상의 곡빙하가 최대 해발 8,849미터 높이(에베레스트산 정상)에 이르는 높은 봉우리들에서 슬금슬금 내려오고 있다. 이 곡빙하들은 이 지역의 중요한 자원, 가장 기본적인 자원을 동결 상태로 저장하는 아시아의 '급수탑'이다. 봄이 되면 산맥을 뒤덮은 눈의 장막이 서서히 녹기 시작하고 여름에 눈이 사라지면 빙하의 용융수가 끊임없이 하천들로 흘러든다. 히말라야 중부와 동부에서는 여름 몬순에 쏟아지는 폭발적인 비가 비교적 낮은 산지의 물을 메워 주고 고지대의 빙하에는 눈으로 내리면서 빙하의 건재를 돕는다.[1] 융빙수와 비는 땅에도 스며들고, 땅은 스펀지처럼 물을 흡수했다가 나중에 산허리의 샘으로 내보낸다.[2] 따라서 긴 건기 동안에도 듬직한 빙하들의 용융수가 하류에 끊임없이 물을 제공한다.

말하자면 히말라야산맥은 건기와 우기에 껐다 켰다 할 수 있는 일련의 '수도꼭지'인 셈이다. 여기서 나오는 물은 결국 여러 나라를 가로지르는 열 개의 거대한 강으로 흘러든다. 특히 인도의 인더스강과 갠지스강, 브라마푸트라강은 세계에서 가장 넓은 농업 관개 지역에 물을 제공하고 가장 거칠고 외딴 계곡의 주민들이 삶을 이어가도록 돕는다.[3] 히말라야 지역에서는 물의 이야기가 농업과 정치, 심지어는 영성과 종교에 이르기까지 거의 모든 것의 기반을 이루며 그 중심에는 빙하가 자리하고 있다. 그러나 히말라야의 빙하들을 에워싼 대기는 지난 50년 동안 10년에 섭씨 약 0.2도씩 상승했다. 그리 높은 수치가 아니라고 생각할 수도 있지만 이런 추세가 한 세기 내내 지속된다면 2015년 파리 협정에서 약속한 전체 온난화 상한선을 넘어설 것이다. 히말라야 산계의 거주민은 2억 5,000만여 명에 달하며 어떤 식으로든 이곳의 융빙수에 의존하고 있는 평원의 주민들까지 합치면 10억 명이 넘는다. 이들에게는 이런 온도 상승이 어떤 영향을 미칠까?[4]

내게는 첫 히말라야 탐험이었다. 운이 좋았다고 말할 수도 있지만 그보다는 마법이 일어난 것 같았다. 2016년 가을의 어느 날 나는 인도 델리에 있는 자와할랄 네루 대학의 알 라마나탄 Al Ramanathan 교수에게서 이메일을 받았다. 그를 만나 본 적은 없지만 그가 지도하는 박사 과정 학생이 나의 연구실에 온 적이 있었다. 알 라마나탄 교수는 인도 정부가 영국의 연구 지원 재단들과 연합하여 기금 지원 공고를 냈는데 혹시 함께 참여할 의사가 있느냐고 물었다. 파타고니아 연구 기금을 신청할 때와 비슷한 상황이었지만 이번에는 제안서 작성에 주어진 시간이 3주가 아니라 겨우 일주일뿐이었다. 그렇게 짧은 시간에 어떻게 20쪽짜리 제안서를 쓴단 말인가? 하지만 날려 버리기에는 너무 좋은 기회였다. 일단 해 보기로 했다. 나는 24시간 책상 앞에 앉아 미친 듯이 자료 조사를 하며 제안서를 썼다. 듬직한 빙하학 전우들에게 짤막한 이메일을 보내 이 즉흥 모험에 참여할 의사가 있는지 물었다. 거의 즉각적으로 답장이 쌓였다. 내 오랜 죽마고우 피트 니노와 지금은 뉴캐슬 대학에서 강의하고 있는 사슬톱 동지 존 텔링, '아이언맨' 존 호킹스, 우리의 비범한 탐지기 개발자 맷 몰럼이 참여 의사를 밝혔다. 우리는 순식간에 제안서를 만들었다. 그리고 6개월 뒤 기적적으로 기금을 받게 되었다.

그로부터 거의 1년이 지난 2017년 9월, 우리는 델리에 착륙했다. 나의 일행은 두 명의 존과 피트, 그린란드에서 우리와 함께 일했던 맷 몰럼의 동료 연구원 앨릭스 비턴Alex Beaton, 피트의 지도로 박사 과정을 수료한 앤드루 테드스턴Andrew Tedstone, 산에 굉장한 열정을 가진 브리스틀 박사 과정 학생 세라 틴지Sarah Tingey였다. 마치 여러 장소와 시기에 나와 빙하 연구를 함께한 친구들이 한자리에 모인 것 같았다. 그러나 이번 탐사 여행은 이전의 어떤 여행과도 달랐다. 델리에 내린 순간 숨 막히는 열기가 우리를 감쌌다. 그와 함께 매캐한 아스팔트 냄새부터 하수구 냄새, 향신료와 석유 냄새가 뒤섞인 독특한 냄새가 코를 간질였고 인력거가 가득한 거리에는 자동차 경적이 요란하게 울려 퍼졌다. 사람이 살지 않는 추운 탐험지에 익숙한 나는 감각에 과부하가 걸리는 듯했다.

이튿날 아침 라마나탄 교수가 세련된 하우즈카스 지구의 좁은 골목 안에 자리한 우리의 현대적인 게스트하우스에 들렀다. 로비에서 만난 그는 입이 귀에 걸릴 정도로 활짝 웃고 있었다. 여러 달 동안 이메일만 무수히 주고받다가 따뜻하고 확신에 찬 얼굴을 보자 안심이 되었다. 라마 교수(인도 과학계에서는 교수라는 직함을 꼭 붙여야 했으므로 결국 우리는 줄여서 이렇게 불렀다)는 그의 오른팔이자 보급을 담당하는 차터지 씨 Mr Chatterjee를 데려왔다. 인도 팀은 수십 년 동안 오지의 히말라야 빙하들을 연구하며 알아낸 지식과, 배수 및 건강, 유동 등 히말라야 빙하들의 운동 방식에 관한 지식을 나눠 주었다. 우리 영국 팀은 빙하에 미생물이 서식하는 원리와 빙하가 하천과 호수에 탄소와 양분을 제공하는 원리를 이해하는 데 필요한 신기술을 공유해 주었다. 당시 인도 히말라야에서 이처럼 서로 다른 강점을 결합하는 시도는 거의 전무했으므로 우리는 짧은 여행을 통해 장기적으로 성과를 낼 수 있을지 알아보기로 했다.

라마나탄 교수와 차터지 씨를 처음 만난 자리에서 우리의 첫 실수가 드러났다. 바로 장비를 너무 많이 가져온 것이었다. 델리에서 히마찰프라데시주의 작은 산악 도시 마날리까지 우리를 태워 갈 소형 비행기가 허용하는 짐은 1인당 20킬로그램에 불과했다. 헬리콥터 뒤쪽에 몇 톤의 장비를 실었던 그린란드와는 너무도 다른 상황이었다. 다행히 존 텔링과 세라가 구원자로 나섰다. 두 사람은 자동차 한 대와 운전사를 구해 나머지 장비를 뒤 칸에 싣고 자정쯤 출발해서 육로로 마날리까지 열네 시간을 달려왔다. 마날리에서 우리는 나머지 인도 팀원들을 만났다. 가장 인상적인 사람은 빙하는커녕 높은 산에도 올라 본 적이 없다는, 갓 박사 과정을 시작한 모니카 샤르마Monica Sharma와 이미 여러 번 빙하 탐험을 해 본 석사생 솜 미슈라Som Mishra였다. 팀의 규모가 커지자 출발부터 삐걱거렸다. 우리 모두가 함께 묵을 숙소로 내가 예약한 곳이 하필 (차터지 씨의 표현을 빌리면) "이란 마약 소굴"로 쓰이는 "끔찍한 숙소"였다. 조용한 구시가지에 있는 별난 호스텔이었는데, 인근의 좁다란 자갈길마다 대마초가 무성하게 자라고 있었다. 냄새만으로도 취하는 듯했다. 호스텔 앞쪽에 붙은 간판에는 이색적인 글씨로 이렇게 적혀 있었다. "우리는 모두 미쳤다." 솔직히 나는 난생처음 내게 꼭 맞는 곳을 찾은 기분이었다. 그러나 우리의 인도인 동료들에게는 어울리지 않는 곳이었고, 결국 그들은 다른 곳에 묵기로 했다. 첫 외교 사절은 실패였다.

열 명으로 구성된 우리의 인도-영국 연합팀은 이곳 마날리에서 다 함께 트럭을 타고, 배낭들과 상자들은 위태롭게 지붕에 묶은 채 해발 4,000여 미터의 로탕 고개Rohtang Pass를 향해 느릿느릿 올라가는 군용 차량들과 트럭들의 행렬에 합류했다. 이곳은 날씨가 몹시 혹독한 탓에 여름 두세 달 동안만 개방되었다. 페르시아어로 '시체 더미'라는 뜻의 이 고개 이름은 이곳에서 많은 이들이 동사했음을 상기시키는 듯했다. 로탕 고개는 문화의 분수령 같은 곳이다. 남쪽의 쿨루 계곡 지역은 힌두교가 지배적이고 북쪽으로는 불교를 숭배하는 스피티 계곡과 라하울 계곡 지역이 있다. 우리는 북쪽으로 향하고 있었다.

티베트 불교에서 쓰는 오색의 기도 깃발이 그 경계를 알렸다. 이는 종교의 경계일 뿐 아니라 대기가 희박해지는 경계이기도 했다. 시끄러운 관광객들을 피해 사진을 찍으려고 자갈길을 가로질러 가면서 나는 처음으로 공기가 희박해진 것을 느꼈다. 트럭에서 겨우 몇 발짝 떨어졌을 뿐인데 벌써 숨이 가빠졌고 차고 건조한 공기가 목구멍을 태워 기침이 나왔다. 로탕 고개를 넘어가자 길이 험악해졌다. 끊임없이 이어지는 급커브는 대개 한쪽이 깎아지른 듯한 절벽이었고 움푹 팬 곳과 튀어나온 부분도 많아서 차가 마구 흔들렸다. 트럭과 함께 좌우로 덜컥덜컥 움직이면서 처음 머리가 아프기 시작한 것은 바로 이곳에서였다. 2018년 슈테펜 빙하를 떠나올 때 비행기에서 잠시 정신을 잃기 1년여 전이었다. 흔들거리는 여정의 막바지에 이르자 심장이 터질 것 같았다. "고도 때문일 거야." 나는 이렇게 중얼거렸다.

우리의 목적지인 초타 시그리Chhotta Shigri 빙하로 향하는 도로에서 마지막 정차지에 이르자 잠시나마 마음이 놓였다. 똑바로 서 있으면 머리와 목의 통증이 가실 것 같았다. 하지만 마음 한구석에는 불안함이 남아 있었다. 초타 시그리 빙하의 베이스캠프에 가려면 줄에 매달린 작은 금속 상자를 타고 가파른 협곡을 건너야 한다는 소문을 들었기 때문이다. 우리가 협곡의 양 끝에 매달린 금속 줄에 강철 팔로 연결된 상자를 자세히 살피자 인도 친구들은 웃음을 터트렸다. 매도 빨리 맞는 편이 낫다는 생각에 나는 자신 있는 모습으로 비치길 바라며 얼른 그 안에 올라탔다. 하지만 실제로는 내가 바라던 모습이 분명 아니었을 것이다.

잠시 후 나는 철창에 갇힌 고독한 짐승처럼 깊은 협곡 위에 매달려 흔들거리고 있었다. 철창이 덜컥거리며 한쪽 기슭을 출발해 반대편 기슭으로 미끄러지자 나는 모든 것을 내려놓고 숨을 길게 들이마셨다. “마음먹기 나름이에요.” 반대편에 도착한 나는 저편의 사람들을 향해 호기롭게 외쳤지만 진심은 아니었다. 나는 높은 곳을 무서워하는 사람도 아니고 족히 15년쯤 암벽 등반을 했다. 등반은 줄과 장비뿐 아니라 쉬어야 할 때와 더 올라가야 할 때도 스스로 결정해야 하니까 통제가 핵심이다. 그러나 이 협곡의 강을 건너려면 통제를 포기해야 했다. 이는 완전히 다른 경험이었다.

강을 건넌 뒤 우리는 느릿느릿 비탈을 올라 초타 시그리 베이스캠프에 도착했다. 라마나탄 교수가 이 빙하를 연구하기 위해 계곡 초입에 설치한 작은 영구 기지였다. 초타 시그리는 라하울 지방 사투리로 ‘작은 빙하’라는 뜻이다. 하지만 스위스 상아롤라 빙하의 약 두 배인 9킬로미터의 길이로 절대 작지 않으며 히말라야에서 가장 긴 빙하에 속하는 바라 시그리Bara Shigri(‘큰 빙하’라는 뜻)와 인접해 있다. 두 빙하의 융빙수가 방금 우리가 공중그네를 타고 건너온 찬드라강으로 흘러든다. 북쪽으로는 카슈미르, 동쪽으로는 티베트와 경계를 이루는 이 두 빙하는 제각기 파키스탄 그리고 중국과의 분쟁 지역에 인접해 있어서 과학자들도 인도 내무부와 외무부의 허가를 받아야만 접근할 수 있다(허가를 받으면 전갈이 오지만 거절당하면 아무런 소식도 받지 못한다. 어느 쪽이든 길고 괴로운 침묵을 견디며 아무것도 계획하지 못한 채 무작정 기다려야 한다). 세라와 나는 접근을 허락받은 최초의 서양 여성인 듯했다.

사실 가장 먼저 나의 관심을 끈 것은 초타 시그리 융빙수의 길고 힘겨운 항해 여정에 관한 이야기였다. 이 융빙수를 실어 나르는 찬드라강은 체나브강과 합쳐져 잠무카슈미르주를 거친 뒤 결국 파키스탄 펀자브주의 평원에 이르러 커다란 인더스강으로 흘러든다. 인더스강은 물의 수요가 공급을 크게 초과하는 파키스탄 지역(세계에서 가장 물이 부족한 지역)의 중요한 수원이 된다.[5] 인더스강 상류는 파키스탄이 건설한 여러 개의 대규모 댐으로 연결되며 현존하는 최대의 관개 시설 중 하나에 물을 공급한다. 아이러니하게도 체나브강은 인도 히말라야에서 발원하지만 1960년에 체결된 인더스강 조약Indus Waters Treaty에 따라 파키스탄이 통제권을 갖고 있다.[6] 인더스강 조약은 국가 간 수자원 공유의 초기 사례로, 인도가 동쪽의 강 세 개를 관할하고 파키스탄이 인더스강과 체나브강을 포함해 서쪽의 강 세 개를 관할하기로 협약한 조약이다. 그러나 완벽한 거래는 아니다. 흐르는 무언가에 경계를 긋기가 어디 쉬운 일일까.

이 지역의 수자원 통제권을 둘러싼 정치 투쟁은 여러 방식으로 수많은 갈등을 야기했다. 이는 또한 인도가 통치하는 카슈미르 지역에서 일어나는 인도와 파키스탄 간 분쟁의 한 원인이기도 하다. 이 지역의 강들은 파키스탄의 귀한 수원이 되기 때문이다. 파키스탄은 이미 체나브강에 수력 발전을 위한 댐 여러 개를 보유하고 있고 인도 역시 댐을 건설하려고 계획 중이다. 인더스강 조약이 허용한 일이지만, 파키스탄 쪽 하류의 물 공급에 영향을 미쳐선 안 된다는 전제가 붙어 있다. 이 전략은 인구 증가에 따른 물 부족을 해결하는 방안으로 제시되었지만 여기에는 정치적 기조가 담겨 있다. 체나브강 수력 발전 프로젝트를 진행한다면 인도는 극심한 분쟁 지역인 카슈미르의 물 공급을, 그리고 뒤이어 파키스탄의 물 공급을 통제하는 위치에 서게 된다.[7]

라마나탄 교수의 연구팀 덕분에 초타 시그리는 인더스강 상류에서 유일하게 과학자들이 20년 동안 물의 흐름을 연구하도록 허용된, 적절한 연구 인프라를 갖춘 빙하다. 인근의 얼음과 함께 이 빙하는 해당 지역의 물 공급을 둘러싼 투쟁의 열쇠를 쥐고 있다. 높은 히말라야에서 발원하는 많은 아시아의 큰 강 중에서도 인더스강은 빙하 융융수를 가장 많이 함유하고 있다. 이 서쪽 지역에 비가 거의 내리지 않는 봄과 여름에는 인더스강 상류의 40퍼센트, 지류들의 무려 90퍼센트가 융빙수다.[8] 반면 몬순의 영향을 훨씬 더 많이 받아서 비가 많이 내리는 갠지스강 상류에서 융빙수가 차지하는 비율은 10퍼센트에 불과하다.[9] 히말라야에서 발원하는 강들을 모두 종합해 보면 산계의 높은 곳에서 발원할수록 융빙수의 비중이 높아진다. 히말라야 고산지의 가파르고 외진 계곡에 자리한 농장과 마을의 주민들, 즉 가장 취약한 계층의 사람들이 융빙수에 가장 많이 의존한다는 점은 주목할 필요가 있다.

히말라야 빙하들은 크기와 모양이 다양하며 운동 방식도 저마다 다르다. 겨울에 빙체 위에 내린 눈을 가둬 놓는 빙하가 있는가 하면 여름 몬순에 물을 가두는 빙하도 있고, 초타 시그리처럼 여름과 겨울에 모두 물을 가두는 빙하도 있다. 육지에서 종결되는 빙하도 있고 호수로 혀를 내밀고 있는 빙하도 있다. 알프스의 많은 빙하와 달리 히말라야의 빙하들은 표면이 매우 지저분하고 높은 곳에서 떨어진 거친 암석이 층층이 쌓여 있는 경우도 많다. 이러한 사실과 더불어 이곳의 빙하들은 3,000킬로미터 이상을 아우르는 산계에 걸쳐 있기 때문에 혹독한 날씨와 물자 수송을 감수하며 히말라야 빙하들을 탐사하기란 여간 어려운 일이 아니다.

초타 시그리의 눈은 주로 서풍을 타고 온다. 이 빙하는 남쪽에서 수분을 가득 싣고 오는 아시아 몬순, 즉 계절풍의 비 그늘 속에 자리하고 있기 때문이다. 그러나 몬순 또한 이 작은 빙하의 건강에 중요한 역할을 한다. 몬순은 여름에 간헐적으로 눈을 뿌려 하얀 덮개를 만들어 주고 이 덮개는 빛을 반사하여 빙하의 용융을 어느 정도 막아 준다.[10] 초타 시그리는 지반에 물이 풍부하게 흐르는 온난 빙하로, 주로 여름에 녹는다는 점에서 알프스의 상아롤라 빙하와도 비슷하다. 나는 맨 처음 아롤라 빙하를 탐사한 이후 20년 만에 소형 산악 빙하를 찾은 터라 여러 면에서 고향에 돌아온 기분이었다.

그러나 네팔 안내인들의 낭랑한 연호 소리를 들으며 초타 시그리에 느릿느릿 오르던 첫 여정은 몹시 힘들었다. 해발 약 4,000미터의 빙하 앞 베이스캠프에서 1,000미터 더 높은 빙하의 가운데 부분까지 올라가는 데 꼬박 한나절이 걸렸다. 암석이 가득한 빙하 전방 지대는 앞으로의 험난한 여정을 예고하는 맛보기에 불과했다. 특히 자동차만 한 커다란 암석이 가득한 거대한 암괴원block field이 거의 알아볼 수도 없을 만큼 더러운 갈색의 빙하 주둥이를 따라 수 킬로미터 이어지면서 빙하를 보호하고 있었다.

이처럼 암설이 많은 이유는 히말라야가 세계에서 가장 빠른 속도의 침식을 겪고 있기 때문이다. 5,000만 년 전 인도판이 유라시아판과 충돌하면서 두 판 사이의 모든 것이 우그러져 아찔한 봉우리들이 형성되면서 침식은 더욱 가속화되었다.

이 아찔한 봉우리들은 계속해서 1년에 1센티미터씩 높아지고 있다. 이러한 상승 운동을 상쇄하는 것은 바람과 비와 눈이다. 풍화 작용에 의해 암석층이 떨어져 나가면서 빙하곡glacial valley에는 암설이 쏟아져 내리고 그 가운데 일부는 이동하는 얼음에 끼어들어 가 결국 빙하의 혀 아래쪽에 쌓이면서 두툼한 암석층을 이룬다. 빙퇴석과 비슷하지만 확연하게 가늘고 긴 퇴적층(즉 빙퇴석)을 이루기보다는 암설의 바다를 이룬다. 이러한 암설의 장막이 히말라야 빙하 표면적의 4분의 1을 뒤덮고 있으며 빙하들이 녹고 후퇴하면서 점점 더 두꺼워지는 듯 보인다.[11]

이런 지형과 타협하며 어지럽게 뒤엉킨 암석과 얼음, 물을 피해 나아가기란 여간 힘들지 않았다. 나는 무려 해발 5,000미터에 달하는 그렇게 높은 고도를 올라 본 적이 없었으므로 걸음을 옮기면서 엄청난 집중력을 발휘해야 했다. 호흡할 때 두세 번에 한 번씩은 마치 하품하듯 입을 크게 벌린 채 공기를 최대한 많이 들이마셔서 지친 팔다리에 산소를 전달하려 노력했다. 남쪽 하늘이 어둑해지더니 이윽고 눈발이 날리기 시작했다. 나는 몹시 괴로웠다. 이제는 다리가 아프기보다 머리가 더 지끈거렸다. 두통을 가라앉히려고 거친 얼음 위에 한참 누워 있기도 했다. '대체 왜 이렇게 괴로운 걸까? 다른 사람들은 나만큼 힘들지 않은 것 같은데.' 나는 여러 번 이렇게 자문했다. 머릿속이 몽롱했고 눈과 얼음 표본을 채취할 방법을 생각하려는데 도무지 판단을 내릴 수 없었다. 내가 눈에 띄게 힘들어하자 저편에서 존 텔링이 외쳤다. "제마, 영국에서는 그러지 않아서 참 다행이네요. 그랬다면 절대 교수가 되지 못했을 텐데!"

길고 힘겨운 여정을 함께 견디며 위험한 강을 건너고 여러 날 함께 별을 본 인도 팀과 영국 팀은 금세 돈독해졌다. 솜과 모니카는 산소를 갈구하며 가파른 빙하 전방 지대를 공략하는 우리의 기운을 북돋워 주었다. 그날 일과를 마치고 다 함께 식당용 텐트에서 책상다리를 하고 둘러앉아 저녁을 먹을 때 그들은 밥과 콩 수프를 허겁지겁 먹는 우리를 보고 놀랐다. 우리가 서양인의 입맛에 맞춰 순하게 조리한 콩 수프에 매운 고추 피클을 넣자 우리의 혀가 그렇게 매운맛에 강할 줄 몰랐다는 듯이 다시 한번 놀라기도 했다. 존 호킹스는 키가 크고 마른 체격 때문에 '롱 존'이라는 별명을 얻었다. 존 텔링은 유난히 추웠던 2015년 그린란드 탐사에서 우리에게 아침 식사가 얼지 않도록 잘 때 통조림 캔을 하나씩 침낭에 갖고 들어가라고 권했다는 이야기를 한 뒤 '콩 사나이'라는 별명을 얻었다. 당시 그는 역겨운 누에콩 통조림과 동침했다. 롱 존과 콩 사나이는 함께 융빙수를 채취하러 가는 모습이 자주 포착되어 캠프 내에서 연인 사이라는 놀림을 받곤 했다.

최근 몇십 년 사이 히말라야 개별 빙하들의 확장과 축소에 관해 수많은 연구가 이뤄졌다. 그러나 이곳의 빙체들은 종류가 워낙 다양한 탓에 논문마다 사뭇 다른 결론을 내리는 경우가 많다. 빙하의 과거와 현재 건강은 전 세계 과학자들이 약 6년에 한 번씩 기후 변화에 관해 이용 가능한 정보를 종합하여 보고하는 유엔 산하 '기후 변화에 관한 정부 간 협의체 Intergovernmental Panel on Climate Change, IPCC' 영향 평가의 일환으로 다뤄지고 있다. 그러나 히말라야 빙하들은 '고산 지역'이라는 포괄적인 범위로 분류되었다. 즉 알프스와 안데스, 열대 아프리카 등 세계 다른 지역의 산악 빙하와 함께 뭉뚱그려 다뤄졌다는 얘기다.[12] 2019년에 이르러서야 카라코룸산맥과 파미르고원, 텐샨산맥, 티베트고원을 포함하는 힌두쿠시 히말라야 지역과 이곳 빙하들에 대해 처음으로 획기적인 영향 평가가 이뤄졌다. 네팔에 기반을 둔 정부 간 지역 연구 기관인 국제 통합 산지 개발 센터 International Centre for Integrated Mountain Development, ICIMOD 가 이끈 이 연구는 5년에 걸쳐 생물 다양성과 기후, 에너지, 식량 안보, 물을 포함해 다양한 주제를 아우르며 여러 결과를 종합하여 전체 지역에 걸친 단일한 평가를 내놓았다.[13] 결론은 최소한 1970년대 이후로 전체 히말라야 산계에서 빙하의 축소가 진행되고 있다는 것이었다. 빙하의 질량 손실은 아시아 몬순의 영향을 받는 동쪽 지역에서 더욱 뚜렷하게 나타난다. 몬순 때문에 눈이 많이 내리는 지역의 빙하들에 온난화는 더욱 달갑지 않은 소식이다. 가장 큰 이유는 빛을 반사하여 용융의 속도를 늦추는 보호구 역할을 하는 눈이 비로 대체되기 때문이다.[14]

일부 과학자들은 히말라야 빙하의 암설 갑옷(나의 초타 시그리 등반을 그토록 어렵게 만든)이 추가적인 융빙을 막아 빙하를 구원할 수도 있지 않느냐는 의문을 제기한다. 그러나 위성 사진을 활용한 최근의 연구들은 암설 덮인 빙하가 깨끗한 빙하에 비해 그리 건강하지 않다는 것을 보여 주는 듯하다.[15] 빙하 표면의 암설이 두터워지면 결국 얼음의 이동은 느려진다. 이렇게 되면 빙하 표면에는 호수가 형성되고 가장자리에는 커다란 얼음 절벽이 나타나는데, 이 두 가지는 융빙에 최적의 조건이다. 이에 따른 추가적인 융빙이 암설층으로 느려진 융빙의 양을 상쇄한다.[16] 암설 덮인 빙하들의 작용에는 이처럼 플러스 요인과 마이너스 요인이 복잡하게 뒤섞여 있으므로 과학자들은 여전히 많은 연구를 진행 중이다.

카라코룸산맥과 서쪽의 쿤룬산맥(티베트고원), 동쪽의 파미르고원처럼 외따로 떨어진 몇몇 지역은 빙하가 축소되는 전반적인 추세를 거스르고 있다.[17] 카라코룸의 빙하들 가운데 상당수는 규모가 클 뿐 아니라 고도가 최대 해발 8,000미터에 달할 정도로 높아서 1년 내내 눈이 내리기도 한다. 이런 곳은 비교적 서늘한 여름 기온과 끈질긴 편서풍이 몰고 오는 많은 눈이 당장 빙하의 건재를 돕고 있는 듯 보인다. 그러나 정확한 이유는 아직 밝혀지지 않았다. 기후 변화로 아시아 몬순의 강도가 변하고 있으며 이와 더불어 여러 가지 현지의 요인들이 작용하고 있을 가능성이 높다. 이를테면 중국 서부 평원들의 관개 확대로 대기에 공급되는 수분이 많아지고 이 때문에 산악 지대에 강설량이 증가하는 것도 한 요인으로 꼽을 수 있다. 그러나 이곳의 빙하가 전진하는 경향도 그리 오래 지속되지 않을 것으로 보인다.

북극과 마찬가지로 이 높은 산악 지대의 기후도 온난해지면서 태양 복사를 우주로 튕겨 내는 얼음과 눈 표면이 사라지고 있다는 점만 보아도 히말라야는 금세기 동안 평균적으로 세계의 다른 지역보다 더 빠르게 온난해질 것이 거의 확실하다. 따라서 설사 어떤 기적이 일어나서 세계 여러 국가가 파리 협정의 가장 야심적인 기준(산업화 시대 이전보다 1.5도 높은 기온)에 따라 미래의 평균 지구 온난화 수준을 낮추는 데 성공한다고 해도 히말라야는 섭씨 약 2도가량 더 따뜻해질 가능성이 있다.[18] 가장 희망적인 시나리오는 우리가 지구 온난화 추세를 최대 평균 섭씨 1.5도로 제한하는 것인데, 이 경우에도 21세기 말까지 히말라야 빙하의 약 3분의 1이 소실된다. 그러나 보다 현실적인 시나리오는 우리가 현재와 같은 속도로 계속 화석 연료를 태우는 것이고, 이 경우 히말라야 빙하의 3분의 2가 소실될 것이다.[19]

그렇다면 히말라야 일대의 주민 수백만 명의 생명선인 크고 하얀 빙하 강들은 어떻게 될까? 단기적으로 2050년경까지는 이 강들로 흘러드는 융빙수가 증가할 것으로 보인다.[20] 현재 빙하는 엄청난 면적을 뒤덮고 있으며 미래의 온난화는 빙하의 눈과 얼음 표면의 용융을 가속화할 테니 말이다. 그러나 21세기 후반에 이르면 용융의 속도가 여전히 빠르다고 해도 빙하들의 크기가 작아져서 그와 같은 유량을 유지할 수 없을 것이다.

결국 이 강들의 연평균 유량이 크게 줄고 이에 따라 가정용수와 농업용수, 수력 발전을 통한 에너지 발전량이 많이 감소할 것이다. 특히 인더스강과 같은 원류는 건조한 여름 동안 융빙수에 크게 의존하기 때문에 더더욱 그럴 수밖에 없다. 이런 흰 강들은 마르기 시작할 것이다. 몬순의 영향을 받는 지역에서는 융빙량이 줄면 비의 중요성이 상대적으로 커질 거라고 생각하기 쉽지만 문제는 이 지역의 비는 얼음의 용융처럼 지속해서 물을 공급하기보다는 예측할 수 없이 폭발적으로 쏟아진다는 것이다. 따라서 지역민들은 언제 수도꼭지가 열리고 잠길지 알 수 없다.

초타 시그리 베이스캠프에서 지내는 내내 생의 원천으로서 융빙수가 얼마나 중요한가 하는 생각이 내 머릿속을 떠나지 않았다. 어디서든 우리의 캠프를 지나 결국 인더스강으로 흘러가는 요란한 하천의 소리에 귀가 먹먹했다. 그러나 이 좁다란 생명선 너머, 모래와 자갈, 표석들이 빙퇴석과 거대한 애추(부채꼴 암설 퇴적지)를 이루거나 그저 무질서하게 흩어져 있는 땅은 물을 갈구했다. 물은 생명을 주며 물이 없으면 생명은 끊어진다. 이곳에서는 이 기본적인 진리가 인간의 삶의 거의 모든 면을 지배한다. 히말라야 사람들에게 물과 빙하가 심오한 종교적 의미를 갖는 것은 바로 이런 이유 때문이다.

갠지스강은 아마도 세계에서 가장 신성한 강일 것이다. 많은 힌두교도들은 이 강을 어머니 여신으로 여기고 이 강이 죄를 씻어 준다고 믿으며 '어머니 강가Ganga Ma'라고 부르기도 한다. 갠지스강은 인도와 티베트 사이의 국경 근처, 우타라칸드의 강고트리 빙하Gangotri Glacier 주둥이에 자리한 얼음 동굴에서 발원한다. 이곳은 해마다 수천 명의 힌두교도가 성수로 목

욕하기 위해 몰려드는 성지이기도 하다. 그러나 얼마 전까지만 해도 힌두교에서 가장 숭배하는 강은 인더스강이었다. 사실 '인더스'라는 단어는 '강'을 뜻하는 고대 산스크리스어 '신두sindhu'에서 파생했으며, 여기서 '힌두Hindu'와 '힌두스탄Hindustan'이 파생하고 고대 그리스어를 거쳐 인도를 뜻하는 '인디아India'가 되었다.[21] 1947년 인도가 독립을 이루고 파키스탄과 분리된 이후 인더스강이 주로 파키스탄 영토로 들어가면서 인도의 물 숭배는 갠지스강으로 옮겨 갔다.

내게는 이러한 영성과 물의 관계가 흥미롭게 느껴졌다. 빙하와 샘이 정화와 생명 잉태의 힘을 가진 살아 있는 여신의 영역이라는 발상은 더없이 매력적이었다. 그렇지 않아도 얼마 전 파타고니아를 힘겹게 탐사하면서 눈에 보이거나 손에 잡히거나 오감으로 느낄 수 없는 무언가가 존재할지도 모른다고 생각했기 때문이다. 얼음으로 뒤덮인 황무지에서 나는 이따금 인간이나 땅에 속하지 않은 모종의 기운, 모종의 생명력을 느꼈다. 산들바람이 구름을 밀어 올리고 높게 솟은 봉우리들을 넘나들며 장난을 칠 때나 태양이 높이 떠올라 어둡고 추운 그늘을 비추며 잠시나마 온기를 내줄 때, 또는 이따금 빙하 가장자리에서 무언가가 살금살금 움직일 때. 이런 기운은 대개 1초도 안 되어 사라졌지만 어떤 고귀한 존재가 손을 뻗고 있는 것 같다고 느끼기에 충분했다.

나는 과학자이지만 이런 믿음을 배척하지 않는다. 자연계에는 과학으로 설명할 수 없는 수많은 현상이 존재한다. 설명할 수 없다고 해서 실제로 일어나지 않는 것은 아니다. 내 삶에서도 그런 일이 일어났다. 2013년 여름, 어머니가 세상을 떠나고 일주일 뒤 나는 어머니와 기막힌 대화를 나눴다. 당시 나는 슬픔에 잠긴 채로 어두한 어느 영매의 방에 앉아 있었다. 달콤하고 진한 향냄새가 방 안을 가득 메웠다. 내게는 보이지 않지만 영매에게는 보이는 영혼이 나타나 자신이 내 어머니라며 실제 어머니의 이름을 말했고 어머니의 병명과 마지막에 느낀 감정도 정확히 묘사했다. 심지어 내가 어머니의 결혼반지를 끼고 있다는 사실도 알았다. 나는 사람이 죽으면 실제로 한 영역에서 다른 영역으로 옮겨 가는 것인지도 모른다고 생각하며 그곳을 나왔다. 그때까지 나의 세계관이 지극히 일차원적이었다는 생각에 마음이 불편했다.

파키스탄 카라코람 북부의 길기트-발티스탄이라는 지역에서는 많은 이들이 빙하를 살아 있는 존재로 간주하고 성별로 구분하기도 한다. 어둡고 느리게 이동하며 물을 거의 내주지 않는 빙하(암설 덮인 빙하)는 남성이고 흰색이나 푸른색으로 빛나고 많은 물을 내주는 빙하(깨끗한 빙하)는 여성이다.[22] 현지인들은 고대부터 이 두 빙하의 얼음 조각들을 섞어 은신처, 이를테면 산의 동굴 따위에 넣고 곳곳에 물이 담긴 박들을 놓아둔다. 겨울이 되면 박 속의 물이 얼고 팽창하여 박이 깨지고 이 물로 얼음덩어리들이 커진다. 단열을 통해 얼음이 녹는 것을 막기 위해 숯이나 나뭇가지 또는 천 같은 재료로 감싸기도 한다. 이런 식으로 여성 빙하는 남성 빙하에 의해 '수태'하고 이후 몇 해의 겨울을 거치면서 새 빙하가 자란다. 인도 북부의 춥고 건조한 라다크 지방에서는 다른 방식의 빙하 번식이 이뤄진다. 공학자인 소남 왕추크Sonam Wangchuk가 개발한 방법으로, 여름에 융빙수를 저장했다가 겨울에 파이프를 통해 계곡으로 흘려보내면 영하권인 허공에 고압으로 분사된 물이 얼어 '스투파stupa'라는 둥근 모양의 얼음 피라미드가 형성된다. 스투파는 이와 비슷한 형태의 불교 '사리탑'을 뜻하는 이름이다.[23] 스투파는 마을 가까이에 만들어지며 봄에 빙하가 녹기 전, 즉 지역 주민들이 자주 물 부족을 겪는 시기에 먼저 녹는다. 이러한 인공 빙하는 해마다 다시 만들어야 하지만 물 공급이 원활하지 않은 시기에 큰 도움이 된다.

초타 시그리 앞의 암석 지형도 건조한 지역이다. 우리의 캠프는 높은 지대에 불안정하게 서 있는 듯 보이지만 실제로는 놀랍도록 견고했다. 깨끗해 보이는 흰색 이동식 가건물 안에는

2층 침대들이 놓여 있었고 그 뒤의 울퉁불퉁한 빙퇴석 안쪽에는 튼튼한 석조 오두막이 자리했으며 그 주위로 우리의 텐트들이 펼쳐져 있었다. 나는 이전에 파타고니아에 가져갔던 값비싼 텐트를 챙겼다. 파타고니아에서는 밤이 되면 마치 스프링클러를 틀어 놓은 듯 머리 위로 작은 물방울이 떨어져 내렸지만 높은 히말라야 고지에서 이 작고 둥근 '관'(내 제자인 매슈 마셜Matthew Marshall이 붙여 준 별명이다)은 완벽한 잠자리였다. 이곳에서는 물방울이 맺히기는커녕 태양이 산을 넘어간 뒤 빙하 앞을 휩쓰는 매서운 추위를 막아 주는 안락한 은신처가 되어 주었다.

그럼에도 일주일 남짓 초타 시그리에 머무는 동안 나는 거의 잠을 이루지 못했다. 산소를 양껏 들이마시고픈 갈망이 끊이지 않았고 뒷골의 무지근한 통증도 사라지지 않았다. 동이 트면서 컴컴했던 천막이 푸르스름하게 변하기 시작하면 안도감이 밀려들었다. 나는 좁고 긴 천막 안에서 좀 더 넓은 공간으로 기어 나와 옷을 잔뜩 껴입었다. 이런 곳에서는 다운재킷 두 벌을 껴입는 것이 필수였다. 그런 뒤 밖으로 나와 먼저 존 텔링을 확인하러 갔다. 그는 텐트를 치지 않고 내 관에서 10미터쯤 떨어진 곳에 커다랗게 튀어나온 표석 아래 긴 틈 속에서 카키색 라트비아 군용 침낭에만 온기를 맡긴 채 잠을 청했다.

그 침낭이 어떤 텐트보다도 낫다고 단언했지만 어느 날 아침에는 밤사이 꽤 쌀쌀하더라고 솔직하게 털어놓기도 했다. 그러나 피트 니노에 비하면 우리 둘의 잠자리는 양호한 편이었다. 피트는 인도 동료들에게 텐트를 빌렸는데 초타에서 수많은 계절을 보낸 이 텐트는 폭풍이 몰아치는 어느 밤 거센 바람을 이기지 못하고 결국 그의 코 위로 털썩 무너져 내렸다. 현명한 인도 파견대는 이동식 가건물을 잠자리로 택했고 우리가 나올 때쯤에는 이미 일어나서 한창 돌아다니고 있었다. 늘 웃는 얼굴의 네팔 안내인 중 한 명이 아침마다 김이 모락모락 나는 맛있고 달콤한 레몬차를 알루미늄 컵에 담아 내주었다. 나는 부드러운 황금빛 햇살이 암석 지형을 서서히 비추는 광경을 보며 표석에 올라앉아 아침을 먹곤 했다.

인도 동료들은 우리의 식습관을 걱정하며 팬케이크에서부터 귀리죽, 계란을 넣은 빵에 이르기까지 온갖 서양식 아침 식사를 준비하려고 무던히 애를 썼고, 우리는 콩 수프와 차파티도 좋아한다고 열심히 그들을 설득했다. 우리는 현장 탐사를 할 때 늘 스스로 음식을 준비하는 데 익숙했으므로 극진한 대접을 받은 것이 무척 어색하게 느껴졌다. 인도 동료들은 여자들의 편의도 세심하게 챙겼다. 그들은 이렇게 높은 곳에 물탱크와 물 내림 레버까지 갖춘 세라믹 변기를 끌고 올라와 캠프 아래쪽 작은 텐트에 설치해 놓았다. 그런 호사는 어디서도 누려 보지 못했다.

어느 날 아침 나는 캠프를 돌아다니다가 인상적인 광경을 보게 되었다. 울타리가 둘려 있는 2~3미터 폭의 작은 땅에서 껍질콩 작물이 싹을 틔운 것이었다. 네팔인 캠프 관리자인 아디카리Adhikari는 양과 염소의 똥을 사용해 이곳에서 콩을 키울 수 있는지 시험해 보고 싶었다고 설명했다. 그 말을 듣고 나는 가슴이 설렜다. 한때 초타 시그리가 자리했던 곳의 빙하 퇴적물에서 콩이 자라다니. 그린란드 빙상에서 나온 빙하분에 인과 칼륨 같은 물질이 들어 있었다는 사실이 떠올랐다. 이러한 물질은 태양이 비추는 해수면을 떠다니는 작은 식물성 유기체를 지탱할 수 있었다. 이 높은 산지는 바다와 멀리 떨어져 있었지만 초타 시그리의 빙하분은 자갈과 표석만 가득한 환경에서 껍질콩이 성장하는 데 필요한 양분을 제공하는 듯 보였다. 문득 궁금해졌다. 이 빙하분을 고국으로 가져가서 농작물을 키워 보면 어떨까?

1년 뒤 빙하뿐 아니라 식물에도 보기 드문 열정을 가진 세라 틴지의 도움으로 우리는 브리스틀 대학 생명 과학관 옥상의 온실을 점령했다. 영양분이 거의 없는 모래 혼합물에 초타 시그리 빙하분 1~2그램을 섞은 화분들에서 금세 콩 작물 수백 그루가 힘차게 싹을 틔웠다. 빙하학과 식물학의 만남이라니, 누가 상상이나 했겠는가? 빙하분은 기성 화학 비료와 똑같이 콩의 성장을 돕는 듯했다. 그러나 화학 비료는 농지를 서서히 퇴화시키고 지하수와 하천을 오염시킨다는 단점이 있다. 토양에 유기물이 있는 땅에서는 전반적으로 식물이 잘 자라지만 성장을 촉진하기 위해서는 추가적인 영양이 필요하다. 특히 식물이 죽고 분해되어 귀한 유기물이 되도록 방치할 계획이 아니라 식용 식물을 수확할 계획이라면 더욱 그렇다.

빙하분은 암석에서 나오는 영양분을 제공할 수 있다. 문제는 암석에 질소가 많이 들어 있지 않다는 것이다. 파타고니아와 그린란드 피오르의 식물 플랑크톤에도 융빙수는 같은 이유로 문제가 되었다. 질소가 충분하지 않다는 것. 그러나 질소가 필요하지 않는 작물을 고른다면, 예를 들어 콩과 식물처럼 영리하게 스스로 질소를 고정할 수 있는 식물을 고른다면 염소 배설물과 같은 유기물을 조금만 첨가해 주어도 잘 자랄 것이다. 히말라야의 빈곤한 농업 지역의 퇴화한 농경지도 빙하분으로 비옥하게 만들 수 있지 않을까 하는 희망이 움텄다.

여기서 좀 더 범위를 확장해 보자. 빙하들이 후퇴하고 있다면 새로 노출된 땅에서 빙하분을 양분으로 삼아 식물을, 심지어 농작물을 키울 수도 있지 않을까? 실제로 빙하 전방 지대를 보면 이미 이런 일이 일어나고 있다는 단서를 찾을 수 있다. 어떤 빙하든 인근에는 갓 쇄설된 퇴적물이 쌓여 있게 마련이다. 얼마 전까지 얼음 밑에 깊이 감춰져 있던 이 퇴적물에는 유기물과 질소가 충분하지 않아서 아무것도 자랄 수 없다. 그러나 빙하에서 좀 더 멀리 가서 더 오래전에 떨어져 나온 빙하분이 자리한 곳에서는 얘기가 달라진다. 미생물이나 이끼처럼 비교적 강인한 생물이 들어와서 자라기 시작하고 이런 생물이 삶과 죽음을 되풀이하면서 토양에는 서서히 유기물이 쌓인다. 대기에서 질소를 얻어 세포를 구성한 미생물이 죽으면 그 질소가 토양에 더해진다.[24] 시간이 가면서 서서히 작은 식물과 큰 식물, 관목, 나무가 차례차례 들어온다. 이처럼 같은 장소에서 시간의 흐름에 따라 식물 군집이 변화하며 생태계가 발달해 가는 것을 '천이succession'라고 일컫는다.

황무지처럼 보이는 빙하 전방 지대에도 이처럼 새로운 지표면의 자연적인 정착이 끊임없이 일어나고 있으며 빙하의 주둥이들이 계속 후퇴하면서 이런 현상은 더욱 증가할 것이다. 네팔과 일대의 산지를 촬영한 위성 사진을 분석한 결과 이미 히말라야의 교목 한계선과 그 위쪽 설선 사이 지표에 '녹화'가 일어나고 있는 것으로 드러났다.[25] 이러한 변화는 내가 빙하학자가 된 시기와 거의 맞물리는 1993년부터 시작되었다. 이는 이전까지 한랭했던 지역에서 식물이 자라고 있으며 이러한 식물은 추정컨대 빙하분 같은 영양분을 이용하고 있음을 시사한다. 이처럼 높은 지대에서 식물이 자연적으로 성장한다면 콩과 같은 작물을 인공적으로 재배하지 못할 이유가 없지 않은가? 이런 가능성은 점차 높아지는 듯 보인다. 대략 지난 50년에 걸쳐 온난화는 히말라야 전역의 식물 성장 시기를 10년에 약 4일씩 연장하고 있다.[26]

그러나 물 공급은 여전히 큰 문제로 남아 있다. 지금까지 보았듯이 이 지역의 여러 하천에 물을 공급하는 '수도꼭지' 융빙수는 금세기 후반이면 약화되어 하천의 유량이 줄고 갈수록 예측 불가해질 것이다. 이러한 위기를 미연에 방지하기 위해 아시아 국가들은 주요 강에 댐을 건설해 물을 저장하고 수력 발전을 하는 야심 찬 계획을 내놓고 있다. 인도는 히말라야의 여러 강을 포함해 아대륙 각지의 강 44개를 9,600킬로미터의 운하로 연결하는 '전국 하천 연결National River Linking' 프로젝트를 과감히 출범했다.[27] 댐과 저수지는 말하자면 세면대의 플러그와 같은 역할을 할 수 있다. 융빙수와 비의 양이 줄어도 물을 저장했다가 건조한 시기에 사용할 수 있다는 뜻이다.

그러나 안타깝게도 이런 거대한 인공 저수지는 전 세계 하천의 범람원에서 농업을 이어가는 데 중요한 빙하분 같은 퇴적물을 가두기도 한다. 파타고니아의 호수들처럼 말이다. 하천이 실어 오는 풍부한 충적토는 여러 문명의 토대를 이루기도 했다. 고대 이집트가 좋은 예다.[28] 오늘날 나일강은 대규모의 댐 프로젝트 때문에 퇴적물을 거의 실어 나르지 못한다. 이런 세상에서는 파라오들도 고군분투했을 것이다.[29] 댐에 축적된 퇴적물을 가져다가 하류에서 사용할 수도 있지만 그렇다면 애초 댐을 건설하지 않는 편이 낫지 않을까? 히말라야산맥은 녹화되고 있고 새로이 노출된 지역들은 농업에 이용될 수도 있지만 물 공급 문제는 절대 녹록지 않을 것이다. 빙하의 용융은 기후 변화의 커다란 시한폭탄 가운데 하나이며, 특히 극도로 취약한 이들에게 영향을 미칠 것이다. 아이러니하게도 이런 곳의 주민들은 이산화탄소를 많이 배출하지 않는데 말이다.

초타 시그리에서의 마지막 날, 우리는 델리의 평원으로 돌아가기 위해 커다란 상자들과 배낭들을 챙겨 다시 찬드라강을 건넜다. 나는 마치 모종의 상실을 겪기라도 한 듯 마음이 무거웠다. 걸음은 점점 느려졌고 결국 행렬의 맨 뒤로 물러나 덜컹거리는 공중그네에 마지막으로 몸을 실었다. 이번에는 편안하게 올라탄 뒤 나를 태운 그네가 기울어지며 암벽을 떠나 허공에 매달리는 짜릿한 순간을 기대했다. 하얀 거품을 내며 흘러가는 강물 위로 금속 그네가 마치 추처럼 흔들거리며 덜컥덜컥 느리게 끌려갔다. 그러는 내내 나는 들쭉날쭉한 고봉들을 주시하며 머릿속에 새겨 넣으려고 노력했다. 높게 솟은 봉우리들의 윤곽, 다른 색의 천을 번갈아 이어 붙인 듯 풍경을 수놓는 빛과 그늘, 허공을 빙글빙글 돌다가 도랑으로 사라지는 눈발까지도. 건너편에 도착하자 피트가 재미있다는 듯이 내게 말했다. "제마, 빙하 쪽을 보고 뒤로 앉아서 강을 건넌 사람은 아무도 없다는 거 알아? 다른 사람은 모두 정면을 보고 앉았거든!" 나는 미처 몰랐다. 작별 인사를 하느라 정신이 없었던 탓이다.

7. 마지막 얼음

코르디예라 블랑카

나의 코르디예라 블랑카 탐사는 하마터면 세상에 없었을지도 모른다. 페루 빙하 탐사는 처음이 아니었지만 코르디예라 블랑카 탐사는 뇌 수술 이후 처음 떠난 여행이었다. 인도에서 시작된 두통은 2018년 10월 파타고니아에 도착했을 때 한층 더 악화되었지만 나는 여전히 모른 척했고, 이후 졸도와 다리 마비, 시력 퇴화가 동반되었다. 크리스마스 직전에 병원으로 실려 가서야 귤만 한 양성 종양이 뇌를 압박해 나를 죽음으로 몰아가고 있었다는 사실을 알게 되었다.

현장 탐사를 할 때 극심한 불편도 잘 참아 내는 습성이 오히려 병을 키운 셈이었다. 어느 날 저녁 나는 집의 계단참에서 정신을 잃고 뒤로 넘어가 커다란 유리판에 부딪혔다. 하필 얼마 전에 새로 맞춰서 벽에 세워 놓은 사진 액자였다. 정신이

들었을 때 나는 '아침 먹어야지' 하고 생각했지만 어째서인지 머리를 움직일 수 없었다. 내 머리가 유리판을 깨고 그 안으로 들어갔고 날카로운 가장자리가 살을 파고들어 목으로 피가 흘러 내렸다.

나는 당시 공적인 자리에서 나름대로 증상을 숨기는 요령을 익히고 있었다. 회의가 끝난 뒤 자리에서 일어서면 눈앞이 컴컴해지고 다리에 감각이 없으며 귀에서 사이렌 소리가 울렸지만, 고개를 돌리고 창밖을 응시하며 풍경을 감상하는 척했다(기껏해야 비 내리는 브리스틀 풍경이었는데 말이다). 하지만 어째서인지 병원에 가 볼 생각은 하지 않았다. 아마도 귀찮았을 것이다. 혹은 두려웠거나. 동료들을 실망시키고 싶지 않아서였는지도 모른다. 그러나 어쩌면 내가 겪는 증상들이 얼마 전 암이 뇌로 전이되어 세상을 떠난 어머니의 증상과 비슷했기 때문일지도 모른다. 솔직히 나도 왜인지 알 수 없다.

급히 수술을 받았다. 어제까지만 해도 학과 회의를 주도하던 내가 갑자기 머리를 열고 수술대에 엎드려 있었다. 뇌에 문제가 생겨서 좋은 점은 어쩔 수 없이 일을 쉬어야 한다는 것, 그래서 생각할 시간이 많아졌다는 것이다. 하지만 회복기에 나는 사랑하는 래브라도 포피와 함께 칙칙한 잿빛 겨울의 브리스틀을 산책하며 우울한 시간을 보냈다. 뇌 수술을 받고 무사히 살아났다는 기쁨도 잠시뿐, 곧 트라우마와 함께 수많은 감정이 한꺼번에 밀려들어 속이 뒤틀릴 지경이었다. 나는 삶의 의미를 붙들고 늘어졌다. 그동안 내게 만족감을 주거나 내 정체성의 일부를 이루었던 모든 것이 마치 오래된 페인트칠처럼 한 겹 한 겹 벗겨지며 서서히 고통스럽게 사라지는 듯했다. 나는 누구인가? 무엇을 신봉하는가? 마치 껍데기가 모두 벗겨지고 나의 실체, 그러니까 야망에 휩싸여 삶과 일의 컨베이어 벨트에 올라타기 전의 실체가 드러난 것 같았다.

다행히 내가 지금까지 무엇을 했는지, 앞으로 무엇을 하게 될지 아무것도 확신할 수 없는 상황에서도 빙하를 향한 열정은 식지 않았다. 어느 순간 나는 살아 있는 동안 내가 알아낸 것들을 가급적 널리 알리려면 어떻게 해야 할까 조심스럽게 궁리하기 시작했다. 덕분에 다시 계획을 세울 수 있었다. 그러던 중 집 근처에서 이상한 체육관을 발견했다. 유난히 괴이하고 다정한 사람들이 많았고 그중에는 코듀로이 바지와 빳빳하게 다린 셔츠 차림으로 세월을 거스르고 근육을 단련하겠다며 찾아오는 노인들도 있었다. 내게는 더없이 좋은 곳이었다. 나는 날마다 바벨을 들기 시작했고 특히 수술할 때 자른 두개골 주위의 목 근육을 강화하려고 노력했다. 그러면서 서서히 나는 튼튼해졌다.

머리는 몸처럼 빠르게 회복되지 않았다. 인지 검사 결과 내 기억력의 일부는 전체 인구의 하위 2퍼센트에 속했다. 빙하학 교수에게는 썩 좋은 상황이 아니었다. 대화할 때면 말이 잘못 튀어나오기 일쑤였다. 더 참혹한 사실은 이제 지도를 읽을 수 없다는 것이었다. 논문 저술 능력에도 영향이 미칠 수밖에 없었다. 나는 이제 학술적인 글을 쓰는 데 필요한 정확성과 심도를 발휘할 수 없는 듯했다. 그러던 어느 날 다른 일을 시도해 보기로 결심하고 난생처음으로 빙하와 함께한 내 삶에 관해 글을 쓰기 시작했다. 내가 무엇을 할 수 있고 무엇을 할 수 없는지 예측할 수 없는 상황에서 나만의 비밀 프로젝트를 시작한 것이다. 그리고 그것은 굉장한 해방감을 안겨 주었다.

수술을 받고 8개월 뒤, 아직 100퍼센트 회복되지 않았지만 다시 빙하를 탐사해야 한다는 생각이 들었다. 나의 브리스틀 연구팀은 최근 스발바르 연구로 박사 과정을 끝내고 기분 전환을 위해 사람들과 함께 얼음을 찾아 떠나는 프로젝트에 합류하고 싶어 하던 박사 후 과정 연구생 모야 맥도널드 Moya Macdonald의 주도로 수개월 전부터 페루 탐사 여행을 계획하고 있었다. 결단력이 대단한 모야는 프로젝트의 실질적인 세부 사항을 해결하는 동시에 과학 문제를 지적으로 탐구할 수 있는 뇌를 가졌다. 그녀가 없었더라면 나는 어떤 탐사에도 합류하지 못했을 것이다. 우리는 이미 1년여 전에 위태로운 상황에 처한 코르디예라 블랑카의 빙하들을 탐사하기 위한 기금을 따낸 뒤 줄곧 이 프로젝트를 고대하고 있었다. 그러다 나의 뇌수술이 끼어든 것이다.

다시 탐사대에 합류하는 일이 두렵지 않았던 것은 아니다. 나는 여전히 감정의 격랑에 시달리고 있었고, 친구들이 별 뜻 없이 던진 가벼운 물음이 걱정을 부추겼다. "제마, 정말 페루에 가도 괜찮겠어?" "의사들은 뭐래?(참고로, 솔직히 나는 의사들에게 의견을 물어보지 않았다!)" 큰 수술을 받았으니 다시 원정대를 이끄는 일은 내게 적합하지 않다고 생각했다. 예전처럼 문제를 제대로 해결할 수 없다면 어떻게 한단 말인가? 오랜 시간 일할 수 없다면? 내가 힘들어하는 것을 사람들이 눈치챈다면? 내 머리가 5,000미터 고도를 견디지 못한다면? 균형 감각이 떨어져서 바위에서 중심을 잃고 급물살에 휩쓸려 죽는다면? 걱정이 태산이었다. 이상한 얘기 같지만 마치 내 어깨에 파충류 한 마리가 올라앉아 끊임없이 귀에 속삭이며 두려움을 증폭시키는 것 같았다. 하지만 마음속 깊은 곳에 자리한 강한 의지가 이 녀석의 입을 다물게 했다.

모야와 나는 2019년 7월 구름이 잔뜩 낀 우중충한 날에 리마에 착륙해 우리의 공동 연구자인 라울 로아이사무로Raúl

Loayza-Muro와 그의 조교인 피오레야 라 마타Fiorella La Matta를 만났다. 라울은 2018년 3월 리마에서 열린 페루 빙하 관련 연수회에서 우연히 만난 적이 있었다. 외로운 물 화학자였던 우리는 결국 한 테이블에 앉아 현장 경험담을 공유하고 페루의 빙하 후퇴가 하천의 수질에 미치는 영향을 탐구하는 프로젝트를 궁리했다. 라울은 내가 이전에 만나 본 어떤 과학자보다도 느긋했고 독한 피스코 사워(페루산 브랜디 피스코에 여러 가지를 첨가해 만든 칵테일—옮긴이)를 잘 만드는 데다 어떤 상황에서든 상대를 웃게 만드는 재주가 있었다. 그는 곧 우리에게 귀한 재원이 되었다.

코르디예라 블랑카에 가려면 먼저 차를 타고 여덟 시간 동안 골이 울릴 만큼 덜덜거리는 길을 달려 북쪽으로 가야 했다. 리마를 빠져나가는 혼잡한 고속도로에서 우리의 차는 마치 거대한 짐승에게 물렸다가 도망치기를 반복하는 먹잇감처럼 수도 없이 가다가 멈춰 서기를 되풀이했다. 끝없는 차량 정체 때문에 정말이지 아무 데도 가지 못할 것 같았다. 그러나 두 시간 뒤 마침내 우리는 리마를 빠져나갔다. 오른쪽에는 해안 사막의 칙칙한 모래밭이 펼쳐졌고 왼쪽으로는 바다가 보였다. 바다 안개에 젖어 군데군데 연녹색을 띠는 누런 모래 언덕들이 굽이굽이 이어졌다. 평평하고 먼지가 가득한 사막을 지나자 건조한 산지가 나타났다. 산비탈은 우기 동안 지표수가 깎아 놓은 듯했다. 누런 먼지와 잿빛 먼지가 섞인 숨 막히는 연무에 시야가 흐릿했다. 내게는 '제대로 된' 첫 사막 탐험이었지만 어째서인지 간헐적으로 흐르는 물과 영하의 기온에서 생명이 살아남으려고 안간힘을 쓰는 서식지인 빙하 주변의 불모지가 떠올랐다.

약 네 시간 뒤 우리는 해안 고속도로를 빠져나가 코르디예라로 느릿느릿 올라가기 시작했다. 우주에서 보면 이 높은 산맥에는 동쪽의 코르디예라 블랑카('하얀 산맥'이라는 뜻이며, 얼음으로 덮여 있다)와 서쪽의 코르디예라 네그라(얼음이 없는 '검은 산맥')를 나누는 뚜렷한 단층선을 따라 페루 북부를 북북서―남남동으로 가로지르는 인상적인 하얀 물줄기가 있다. 우리는 땅거미가 내려앉을 무렵 이 산맥 근처에 도착했다. 위도상 열대 지역에 속하는 지역으로 해가 저녁 여섯 시쯤 떨어졌다. 사륜구동 뒷자리에 구겨 탄 채 구불구불한 도로를 올라가면서 속을 게워 내지 않으려고 안간힘을 쓰던 나는 그제야 저 멀리 고요하고 잔잔한 코노코차 호수Lake Conococha를 굽어보는 코르디예라 남부의 얼음 덮인 봉우리들을 발견했다(산으로 에워싸인 코노코차 호수의 이름은 케추아어로 '따뜻하다'는 뜻의 '쿠녹cúnoc'과 '호수'라는 뜻의 '코차cocha'에서 유래한 것으로 보인다. 서쪽 언저리에 온천수가 나오기 때문이다). 아름다웠지만 한편으로는 충격적이었다. 이곳의 산악 빙하들은 내가 본 어떤 얼음덩어리보다도 작았다. 정상을 향해 한참 후퇴한 채로, 석양 속에서 짤막한 빙하의 혀들이 분홍빛으로 반짝거렸다.

열대 지방의 빙하는 대부분 작고 고도가 높으며, 가급적 낮은 고도에서 빙결이 시작되어야 건재할 수 있기 때문에 기후 온난화에 특히 더 민감하다.[1] 페루에서는 1600년대 중반에서 후반 사이에 소빙기가 절정에 달했지만 그 뒤로 안데스산맥의 기후는 점차 따뜻해졌고 20세기 후반기에는 10년에 섭씨 약 0.3도씩, 즉 전 세계 평균 온난화 속도의 다섯 배에 달하는 속도로 기온이 올라갔다.[2] 이 지역 빙하들의 강설량은 지난 30년 동안 약간 증가했지만 용융을 상쇄할 만큼은 아니었다. 그 결과 지난 20년 동안 코르디예라의 빙하는 무려 30퍼센트 감소했다.[3] 지역 기후를 컴퓨터로 모델링한 결과, 우리가 온실가스 배출량을 지금과 같은 수준으로 유지한다면 21세기 말에는 최고봉들을 덮은 소량의 얼음을 제외하고는 이곳의 모든 빙하가 사라진다는 예측이 도출되었다.[4] 반면 과단성 있는 집단적 노력으로 2100년까지 탄소 배출량을 0으로 줄일 경우 컴퓨터 모델링의 예측 결과는 훨씬 더 긍정적이다. 빙하의 감소는 계속될 전망이지만 코르디예라 블랑카의 빙하 중 절반이 남을 것으로 보인다.

많은 곳에서 빙하가 아주 작은 크기로 줄긴 했지만 이곳의 빙하들은 여전히 지역민들에게 중요한 수원의 역할을 한다. 열대 기후에서는 연중 기온에 큰 변동이 없지만 건기와 우기가 있으며 강수량의 70~80퍼센트가 10월에서 4월 사이에 집중된다.[5] 따라서 건기에 끌어올 물을 어딘가에 저장해 놓아야 하는데, 빙하가 거대한 얼음 저수지의 역할을 하는 것이다. 이곳 안데스산맥에서 위쪽에 자리한 빙하들에는 우기에 주로 눈이 내리지만, 1년 내내 따뜻한 날씨가 계속되는 열대 지방이다 보니 낮은 고도의 빙하의 혀들은 건기에든 우기에든 녹게 마련이다. 반년 동안 빙하가 녹지 않고 보호받는 알프스와는 상황이 다르다. 알프스의 겨울은 춥기 때문에 얼음이 많이 녹지 않고 빙하의 배수 시스템이 차단된다. 페루의 문제는 지난 20~30년 동안 빙하들이 너무 작아진 탓에 물 가용성이 감소 곡선을 그리고 있다는 것이다. 파타고니아와 히말라야를 비롯한 세계 다른 지역에서는 빙하의 용융 속도가 빨라지면서 융빙수의 공급량은 증가하고 있다. 그러나 당연히 이런 곳에서도 빙하가 계속 줄어든다면 결국 융빙수가 감소할 것이다.[6]

코르디예라 블랑카는 얼음 덮인 최대의 열대 산맥으로 세계 열대 빙하의 4분의 1을 품고 있다. 20년 동안 극지나 극지

인근을 돌아다닌 내게는 '열대 빙하'라는 개념이 무척 흥미로웠다. 그뿐만 아니라 안데스 고지대 빙하들의 융빙수는 굉장한 수수께끼를 품고 있었다. 이런 융빙수가 흘러드는 하천들은 그동안 내가 살펴본 그 어떤 하천과도 다른, 매우 이상한 화학 구성을 보였다. 대개는 산성도가 매우 높았다. 인간의 위나 레몬즙과 비슷한 수준(약 pH 2~3)의 산성일 뿐 아니라 비소와 납 같은 중금속의 농도가 매우 높아서 독성을 띠었다. '절대' 마실 수 없는 물이었다. 왜 이렇게 되었을까? 많은 과학자들은 빙하의 후퇴와 연관 지었지만 그 두 가지가 어떻게 연결되는지 나는 이해할 수 없었다. 지금껏 내가 연구한 다른 모든 빙하 강들은 어떤 암석을 지나왔든 중성이거나 알칼리성이어서 빙하분을 걸러 낸다면 음용할 수도 있었다. 이 미스터리를 풀기 위해서는 코르디예라 블랑카와 이곳의 빙하들이 애초 어떻게 생겨났는지 파헤쳐야 한다는 것을 금세 깨달았다. 즉 시간을 거슬러 올라가야 했다.

많은 지질학자들은 코르디예라 블랑카의 존재 자체를 의아하게 여기며 오늘날까지 그 형성 과정을 놓고 논쟁을 벌이고 있다.[7] 수수께끼의 핵심은 이 산맥이 별개의 두 지각 덩어리, 즉 남아메리카를 포함하는 동쪽의 남아메리카판과 주로 바다에 있는 서쪽의 나스카판에 걸쳐 있다는 사실이다. 이 두 판은 적어도 지난 2,000만 년에 걸쳐 서서히 수렴해 왔다. 나스카판이 해안 지역에서 남아메리카판 밑으로 가라앉는(섭입) 수렴 현상으로 안데스산맥이 형성되었다. 그러나 이제 우리는 코르디예라 블랑카가 불과 500만 년 전 지각이 늘어나는 현상, 즉 정단층으로 형성되었다는 것을 알아냈다. 정단층이란 단층면을 경계로 한쪽은 미끄러져 내려가고 다른 쪽이 위에 남게 되는 단층 현상을 말한다. 그 결과 서쪽의 코르디예라 네그라는 아래로 내려가 낮은 층이 되었고 동쪽의 코르디예라 블랑카는 좀 더 어두운 이웃의 위쪽에 '하반'으로 솟아 있다.

두 산맥은 서로 완전히 다르다. 동쪽의 코르디예라 블랑카의 봉우리들을 뒤덮은 빙하들에는 아마존강에서 나온 신선한 눈이 해마다 2~3미터씩 내린다.[8] 코르디예라 블랑카의 비그늘에 자리한 서쪽의 코르디예라 네그라에는 빙하를 형성할 만큼 수분이 충분하지 않다. 서로 매우 대조적인 이 두 산맥 사이에는 주민들에게 중요한 수원이 되는 산타강이 단층면을 따라 흐른다. 남에서 북으로 흐르는 이 강은 많은 빙하에서 나오는 융빙수를 집수하여 암반을 깊이 깎으며 태평양으로 흘러간다.

이 지역 빙하 하천들의 독성을 이해하려면 이곳의 복잡한 지질을 짚고 넘어갈 필요가 있다. 약 1,300만 년 전에서 500만 년 전 사이에 지하 깊은 곳에서 용융된 암석(마그마)이 분출한 뒤 식어서 거대한 화강암질 심성암, 즉 저반(마그마가 경화된 조밀한 암체)을 형성했고,[9] 그 과정에서 훨씬 더 오래된 퇴적암, 즉 1억 5,000만여 년 전 쥐라기에 해저 퇴적물이 변형되어 형성된 치카마층Chicama Formation 아래로 들어갔다. 상승 운동을 하는 마그마가 코르디예라 블랑카의 상승을 도우면서 정단층의 하반 내부에는 저반이 자리했고 무른 치카마층이 그 위를 뒤덮었으며 그 위 해발 5,000~6,000미터에는 빙하들이 올라앉았다. 다시 말해, 이곳의 지형은 단단한 암석과 무른 암석, 얼음으로 이뤄진 삼단 케이크와 같다.

그러나 빙하가 후퇴하면서 금속을 다량 함유한 광물, 예를 들면 황화물과 광석이 가득한 치카마 암반이 서서히 대기에 노출되고 있다. 이곳에서 특히 높은 수치를 보이는 광물은 황철석이다. 철 원자 하나와 황 원자 두 개로 구성된 황철석, 즉 FeS_2가 지금껏 내가 탐사한 다른 어떤 곳의 빙하들보다도 더 많이 함유되어 있다. 황철석은 극도로 반응성이 높은 광물로 공기 중의 산소와 상호 작용하여 황산과 산화철을 만든다. 우리가 아는 녹도 산화철이다. 이는 수질에 이중으로 악영향을 미친다. 산성이 높은 물은 인간이 마실 수 없으며 산은 그 자체로 비소와 납, 수은 같은 유독한 금속의 용해도를 높이기 때문이다.

코르디예라 고산들의 측면에는 빨간색과 주황색의 줄무늬가 드러나 있는데 이는 치카마 암석에 함유된 고농도의 철이 공기에 노출되면서 녹이 되기 때문이다. 이 지역에서는 광산 회사들이 납과 구리처럼 값어치 있는 금속을 추출하고 있다. 안타깝게도 광물을 캐면 암석이 고운 입자로 부서지고 금속 황화물은 물과 공기에 노출되는 순간 바로 산화되어 호수와 하천을 오염시킨다. 지저분한 광산업과 연관된 이 현상을 '산성 광산 배수Acid Mine Drainage'라고 부른다. 광물은 페루 전체 수출의 60퍼센트 이상을 책임지고 있으며,[10] 따라서 광산업은 지역민들과 국립 공원 관리자들, 광산주들 사이의 갈등을 부추기는 주요 요인이 되었다. 심지어 과학자들도 이 복잡한 거미줄에 걸려 있다. 2019년 8월 우리가 그곳에 도착했을 무렵에도 일단의 연구자들이 납치되었다. 이들이 빙하를 이용해 광물을 캐려 한다고 의심한 마을 사람들의 소행이었다.

암석을 으깨고 분쇄하며 이동하는 빙하는 그 자체로 천연 광산이다. 빙하가 후퇴하면서 빙하 전방 지대에 광물을 남기고 이렇게 노출된 금속 황화물이 빠르게 산화되어 하천을 산성화하고 독성을 높이는 것으로 보였다. 그렇다면 앞으로 빙하의 후퇴가 물 공급에 어떤 영향을 미칠지 생각해 볼 필요가 있었다. 이 지역의 하천이 음용할 수 없게 되기까지 시간이 얼마나 남았을까?

우리 탐사의 목적은 하천에 독성을 야기하는 원인을 파악하고 가능하다면 해결책을 도출하는 것이었다. 우리는 온화한 날씨 속에서 땅을 살필 수 있도록 건기에 탐사를 시작했다. 이 시기에는 주로 픽업트럭을 타고 빙하에서 발원하여 산타강으로 흘러드는 주요 하천들을 따라 깊은 산속의 가파른 흙길을 달리며 시간을 보냈다. 남쪽 끝의 넓은 초원으로 이뤄진 계곡에서부터 북쪽의 깊은 암석 계곡에 이르기까지 코르디예라의 다양한 골짜기를 찾아다니는 사이 어느새 나는 예전의 모습을 되찾은 기분이 들었다. 하천의 산성을 판별하기 위해 pH 탐침기를 들고 표석을 뛰어넘거나 협곡을 내려가는 동안 학부 시절 아롤라에서 느낀 짜릿한 전율이 되살아났다. 6개월 동안 쉬면서 개를 산책시키고 차를 마시며 소일하던 내게는 엄청난 도약이었다.

매일 아침 동이 트면 우리는 혼잡한 우아라스(1941년 유명한 빙하호 범람이 일어난 곳)를 떠나 몇 군데의 하천수를 채취하기 위해 산으로 향했다. 이번 탐사는 도시를 거점으로 삼았으므로 호텔에 머물렀다. 소박한 호텔이었지만 평소 탐사 현장에서 사용하던 텐트에 비하면 호화로운 잠자리였다. 아쉽게도 도시에서는 밤새 트럭에 장비를 그대로 두면 도난당할 우려가 있었으므로 매일 아침저녁으로 30분씩 계단을 오르락내리락하며 냉동고를 포함해 수백 킬로그램의 장비를 옮겨야 했다. 쌀쌀한 이른 아침의 공기를 마시면 감각이 깨어나고 우리를 기다리는 모험에 조금 들뜨기도 했다. 그러나 오전 중반이 되면 태양이 중천에 떠오르면서 대기가 숨 막힐 듯 무더웠다. 우리가 조사한 하천은 모두 약 30개였는데, 그 가운데 일부는 산성화되고 금속에 오염된 반면 나머지는 그렇지 않다는 점이 내게는 수수께끼였다. 상류는 산성인데 어째서인지 산타강으로 흘러들기 전에 정화되는 하천도 있었다. 30개 하천의 이야기를 모두 들려줄 수는 없으니 그중 두 개를 골라 이야기하려 한다.

하나는 코르디예라 남부의 파차코토강Pachacoto River이다. 이 강의 하류는 건기에도 물살이 제법 힘찬 편이다. 높은 봉우리에 올라앉은 여러 빙하의 융빙수를 집수하기 때문인데, 그중 하나가 네바도 파스토루리Nevado Pastoruri(파스토루리 설산)다. 이곳의 빙하는 관광객들의 접근이 쉽기 때문에 코르디예라에서 가장 유명한 빙하에 속한다. 매일 버스를 타고 온 관광객들이 마치 물에서 나온 물고기처럼 헐떡거리며 해발 5,000미터가 넘는 이 빙하로 힘겹게 걸어가 얼음이 반짝거리는 가파른 주둥이를 감상한다. 안타깝게도 1975년과 2010년 사이에 이 빙하는 깨끗한 얼음을 약 5제곱킬로미터 잃어 크기가 거의 절반으로 줄었다.[11] 녹는 속도가 너무 빠른 나머지 파스토루리의 몸통은 동쪽과 서쪽으로 분리되었고, 모야가 만든 표현을 빌리면 "찌꺼기 방울" 몇 개가 양옆을 점점이 수놓았다. 나는 이 빙하가 후퇴하고 그 전방 지대에 암설이 노출되면서 융빙수가 산성화되고 독성이 높아졌다는 보고를 여러 번 접한 터였다. 그런데 어찌 된 영문인지 빙하에서 20킬로미터쯤 떨어진 하류, 파차코토강과 산타강이 합쳐지는 지점의 물은 지극히 정상이며 알칼리성이었다. 어떻게 그럴 수 있을까?

파차코토 계곡의 하안 단구 위쪽을 가로지르는 흙길을 차로 달리면서 나는 반짝이는 봉우리들과 부드러운 황금빛 초원, 기묘한 선인장 같은 나무들을 보며 경탄했다. 10미터쯤 높이 뻗어 있는 이 나무들은 먼 행성에서 막 착륙한 외계인들 같았다. 학명은 푸야 라이몬디*Puya raimondii*로 브로멜리아드과이고 파인애플의 사촌이며 페루와 볼리비아 고지에서 주로 자란다. 꽃을 피우기까지 무려 80년이 걸리기도 하는데, 그런 뒤 수백만 개의 씨를 허공으로 날려 보내며 제 할 일을 끝내고 바로 시들어 죽는다. 계곡을 절반쯤 올라 굽이를 도는 순간 나는 등을 꼿꼿이 폈다. 갑자기 구불구불한 하천이 눈에 들어왔다. 하천의 색은 주황색이었다.

차에서 볼 때는 청정한 안데스 고지의 낙원에 뜬금없이 들어온 침입자처럼 보였다. 얼마간 어렵게 걸어가서 자세히 살펴본 나는 말문이 막혔다. 힘차게 흐르는 물은 맑았지만 강바닥과 강둑이 모두 주황색이었다. 돌 하나를 뒤집어 보니 그 밑에는 아무것도 살고 있지 않았다. 홍조류와 진한 녹뿐이었다.[12] 나는 표석에 앉아 기막힌 광경을 바라보았다. 내게도 벌건 가루가 묻었다. 그러니까 파차코토에서 처음 독성이 감지되는 곳은 여기였다. 이해할 수 없는 것은 이곳의 물이 약 pH 7로, 산성이 아니라는 사실이었다. 그렇다면 무언가가 물을 중성화하고 있다는 뜻이었다. 그래야 철과 같은 금속의 농도가 빠르게 줄어드는 이유를 설명할 수 있었다. 그렇다면 물에 함유된 독성 금속은 어디서 오는 것일까? 그리고 이 물은 어떻게 산타강에 흘러들기 전에 회복되는 것일까?

계곡 두부에 자리한 파스토루리 빙하Pastoruri Glacier에 이르러서야 첫 번째 의문이 풀렸다. 하필 관광객 무리에 섞여 어기적어기적 걸어가다 보니 이 귀한 빙하의 마지막 모습을 보려는 장례 행렬에 끼어 있는 듯 울적한 기분이 들었다. 주로 인적이 드물고 사람이 살기 어려운 야생의 빙하를 탐사하러 다닌 내게는 매우 생경한 경험이었다. 몇 달 전에 수술받은 부위가 욱신거렸다. 회복하는 동안 예전처럼 운동을 하지 못했으니 분명 산을 오를 상태가 아니었고 공기도 충분하지 않아서 제대로 숨을 쉬기도 어려웠다. 이상한 일이었지만 이렇게 불편한 상태에서도 내 다리는 계속 움직였다. 모야는 내 "빙하용 다리"가 움직이는 거라고 농담하기도 했다.

파스토루리 앞쪽은 아찔하고 위압적이었다. 10미터가 넘는 높이의 하얀 절벽이 반짝였다. 선명한 주황색을 띤 주변 지형은 한때 빙하 밑에 숨어 있던 치카마 암석이 노출되어 비바람을 맞고 있다는 뜻이었다. 나는 빙하 주둥이의 얼음 동굴 앞쪽으로 흘러나오는 작은 물줄기에 pH 탐지기를 담가 보았다. pH 2였다. 놀랍게도 한 관광객이 우리에게 다가와 자기 물병에 물을 담아 달라고 부탁했다. 우리는 그 물이 독성 금속을 넣은 레몬 주스와 똑같으니 마시지 않는 편이 좋겠다고 말해 주었다. 이렇게 산성도가 높다니 믿을 수가 없었다. 수년의 연구를 통해 나는 빙하가 지반의 암석을 부수어 황화물처럼 산을 생성하는 광물을 배출하지만 그와 동시에 석회석 같은 탄산염 광물도 함께 배출하여 산을 소비한다고 배웠다. 이곳 파스토루리에는 치카마 암석에 함유된 황화물이 매우 높은 반면 탄산염은 충분하지 않은 것 같았다.

더 놀라운 사실은 20킬로미터쯤 내려가서 파차코토강이 산타강과 합쳐지는 지점에 이르면 독성이 희석되어 금속 농도가 유해 수준 아래로 떨어진다는 것이었다.[13] 모종의 천연 작용이 수질을 개선하고 있는 게 분명했다. 차로 계곡을 오르락내리락해 보니 그 천연 작용이 무엇인지 알 수 있었다. 파차코토 계곡은 코르디예라 남부의 다른 계곡들과 마찬가지로 폭이 매우 넓고 저반의 비독성 화강암으로 이뤄진 커다란 빙퇴석들이 양옆을 메우고 있다. 그 경계를 따라 비탈 곳곳에 고압에서 저압으로 산 내부를 흘러내려 오는 지하수가 솟아오르는 샘들이 보인다. 이런 지하수는 모두 금속의 농도가 낮은 알칼리성이다. 이 깨끗한 물이 파차코토강 본류의 유독한 물에 점차 섞여 들면서 수질이 개선되고 산도가 떨어지며 용해되어 있던 금속이 석출되어 내가 계곡 중간쯤에서 보았던 주황색 담요를 형성하는 것이었다. 바닥이 평평한 이 계곡의 습지(이끼와 풀이 뒤섞인 넓은 늪지)도 파차코토강의 독성을 낮추는 데 일조한다. 현지에서는 보페달Bofedal(또는 팜파스)이라고 알려진 이 늪지의 식물은 안데스산맥에서 자생하며 하천의 금속을 다량 흡수하는 성질을 가졌다. 현지인들은 이 천연 물 여과 장치를 이용해 적극적으로 하천의 물을 음용수로 만들려고 시도하고 있다.

안타깝게도 코르디예라 북부의 더 좁고 가파른 하곡들은 상황이 매우 다르다. 이 탐사 여행의 막바지에 사얍 빙하Shallap Glacier를 찾아갔을 때 나는 컨디션이 그리 좋지 않았다. 몹시 홍분한 상태로 잠을 거의 자지 못하고 여러 날 차를 타고 다닌 탓에 몸이 한계를 넘어선 듯했다. 머리가 아프고 다리는 납덩이처럼 무거웠다. 일어설 때마다 기절할 것 같은 기분으로 몇 초씩 비틀거렸다. 그러나 사얍 빙하를 직접 보고 표본을 채취하는 일을 포기할 수 없었다. 우리는 이 빙하까지 이어지는 흙길을 처음에는 사륜구동으로 달렸고, 그다음에는 걸어 올라갔다.

해발 고도 5,000미터가 넘는 사얍 빙하는 아주 가파른 암석 지형을 흘러 내려오고 있다. 빙하 위쪽에는 눈이 많이 내리고 아래쪽은 용융도가 높은 탓에 질량의 재배치를 위해서는 빠르게 이동할 수밖에 없다. 코르디예라 블랑카의 많은 빙하들이 그렇듯 사얍 빙하도 크레바스가 많고 혀가 짤막하며 일부는 위쪽 비탈에서 내려온 암설에 덮여 있다. 주요 빙체에 비해 훨씬 더 낮은 고도에 있는 혀는 용융 속도가 빨라서 빙하 전체가 온난화에 매우 민감한 상태다. 빙하의 혀가 완전히 사라질 때까지는 계속 그러할 것이며 따라서 높은 고도로 후퇴할 가능성이 높다.[14]

파스토루리 빙하와 마찬가지로 사얍 빙하도 금속이 풍부한 치카마 암석 위에서 후퇴하고 있다. 주둥이 앞쪽의 풍경을 수놓은 붉은 녹이 이를 분명하게 보여 준다. 여기서도 암벽에 에워싸인 가파른 계곡과 이색적인 주황색을 두른 하천이 눈부시게 아름다운 풍경을 자아내며 다시 한번 나를 아찔하게 만들었다. 빙하가 침식한 위쪽 계곡의 빙식 암반 분지를 메운 적막한 호수는 독성 광물이 고농도로 녹아 있어 탁한 녹색을 띠었다. 이 계곡은 등산 코스로 인기가 높다. 그러나 여행 안내서들은 독성을 언급해서 목가적인 분위기를 망치기보다는 이 호수를 "매우 아름다운 초록색 물"로 소개한다.

사얍 빙하에서 8킬로미터쯤 내려온 사얍 계곡의 바닥을 흐르는 강물도 산도가 높고 독성 금속이 녹아 있어 밝은 주황색을 띠었다. 파스토루리와는 매우 다른 상황이었다. 왜일까? 이곳은 빙하에서 계곡으로 내려오는 도중 약 3분의 1 지점에 금속이 풍부한 치카마 암석과 화강암 저반 사이의 경계가 뚜렷하게 드러나 있다. 치카마는 산성수를 생성하지만 저반을 흐르는 알칼리성 물과 섞이면 산도가 중화되어야 한다. 문제는, 폭넓은 산비탈과 빙퇴석이 있어야만 빗물을 흡수하여 물을 중화하는 지하수가 만들어지는데 이 계곡에는 둘 다 부족하다는 것이다. 빗물이 저장되는 곳은 기껏해야 가파른 곡벽 안쪽에 자리한 작고 가파른 애추구talus cones(절벽의 암석이 떨어져 원추형으로 퇴적된 지형)와 고지의 작은 호수들뿐이며 곳곳에 눈으로 남아 있기도 하다. 작은 물줄기와 폭포가 대담하게 산비탈을 흘러 내려와 사얍 하천의 본류로 들어가지만, 파스토루리 계곡의 샘들과는 달리 이런 물의 pH 농도는 중성 또는 약산성이다. 물에 용해된 금속을 직접 흡수하여 산도를 낮추는 늪지가 계곡 바닥에 있긴 하지만 아주 작은 일부에 불과하다. 간단히 말해 사얍의 하천은 빙하에서 흘러나올 때 얻은 산성 물질을 떼어 낼 수 없다. 더 큰 문제는 사얍과 같은 다른 수많은 계곡이 같은 길을 걷게 될 것이며 따라서 현지의 중요한 수원이 모두 오염될 거라는 사실이다.

이 지역을 여행해 보면 이 문제가 얼마나 큰 파장을 불러일으킬지 짐작할 수 있다. 페루에서 꽤 큰 소수자 집단이 케추아어를 사용하는데, 케추아어의 주인인 원주민 케추아족의 작은 마을들과 농장들은 사람이 살 수 없을 듯한 높은 계곡의 사면들을 수놓고 있다. 그러나 이곳의 하천들은 선명한 주황색을 띤다. 어두운 얼굴의 원주민들은 낮은 지대에서는 윤작을 하고 고지에서는 양과 알파카, 소가 풀을 뜯게 하며 아주 작은 땅까지 알뜰하게 이용한다. 여자들은 특별하지 않은 날에도 알록달록한 옷을 입으며 높고 검은 모자를 쓰기도 한다. 모자의 높이는 그들의 마을을 상징한다. 20~30년 전만 해도 케추아족은 코르디예라의 여러 하곡에서 송어나 다른 식용 물고기를 잡을 수 있었다. 그러나 이제는 생물이 살지 않는 하천이 많아졌다. 안데스 고지대의 지역민들은 여러 면에서 빙하 용융의 변화에 가장 취약한 계층이다. 깨끗하고 확실한 수원이 없으면 그들은 이 높고 척박한 곳에서 생존할 수 없다.

코르디예라의 북쪽 끝, 광석 채굴이 활발하게 이뤄지는 곳에 갔을 때도 예상했던 그림이 펼쳐졌다. 하천들은 주황색에서 적갈색까지 다양한 빛깔을 띠었고 독성 금속에 심하게 오염된 상태였다. 이곳에는 빙하가 없다. 이는 전적으로 금속 물질이 풍부한 암석들이 낳은 부작용이며, 채굴이 이를 더욱 악화시켰다. 빙하가 없는데도 사얀 같은 계곡과 놀랍도록 비슷하다. 빙하들이 어떤 면에서는 천연 광산의 역할을 한다는 점을 다시 한번 확인해 주는 셈이다. 채굴과 빙하가 결국 이 지역 하천의 산성화와 오염을 낳았고 일대의 사람들은 이제 오염되지 않은 물을 적극적으로 찾고 있다. 빙하들이 후퇴하면서 우아라스에 물을 공급하는 킬카이강도 오염되고 있다. 이 지역 주도인 우아라스의 주민들은 이제 이 물을 좀 더 깨끗한 수원의 물과 섞어 마신다.[15]

코르디예라 블랑카에 오염되는 하천이 늘어난다면 상황이 역전될 가능성은 희박하다. 전 지구적인 차원에서 우리가 온실가스 배출에 어떤 조처를 하느냐에 따라 정도는 달라지겠지만 어쨌든 빙하의 후퇴는 계속될 것이다. 지역민들은 스스로 물 공학과 수로 건설에 뛰어났던 잉카인들의 발자취를 따라 적응하고 버티는 법을 찾기 시작했다. 사얍에서 발원하는 물을 사용하는 지역민들은 최근 사얍 하천의 물을 계곡에서부터 20킬로미터가량 떨어진 마을 가까이로 끌어오는 콘크리트 수로를 건설했다. 산성화와 독성 문제를 해결하기 위해 높은 산 중턱의 인공 습지를 통과하도록 만들기도 했다. 가장 먼저 물은 일련의 작은 폭포들로 떨어져 내린다. 이는 공기 접촉을 통해 금속이 산화되어 석출되도록 유도하는 과정이다. 다음으로 산도를 낮추기 위해 석회가 가득한 지반을 흐르게 하고 이 과정에서 알칼리성 물과 섞여 다시 한번 금속을 석출하게 만든다. 그런 다음 금속을 흡착하는 식물이 들어 있는 폭넓은 수로망을 통과하며 금속 독성이 한 번 더 걸러진다. 마침내 이렇게 정화된 물은 마을로 공급되어 3,000세대 이상을 지원한다.

코르디예라 블랑카의 케추아족 가운데 많은 이들은 이 산지에서 풍작을 돕는 신들, 아푸Apu(주신)와 파차마마Pachamama(대지의 어머니)를 숭배하며 물과 빙하들과도 깊은 영적 관계를 맺고 있다. 씨를 뿌리기에 앞서 토양에 코카나무 잎과 술을 뿌리는 상징적인 행위로 풍작을 기원하는 희생제를 지낸다. 좀 더 남쪽의 쿠스코 근처의 고산지에서는 기독교와 안데스 원주민의 기원이 합쳐진 코이유리티Quyllurit'i 제전으로 향하는 순례가 이뤄진다. 산의 영혼들과 사람들을 연결하는 남자들, 즉 우쿠

쿠Ukuku들이 힘겹게 빙하를 오르는 것이다. 원래 이들은 커다란 얼음덩어리를 갖고 돌아왔지만 이제는 빙하가 빠르게 사라지는 탓에 이마저도 허용되지 않는다.[16]

코르디예라 블랑카의 고지대에서 나는 활력과 삶의 경이를 되찾았다. 얼마 전 죽음의 위기를 마주한 나는 많은 의문과 씨름하고 있었다. 그 가운데 나를 가장 괴롭힌 의문은 내가 어떻게 지금까지 살아 있을까 하는 것이었다. 나는 여러 번 죽을 고비를 넘겼다. 북극곰과 깊은 크레바스, 하천의 급류를 마주했고 이제는 뇌 수술을 받고도 살아났다. 큰 병을 앓고 처음으로 다시 찾은 파스토루리 빙하에서 내 머릿속의 지각판이 이동하는 것을 느꼈다. 관광객들을 막는 방벽 아래로 들어가 얼음으로 다가서자 웅성거리는 인간들의 목소리가 멀어지고 음악 소리가 들렸다. 마치 성당처럼 우뚝 솟은 채 나를 내려다보는 하얀 벼랑에서 빙하가 녹아 고드름을 타고 떨어지는 소리였다. 빙원에서 태어난 이 거대한 얼음덩어리는 빙하의 유동으로 서서히 내려와 액체가 되는 운명에 처했다. 가까이 다가가자 눈물이 얼굴을 타고 흘러내렸다. 이토록 아름답고 이토록 강인하며 이토록 순수한 빙하가 무자비하게 녹고 있다니. 나는 상체를 기울이고 두 팔을 벌려 마치 오랜 친구를 안듯 빙하를 껴안았다. 빙벽에 튀어나온 작고 날카로운 얼음 결정에 얼굴을 대자 얼음이 녹아서 내 눈물과 섞여 함께 얼굴로 흘러내렸다. 20년 뒤, 이 빙하는 이곳에 있을 수도 있고 없을 수도 있다. 그건 나도 마찬가지다.

탐사 여행이 끝난 뒤 브리스틀행 비행기를 타기 전에 나는 페루의 여배우이자 스토리텔러인 에리카 스톡홀름Erika Stockholm을 만났다. 우리는 영국 자연환경 연구 위원회와 헤이 페스티벌Hay Festival(매년 영국 웨일스에서 열리는 연례 문학 예술 종합 축제—옮긴이)이 공동으로 운영한 프로그램을 통해 서로를 소개받았다. 예술가와 과학자를 연결하여 우리의 연구를 이야기로 바꿔 들려주는 프로그램이었다. 유난히 칙칙하고 눅눅하던 날 우리는 리마의 한 카페에 앉아 극과 극인 듯 보이는 서로의 세상에 관해 이야기했다. 겉으로 보기에도 우리는 완전히 달랐다. 나는 찢어진 청바지와 낡은 플리스 재킷을 입고 땀을 흘리며 걸어온 탓에 머리칼이 헝클어져 있었다. 반면 에리카는 티 한 점 없었다. 각진 얼굴은 인상적이었고 새까만 머리칼을 세련되게 넘겨 빗었으며 눈썹을 말끔하게 정돈하고 속눈썹에는 마스카라를 짙게 발랐다. 과학자와 예술가의 만남. 그러나 모르는 사람들이 흔히 그러듯 머뭇거리며 대화를 시작한 우리는 이내 다양한 생각과 경험을 열정적으로 주고받았다. 마치 평생 알고 지낸 사람을 만난 듯 묘한 친밀감을 느낀 흔치 않은 경험이었다.

우리는 둘 다 이야기를 들려주는 사람이지만 그 방식에 관해 서로 다른 견해와 관념의 제약을 받아 왔음을 깨달았다. 내게는 데이터와 팩트가 중요했고 그녀에게는 사건과 느낌이 중요했다. 우리는 커피를 마시며 사얍 빙하와 그 빙하의 독성에 관해 한 편의 드라마를 만들기 시작했다. 그렇게 잉태된 우리의 내러티브에 에리카가 몇 달 동안 생명력을 불어넣었다. 나의 친구이자 공동 연구자인 라울 로아이사무로와 함께 우리는 2019년 11월 페루 제2의 도시인 아레키파에서 열린 헤이 페스티벌에서 그 이야기를 무대에 올리기로 했다. 우리 셋이 제각기 역할을 하나씩 맡았다. 브리스틀과 리마에서 여러 번 화상통화를 하는 사이 사얍의 이야기를 몸소 표현하고 싶다는 갈망이 일었다. 어느 날 나는 생각해 보지도 않고 불쑥 말했다. "내가 사얍 빙하가 될게요!" 그리고 그렇게 되었다.

나는 평생 추구해 온 과학적 정확성을 잠시 버리고 얼굴을 하얗게 칠한 채 푸른색의 가발을 쓰고 150명이 넘는 사람들 앞에서 실제로 죽어 가는 빙하가 된 듯 울고 소리치고 춤을 추었다. 대중 강연은 익숙했지만 이 공연을 준비할 때는 너무 떨려서 대본조차 볼 수 없을 지경이었다. 대본 파일을 열기만 하면 금세 겁에 질려 얼른 노트북을 닫아 버렸다. 공연이 2주 앞으로 다가오자 그제야 이런 두려움을 정복하지 못하면 전부 다 망쳐 버릴 거라는 생각이 들었다. 당시 파타고니아에 있던 나는 천막 위로 빗방울이 똑똑 떨어지는 작은 텐트 안에 웅크리고 앉아 대사를 외우기 시작했다. 한마디 한마디가 입김을 만들어 내며 축축한 대기에 한동안 머물렀다. 에리카가 해 준 말이 떠올랐다. 무언가가 느껴질 때까지 대사를 읊조리고 핸드폰으로 녹음을 하라고 그녀는 조언했다. 놀랍게도 효과가 있었다. 마치 빙하에 일어나는 모든 일이 나에게 일어나는 것 같았다. 다시 감정이 북받치고 눈물이 흘렀다.

막상 빙하로 분하고 헤이 페스티벌의 무대에 서자 두려움이 사라졌다. 과학적 인습의 구속을 벗고 오랫동안 억눌러 온 감정을 표출하면서 엄청난 카타르시스가 밀려왔다. 공연이 끝난 뒤 관객들이 다가와 빙하가 아파하는 장면과 강을 오염시키는 장면, 그리고 결국 죽는 장면에서 눈물을 흘렸다고 털어놓았다. 그러곤 자신들이 어떻게 해야 하느냐고 물었다.

내가 배운 한 가지는 우리 인간이 빙하와 떼려야 뗄 수 없는 관계에 있다는 사실이다. 페루 안데스산맥의 농민들에서부터 그린란드 서해안의 넙치잡이 어부들, 태평양 저지대 섬의 주민들에 이르기까지 우리들 한 사람 한 사람이 모두 앞으로 수 년 사이에 빙하의 축소나 고갈의 영향을 받을 것이다. 지구는 여러 차례 극적인 기후 변화를 거쳤지만 현재 우리가 목격하는 변화는 인류의 역사에서, 아니 전 지구의 역사에서 유례없는 일이며 대부분은 지난 세기에 일어난 것이다. 화석 연료가 경제적 번영을 유지하는 데 아무리 중요한 역할을 한다고 해도 결국 이 게임에서 인류가 가장 참혹한 패배를 맛볼 것이다.

그러나 나는 천성이 낙관적이라 우리 인간이 삶의 방식을 바꿀 수 있는 굉장한 역량을 가졌다고 믿는다. 2020년 한 해만 봐도 사람들은 코로나바이러스 감염의 위험에서 수백만 명의 목숨을 구하기 위해 기꺼이 방역 정책에 협조했다. 빙하의 용융이 가져올 위험은 분명 코로나바이러스의 위험에 뒤지지 않는다. 21세기에 10억 명 이상의 사람들이 해수면 상승과[17] 주요 하천의 물 공급량 감소[18] 등을 비롯해 빙하 용융의 영향을 받을 것이다. 빙하가 인류에게 미치는 영향은 글로벌 팬데믹의 영향과 다르지 않다. 우리가 그렇게 되기를 선택한다면 말이다.

갈림길

내가 다룬 빙하들은 내가 빙하 연구를 시작한 25년 전부터 지금까지 주변 대기와 바다의 온난화 수준, 그리고 각각의 특성 및 상황에 따라 정도의 차이가 있을 뿐 하나같이 계속해서 줄고 있다. 내가 아직 살펴보지 못한 세계 각지의 수많은 빙하의 사정도 대개는 마찬가지다. 특히 크기가 작으면 기후 변화에 더욱 민감하게 반응하기 때문에 온대 기후와 열대 기후의 작은 산악 빙하들은 그중에서도 가장 절박한 운명에 처해 있다. 그중 일부는 내가 태어난 이래에만 약 3분의 1이 고갈되었고 이번 세기가 끝날 무렵에는 거의 사라질 것이다. 그들에게는 시간이 얼마 남지 않았다.

빙상들은 아직까지 지구의 온난화에 비교적 느리게 반응하고 있다. 빙상은 스스로 기후를 만들며, 강설량과 표면 용융량의 변화가 거대한 빙상의 위치를 바꾸기까지는 시간이 걸리기 때문이다. 그러나 빙상이 바다에서 종결되는 곳에서는 불안정성을 야기하는 요인들이 목격되고 있다. 이는 온난화가 가속화되기 시작하면 폭주 열차가 될 수도 있다는 뜻이다. 그린란드와 남극 대륙 빙상을 둘러싼 빙하의 혀와 빙붕들의 붕괴가 가속화되기 때문이다. 온실가스 배출량이 줄지 않는 상황에서 이러한 현상이 계속된다면 2100년에는 해수면이 무려 2미터 상승할 가능성이 (희박하긴 하지만) 고개를 들고 있고, 이렇게 되면 서남극 빙상과 동남극 주변의 얼음이 불안정해져 2200년에는 해수면이 7미터 이상 상승할 수도 있다. 아찔한 가능성이다.[1] 이러한 변화는 앞으로 계속 이어질 테지만 실제로 변화의 규모는 우리가 집단으로 그리고 개인으로 우리 삶의 방식을 모든 면에서 크게 바꿀 준비가 되어 있는지에 따라 달라질 것이다. 무엇을 먹는지, 난방을 어떻게 하는지, 얼마나 많이 여행을 다니며 어떤 수단을 이용하는지 등이 모두 여기에 포함된다. 간단히 말해 우리는 빙하의 운명을 결정하는 갈림길에 서 있다. 이대로 빙하는 대단원을 맞이할 것인가?

2019년 8월 내가 페루에 가 있는 동안 기후 변화로 소멸 위기에 처한 첫 아이슬란드 빙하 오크예퀴들Okjökull의 '장례식'이 열렸다. 아이슬란드 총리를 포함해 100명의 조문객이 모인 우울한 행사였다. 한때 지저분한 빙하 밑에 박혀 있던 표석에 추모판이 부착되었다. 추모문에는 이 전례 없는 위기의 순간, 우리가 탄소 배출량을 줄이면 여러 빙하를 구할 수도 있는 이 순간의 현실이 명쾌하게 표현되었다.

미래에 보내는 편지

오크예퀴들은 최초로 빙하의 지위를 상실한 아이슬란드 빙하다.

앞으로 200년 사이에 우리의 모든 빙하가 같은 길을 걸어갈 것으로 예상된다.

이 추모비로 우리는 현재 어떤 일이 벌어지고 있으며 무엇을 해야 하는지 알고 있음을 밝힌다.

우리가 실제로 해야 할 일을 했는지 여부는 미래의 당신만이 알 수 있다.

2019년 8월
CO_2 415ppm

나와 함께 복잡한 세부 계획을 세우고, 장비를 옮기고, 텐트에서 추위에 떨거나 굶주린 북극곰을 쫓아내고, 얼음 강의 물을 채취하며 기쁨과 슬픔을 나누었던 많은 동료들과 학생들에게 그리고 빙하에도 감사의 마음을 전한다. 이 책에 실린 이야기는 나뿐만 아니라 그들 모두의 이야기다.

내 친구이자 척추 전문의인 닥터 로 배설과 대런 스미크, 2018년 나의 뇌를 살리는 데 참여한 그 밖의 수많은 의학 교수들, 책을 써 보라고 독려하며 마법을 부린 듯 나를 설득한 오빠 제이크에게도 신세를 졌다. 나의 강아지 포피와 피트 니노, 앤마리 브렘너, 틸 브루크너, 패트릭 맥기니스, 피터 스트라우스, 리처드 앳킨슨, 애니아 고든, 코리나 로몬티, 그 밖의 펭귄 북스 동료들이 모두 안락의자와 타닥거리는 모닥불, 따뜻하고 맛있는 음료 한 잔과 함께 즐길 수 있는 무언가를 만들어 내는 데 일조했다.

- **간빙기**Interglacial period: 신생대 제4기 중 기온이 높은 수만 년의 기간. 빙기와 빙기 사이.
- **곡빙하**Valley glacier: 계곡을 흘러내려 오는 빙하.
- **권곡 빙하**Cirque glacier: 빙하에 의해 침식되어 마치 팔걸이의자 모양으로 우묵하게 팬 분지에 자리한 작은 빙하. 주위를 에워싼 암벽에서 눈이 더 많이 떨어져 내리기 때문에 대개는 곡빙하보다 더 건강하다.
- **글로프**GLOF: '빙하호 범람'을 뜻하는 'Glacier Lake Outburst Flood'의 약자. 빙하 가장자리나 빙퇴석 뒤에 고여 있던 호수가 갑자기 기슭을 넘어 폭발적인 홍수를 일으키는 현상.
- **날레드/빙층**Naled: 한대 기후의 겨울에 융빙수가 계속 흐르면서 빙하 전방 지대에 층층이 얼어붙어 형성된 얼음덩어리. 아이싱icing 또는 아우파이스aufeis라고도 한다.
- **농도**Concentration: 일정량의 물이나 공기에 함유된 특정 성분(예를 들면 기체나 화학 물질)의 양. 예를 들어 공기 중 특정 기체의 농도는 공기 중에 존재하는 모든 기체 분자의 개수 대비 특정 기체의 분자 개수로 나타낼 수 있다(대개는 '백만율분ppm'). 화학 물질의 농도는 일정량의 물에 용해된 양을 '리터당 그램' 단위로 나타낸다.
- **다온성 빙하**Polythermal/Polythermal-based glacier: 1년 내내 서로 다른 온도의 얼음이 섞여 있는 빙하. 주로 극지방에서 볼 수 있으며 마치 가운데 잼이 든 도넛처럼 표

면과 가장자리는 영하이고 가운데 부분은 좀 더 따뜻하다.

- **도관**Conduit: 빙하의 내부나 저면에서 자주 볼 수 있는, 얼음으로 에워싸인 하도로 융융수를 빠르고 효율적으로 수송한다. 한여름에 많이 나타난다.
- **독립 영양 생물**Autotroph: 광영양 생물phototroph 또는 화학 합성 영양 생물chemotroph이라고도 부른다. Autotroph의 어원은 '자가 영양 공급'을 뜻하는 고대 그리스어로, 스스로 영양분을 만들 수 있는 생물을 말한다. 영양분을 만들기 위해 태양 에너지를 사용하기도 하고(광영양 생물) 화학 에너지를 사용하기도 한다(화학 합성 영양 생물).
- **동위 원소**Isotope: 원자 번호는 같지만 중성자 수(원자핵 가운데 전하를 띠지 않는 입자)가 달라서 질량이 다른 원소의 여러 형태. 예를 들어 산소는 질량이 제각기 16, 17, 18인 동위 원소를 갖는다. 그러나 이 세 가지 동위 원소는 모두 산소다.
- **메탄**Methane: 탄소 원자 하나와 수소 원자 네 개로 이뤄진 분자. 상온 상압에서 기체 상태로 존재하지만 저온 고압의 조건에서는 결정의 형태(하이드레이트)로 존재하기도 한다. (100년의 기간을 기준으로 했을 때) 이산화탄소보다 온난화 효과가 20~30배 더 강한 온실가스다.
- **무기 탄소**Inorganic carbon: 생물과 얽혀 있지 않고 암석이나 광물 등에서 나오는 탄소. 예를 들어, 이산화탄소의 탄소는 무기 탄소의 일종이지만 식물이 광합성을 통해 흡수하면 유기 탄소로 바뀌어 식물 세포의 일부를 이룬다.
- **미생물**Microbe: 현미경으로만 볼 수 있는 아주 작은 생물로 대개는 단세포다. 지구에서 가장 먼저 진화한 생물의 형태로 추정된다.
- **박테리아/세균**Bacteria: 지구의 다양한 환경에서 번성하는 단세포 미생물.
- **분산 시스템**Distributed system: 빙하 밑 지반에서 느리고 비효율적으로 융빙수를 수송하는 통로들. 종종 도관, 하도와 나란히 접해 있다. 겨울과 봄에 많이 볼 수 있지만 눈이 덮여 있거나 표면 융빙의 양이 적은 빙하의 상부에는 계속 남아 있기도 한다.
- **분자**Molecule: 두 개 이상의 원자가 행복하게 붙어 있는 결합체.
- **빙기**Glacial period: 신생대 제4기 중 기후가 한랭하고 북유럽과 아메리카, 그린란드, 남극 대륙에 빙상이 널리 분포해 있던 시기.
- **빙상**Ice sheet: 산과 계곡을 대부분(대개 5만 제곱킬로미터 이상의 면적) 뒤덮은 거대한 빙체.
- **빙퇴석**Moraine: 빙하가 이동하거나 후퇴한 자리에 남은 빙하 파편(모래, 돌, 표석)의 퇴적물. 빙하 중앙부의 중앙퇴석과 빙하 앞쪽의 종퇴석, 빙하 양옆의 측퇴석으로 나뉜다.

- **빙폭**Icefall: 수직에 가깝도록 가파른 경사를 이루는 빙하로, 크레바스가 매우 많다. 물이 아닌 얼음으로 이뤄진 폭포.
- **빙하 구혈**Moulin: 융빙수가 빙하의 기저면까지 흘러들어 가면서 석회암 지대나 카르스트 지형의 싱크홀처럼 빙하에 수직으로 뚫리는 깊은 구멍. 대개는 크레바스가 그 안으로 흘러내려 가는 융빙수를 게걸스럽게 빨아들이면서 생겨난다.
- **빙하기**Ice age: 지구의 역사에서 기온이 낮아져 빙하와 빙상이 확장된 시기. 지구의 45억 년 역사를 통틀어 인간이 밝혀낸 빙하기는 다섯 번이며 마지막 빙하기는 200만 년 전(제4기)에 시작되었고 우리는 여전히 빙하기를 살고 있다(간신히……).
- **빙하 내부 지대**Englacial zone: 빙하와 빙하 기저 사이. 주로 단단한 얼음으로 이뤄져 있다.
- **빙하의 혀**Ice tougue: 낮게 내려온 빙하의 말단.
- **빙하 저면 지대**Subglacial zone: 빙하의 기저면과 그 아래 암석 사이의 지대.
- **빙하 전방 지대**Proglacial zone: 빙하의 앞 지역. 대개는 식물이 자라지 않으며 빙하에 의해 옮겨진 다양한 크기의 암석이 흩어져 있고 빙하성 하천이 흐른다.
- **빙하 주둥이**Snout: 하강 경사를 이루는 빙하의 끝부분으로 빙하의 코를 말한다.
- **빙하 표면 지대**Supraglacial zone: 전체 빙하 표면을 아우르는 지대.
- **식물 플랑크톤**Phytoplankton: 염수 또는 담수 환경, 즉 바닷물이나 호수에 부유하는 작은 식물 같은 생물로 현미경으로만 볼 수 있다. 태양 복사를 이용한 광합성으로 양분을 얻는다.
- **신생대**Cenozoic: 대략 지난 6,500만 년을 아우르는 지질 시대.
- **암설 덮인 빙하**Debris-covered glacier: 낮게 내려온 빙체에 암설이 다양한 정도로 뒤덮인 빙하. 주로 안데스산맥이나 아시아 고산 지대에서 볼 수 있다. 암설 덮인 빙하는 시간을 두고 서서히 암석 빙하로 변하기도 한다. 암석 빙하는 암석에 완전히 뒤덮여 있지만 암석 물질 사이에 얼음이 존재하기 때문에 유동이 계속된다.
- **압력 용융**Pressure melting: 가압에 의해 얼음이 녹는 현상. 압력이 가해지면 녹는점이 섭씨 0도보다 조금 더 내려간다.
- **얼음 가장자리**Ice margin: 빙하의 가장자리나 앞면을 지칭한다.
- **얼음 결정 변형**Ice deformation: 얼음 결정이 압력에 의해 서서히 변형되고 이동하면서 일어나는 얼음의 유동 과정으로, 모든 빙하에서 일어난다.
- **에미안기**Eemian: 약 12만 년 전 제4기에 있었던 마지막 따뜻한 간빙기. 현재 간빙기(홀로세)보다 기온이 높았으므로 미래의 우리 모습을 유추하기에 좋은 자료가 된다. 당시 해수면이 지금보다 약 6미터 더 높았다는 점은 우려되는 부분이 아닐 수

없다.

- **열수 시추**Hot-water drilling: 고압의 뜨거운 물과 증기를 사용해 빙하 표면과 지반 사이에 구멍을 뚫는 깨끗하고 대중적인 기법.
- **영구 동토대**Permafrost: 연중 온도가 섭씨 0도 이하인 땅으로 대개는 언 상태다.
- **영양분**Nutrient: 생물이 살아가는 데 필수적인 물질.
- **온난 빙하**Temperate/Warm-based glacier: 온도가 융점이라 연중 내내 물을 공급할 수 있는 빙하. 겨울에는 일시적으로 표면층의 온도가 영하로 내려가기도 한다.
- **유기 탄소**Organic carbon: 동물 또는 식물처럼 살아 있는 생물과 얽혀 있는 탄소.
- **유기물**Organic matter: 생물이 부패하고 분해되는 과정에서 생성되는 탄소 기반의 화합물.
- **이산화탄소**Carbon dioxide: 탄소 원자 하나와 산소 원자 두 개로 이뤄진 분자. 상온 상압에서는 기체 상태로 존재한다. 온실가스의 일종으로 지구의 대기에서 차지하는 비중은 낮지만 점차 증가하고 있다.
- **이온**Ion: 전하를 띠는 원자 또는 분자. 중성인 입자가 전자를 잃으면 양전하를 띠고 전자를 얻으면 음전하를 띤다.
- **인류세**Anthropocene: 지구 역사에서 인간 활동에 영향을 받은 시기. 인류세의 출발이 언제인가에 관해서는 의견이 분분하다. 수천 년 전으로 보는 견해도 있고 19세기 후반 산업 혁명이라는 주장도 있으며, 심지어는 첫 핵폭탄 실험이 이뤄진 1950년으로 보는 주장도 있다. 인류세는 오늘날까지 지속되고 있다.
- **전도율**Electrical conductivity: 전류가 얼마나 잘 흐르는지를 나타내는 물질의 값. 물의 전도율은 부분적으로 전하를 띤 입자(이온)의 양에 따라 달라진다.
- **제4기**Quaternary: 대략 최근 200만 년을 아우르는 지질 시대로, 한랭한 시기와 온난한 시기가 주기적으로 나타난다(빙기-간빙기 주기)
- **조수 빙하/해양 종결 빙하**Tidewater glacier/Marine-terminating glacier: 빙하의 혀가 바다에서 끝나는 빙하.
- **종속 영양 생물**Heterotroph: 영어의 어원은 '타급 영양'이라는 뜻의 고대 그리스어. 스스로 양분을 만들지 못하고 다른 유기물이 만든 양분에 의존하는 생물을 말한다. 인간도 종속 영양 생물이다.
- **즐형산릉/아레트**Arête: 빙하가 산의 양쪽 측면을 침식하면서 길고 좁은 지느러미 모양의 암석만 남아 형성된, 칼처럼 날카로운 능선.
- **크라이오코나이트 구멍**Cryoconite hole: 얼음으로 에워싸인 원통형 구멍으로, 바닥에는 어두운 퇴적물이 얇은 층을 이루고 있다. 이 퇴적물 층을 '크라이오코나이트'라

고 부른다. 얼음 속의 어두운 퇴적물이 주변 얼음에 비해 태양 복사를 더 많이 흡수하여 데워지면서 그 부분이 녹아 구멍이 형성된다.

- **탑상 빙괴/세락**Sérac: 얼음이 급경사를 빠르게 흘러 내려와 서로 교차하는 수많은 크레바스가 생성된 곳(예를 들면 빙폭)에서 볼 수 있는 뾰족뾰족한 얼음덩어리들.
- **페하**pH: 물의 산성이나 알칼리성의 정도를 나타내는 지표. pH 수치가 낮을수록 산성이다. 0~14로 구분하며 7은 중성, 7보다 낮으면 산성, 7보다 높으면 알칼리성이다.
- **풍화**Weathering: 오랜 시간에 걸쳐 암석이 파괴되거나 분해되는 일련의 물리적·화학적 과정.
- **하도 배수 시스템**Channelized drainage system: 빙하 밑 지반과 빙하의 기저 사이에서 융빙수를 빙하의 주둥이로 빠르게 수송하는, 서로 연결된 망상 하도.
- **하이드레이트**Hydrate: 클라스레이트 하이드레이트clathrate hydrate라고 부르기도 한다. 저온 고압의 조건에서 얼음 상태의 물 분자들이 '손님' 기체 분자를 에워싸서 가둔 결정체. 대표적인 예는 메탄 하이드레이트이다. 여기에 열을 가하면 물 분자들이 녹아서 메탄 또는 다른 기체가 발산된다.
- **한랭 빙하**Cold-based glacier: 지반에 얼어붙은 대개는 작고 얇은 빙하로, 주로 극지방에 많다.
- **호수 종결 빙하**Lake-terminating glacier: 빙하의 혀가 호수에서 끝나는 빙하.
- **홀로세**Holocene: 1만여 년 전에 시작된 가장 최근의 간빙기. 여전히 홀로세가 지속되고 있다고 주장하는 의견도 있지만 일각에서는 우리 인간이 인류세라는 새로운 시대를 열었다고 주장한다.
- **활강 바람**Katabatic wind: 산비탈의 하강면에서 중력에 이끌려 아래로 부는 차가운 바람.
- **활동성 이동**Basal sliding: 빙하가 융빙수를 윤활제 삼아 기반암 위를 미끄러지는 유동 현상. 온난 빙하 또는 다온성 빙하에서만 일어난다.
- **황화 광물**Sulphide mineral: 암석에서 볼 수 있는, 황과 금속(주로 철)으로 이뤄진 광물. 가장 흔한 것은 황철석FeS_2으로, 빙하가 암석을 침식할 때 나온다.

여는말

1 IPCC (2018). Global Warming of 1.5°C: An IPCC Special Report on the impacts of global warming of 1.5°C above pre-industrial levels and related global greenhouse gas emission pathways, in the context of strengthening the global response to the threat of climate change, sustainable development and efforts to eradicate poverty.

2 UNEP (2019). *Emissions Gap Report 2019*. Nairobi, UNEP.

1. 감춰진 세계를 엿보다 • 스위스 알프스산맥

1 Carozzi, A. V. (1966). 'Agassiz's amazing geological speculation: the Ice-Age', *Studies in Romanticism* 5 (2): 57~83.

2 Imbrie, J. and K. P. Imbrie (1986). *Ice Ages: Solving the Mystery*. Cambridge, MA: Harvard University Press.

3 Hubbard, A., et al. (2000). 'Glacier mass-balance determination by remote sensing and high-resolution modelling', *Journal of Glaciology* 46 (154): 491~8.

4 Mair, D., et al. (2002). 'Influence of subglacial drainage system evolution on glacier surface motion: Haut Glacier d'Arolla, Switzerland', *Journal of Geophysical Research: Solid Earth* 107 (B8): Doi:10.1029/2001JB000514.
5 Campbell, R. B. (2007). *In Darkest Alaska: Travels and Empire along the Inside Passage*. Philadelphia, PA: University of Philadelphia Press.
6 Hubbard, B. P., et al. (1995). 'Borehole water-level variations and the structure of the subglacial hydrological system of Haut Glacier d'Arolla, Valais, Switzerland', *Journal of Glaciology* 41 (139): 572~83.
7 Nienow, P., et al. (1998). 'Seasonal changes in the morphology of the subglacial drainage system, Haut Glacier d'Arolla, Switzerland', *Earth Surface Processes and Landforms* 23 (9): 825~43.
8 Hubbard et al. (1995).
9 Iken, A., et al. (1983). 'The uplift of Unteraargletscher at the beginning of the melt season - a consequence of water storage at the bed?', *Journal of Glaciology* 29 (101): 28~47.
10 Von Hardenberg, A., et al. (2004). 'Horn growth but not asymmetry heralds the onset of senescence in male Alpine ibex(Capra ibex)', *Journal of Zoology* 263: 425~32.
11 http://oldeuropeanculture.blogspot.com/2016/12/goat.html.
12 Maixner, F., et al. (2018). 'The Iceman's last meal consisted of fat, wild meat, and cereals', *Current Biology* 28 (14): 2,348~55.
13 Sharp, M., et al. (1999). 'Widespread bacterial populations at glacier beds and their relationship to rock weathering and carbon cycling', *Geology* 27 (2): 107~10.
14 Fischer, M., et al. (2015). 'Surface elevation and mass changes of all Swiss glaciers 1980~2010', *The Cryosphere* 9 (2): 525~40.

15 Berner, R. A. (2003). 'The long-term carbon cycle, fossil fuels and atmospheric composition', *Nature* (426): 323~6.

16 Zachos, J. C., et al. (2008). 'An early Cenozoic perspective on greenhouse warming and carbon-cycle dynamics', *Nature* 451 (7176): 279~83.

17 Guardian, T. (2012). 'Greenhouse gas levels pass symbolic 400ppm CO_2 milestone', https://www.esrl.noaa.gov/gmd/ccgg/trends/ weekly.html

18 Raymo, M. E., et al. (1988). 'Influence of late Cenozoic mountain building on ocean geochemical cycles', *Geology* 16 (7): 649~53.

19 Pearson, P. N., et al. (2009). 'Atmospheric carbon dioxide through the Eocene-Oligocene climate transition', *Nature* 461 (7267): 1,110~13.

20 Hays, J. D., et al. (1976). 'Variations in the Earth's orbit: pacemaker of the Ice Ages', *Science* 194 (4270): 1,121~32.

21 Maslin, M. A., et al. (1998). 'The contribution of orbital forcing to the progressive intensification of northern hemisphere glaciation', *Quaternary Science Reviews* 17 (4): 411~26.

22 Grove, J. (1988). *The Little Ice Age*. Ann Arbor, MI: University of Michigan/London: Methuen.

23 EPICA Community Members (2004). 'Eight glacial cycles from an Antarctic ice core', *Nature* 429: 623~8.

24 Miller, K. G., et al. (2012). 'High tide of the warm Pliocene: implications of global sea level for Antarctic deglaciation', *Geology* 40 (5): 407~10.

25 Haywood, A. M., et al. (2013). 'Large-scale features of Pliocene climate: results from the Pliocene Model Intercomparison Project', *Climate of the Past* 9 (1): 191~209.

26 Foster, G. L., et al. (2017). 'Future climate forcing potentially

without precedent in the last 420 million years', *Nature Communications* 8: Doi:10.1038/ncomms14845.
27 Radić, V., et al. (2014). 'Regional and global projections of twenty-first-century glacier mass changes in response to climate scenarios from global climate models', *Climate Dynamics* 42 (1): 37~58; Zekollari, H., et al. (2019). 'Modelling the future evolution of glaciers in the European Alps under the EURO-CORDEX RCM ensemble', *The Cryosphere* 13 (4): 1,125~46.

2. 곰들, 곰들의 세상 • 스발바르 제도

1 Derocher, A. (2012). *Polar Bears: A Complete Guide to their Biology and Behaviour*. Baltimore, MD: Johns Hopkins University Press.
2 Meredith, M., et al. (2019). Chapter 3, 'Polar Regions', in *IPCC Special Report on the Ocean and Cryosphere in a Changing Climate*, ed. H. O. Pörtner, D. C. Roberts, V. Masson-Delmotte et al.: 118.
3 Liestøl, O. (1993). 'Glaciers of Svalbard, Norway: Satellite Image Atlas of Glaciers of the World', in *Glaciers of Europe*, ed. R. S. Williams and J. G. Ferrigno, US Geological Survey Professional Paper 1386 - E: 127~52.
4 Åkerman, J. (1982). *Studies on Naledi (Icings) in West Spitsbergen*. Proceedings of the 4th Canadian Permafrost Conference, Ottawa, National Research Council of Canada: 189~202.
5 Liestøl, O. (1969). 'Glacier surges in West Spitsbergen', *Canadian Journal of Earth Sciences* 6 (4): 895~7; Baranowski, S. (1983). 'Naled ice in front of some Spitsbergen glaciers', *Journal of Glaciology* 28 (98): 211~14.
6 Sorensen, A. C., et al. (2018). 'Neandertal fire-making

technology inferred from microwear analysis', *Scientific Reports* 8 (1): Doi:10.1038/ s41598-018-28342-99.

7 Skidmore, M. and M. Sharp (1995). 'Drainage system behaviour of a High-Arctic polythermal glacier', *Annals of Glaciology* 28: 209~15.

8 Wadham, J. L., et al. (2001). 'Evidence for seasonal subglacial outburst events at a polythermal glacier, Finsterwalderbreen, Svalbard', *Hydrological Processes* 15 (12): 2,259~80.

9 Nuttall, A.-M. and R. Hodgkins (2005). 'Temporal variations in flow velocity at Finsterwalderbreen, a Svalbard surge-type glacier', *Annals of Glaciology* 42: 71~6.

10 Prop, J., et al. (2015). 'Climate change and the increasing impact of polar bears on bird populations', *Frontiers in Ecology and Evolution* 25: Doi:10.3389/fevo.2015.00033.

11 Bottrell, S. H. and M. Tranter (2002). 'Sulphide oxidation under partially anoxic conditions at the bed of the Haut Glacier d'Arolla, Switzerland', *Hydrological Processes* 16 (12): 2,363~8.

12 Wadham, J. L., et al. (2004). 'Stable isotope evidence for microbial sulphate reduction at the bed of a polythermal high Arctic glacier', *Earth and Planetary Science Letters* 219 (3~4): 341~55.

13 Meredith et al. (2019).

14 Hanssen-Bauer, I., et al. (2018). 'Climate in Svalbard 2100 – a knowledge base for climate adaptation', Norwegian Environment Agency.

15 Haug, T., et al. (2017). 'Future harvest of living resources in the Arctic Ocean north of the Nordic and Barents Seas: a review of possibilities and constraints', *Fisheries Research* 188: 38~57.

16 Onarheim, I. H., et al. (2014). 'Loss of sea ice during winter north of Svalbard', *Tellus A: Dynamic Meteorology and*

Oceanography 66 (1): Doi:10.3402/tellusa.v66.23933.
17 Muckenhuber, S., et al. (2016). 'Sea ice cover in Isfjorden and Hornsund, Svalbard (2000~2014) from remote sensing data', *The Cryosphere* 10 (1): 149~58.

3. 심층의 배수 · 그린란드

1 Nuttall, M. (2010). 'Anticipation, climate change, and movement in Greenland', *Études/Inuit/Studies* 34 (1): 21~37.
2 Kane, N. (2019). *History of the Vikings and Norse Culture*. Spangenhelm Publishing.
3 Nedkvitne, A. (2019). *Norse Greenland: Viking Peasants in the Arctic*. Oxford: Routledge.
4 Ibid.
5 Wells, N. C. (2016). 'The North Atlantic Ocean and climate change in the UK and northern Europe', *Weather* 71 (1): 3~6.
6 Rea, B. R., et al. (2018). 'Extensive marine-terminating ice sheets in Europe from 2.5 million years ago', *Science Advances* 4 (6): Doi:10.1126/sciadv.aar8327.
7 Lambeck, K., et al. (2014). 'Sea level and global ice volumes from the Last Glacial Maximum to the Holocene', *Proceedings of the National Academy of Sciences* 111 (43): 15,296~303.
8 Oppenheimer, M., et al. (2019). Chapter 4: 'Sea Level Rise and Implications for Low-lying Islands, Coasts and Communities', in *IPCC Special Report on the Ocean and Cryosphere in a Changing Climate*, ed. H.-O. Pörtner, D. C. Roberts, V. Masson-Delmotte et al.: 321~445.
9 Shennan, I., et al. (2006). 'Relative sea-evel changes, glacial isostatic modelling and ice-sheet reconstructions from the British Isles since the Last Glacial Maximum', *Journal of*

Quaternary Science 21 (6): 585~99.
10 Meredith et al. (2019).
11 Tedesco, M. and X. Fettweis (2020). 'Unprecedented atmospheric conditions (1948~2019) drive the 2019 exceptional melting season over the Greenland ice sheet', *The Cryosphere* 14 (4): 1,209~23.
12 Rignot, E., et al. (2012). 'Spreading of warm ocean waters around Greenland as a possible cause for glacier acceleration', *Annals of Glaciology* 53 (60): 257~66.
13 Howat, I. M. and A. Eddy (2011). 'Multi-decadal retreat of Greenland's marine-terminating glaciers', *Journal of Glaciology* 57 (203): 389~96.
14 Ibid.
15 Oppenheimer et al. (2019).
16 Ibid.
17 Duncombe, J. (2019). 'Greenland ice sheet beats all-time 1-ay melt record', *EOS, Transactions of the American Geophysical Union* 100: Doi.org/10.1029/2019EO130349.
18 Meredith et al. (2019).
19 Stibal, M., et al. (2017). 'Algae drive enhanced darkening of bare ice on the Greenland Ice Sheet', *Geophysical Research Letters* 44 (22): 11,463~71.
20 Williamson, C. J., et al. (2019). 'Glacier algae: a dark past and a darker future', *Frontiers in Microbiology* 10 (524): 10.3389/fmicb.2019.00524.
21 Chandler, D. et al. (2013). 'Evolution of the subglacial drainage system beneath the Greenland Ice Sheet revealed by tracers', *Nature Geoscience* 6 (3): 195~8.
22 Ibid.
23 Tedstone, A. J., et al. (2015). 'Decadal slowdown of a

land-terminating sector of the Greenland Ice Sheet despite warming', *Nature* 526 (7575): 692~5.

24 Davison, B. J., et al. (2019). 'The influence of hydrology on the dynamics of land-terminating sectors of the Greenland Ice Sheet', *Frontiers in Earth Science* 7 (10): Doi:10.3389/feart.2019.00010.

25 Ibid.

26 Cowton, T., et al. (2012). 'Rapid erosion beneath the Greenland ice sheet', *Geology* 40 (4): 343~6.

27 Hudson, B., et al. (2014). 'MODIS observed increase in duration and spatial extent of sediment plumes in Greenland fjords', *The Cryosphere* 8 (4): 1,161~76.

28 Meire, L., et al. (2017). 'Marine-terminating glaciers sustain high productivity in Greenland fjords', *Global Change Biology* 23: 5,344~57; Middelbo, A. B., et al. (2018). 'Impact of glacial meltwater on spatiotemporal distribution of copepods and their grazing impact in Young Sound NE, Greenland', *Limnology and Oceanography* 63 (1): 322~36.

29 Cowton, T. R., et al. (2018). 'Linear response of east Greenland's tidewater glaciers to ocean/atmosphere warming', *Proceedings of the National Academy of Sciences* 115 (31): 7,907~12.

30 Juul-Pedersen, T., et al. (2015). 'Seasonal and interannual phytoplankton production in a sub-Arctic tidewater outlet glacier fjord, SW Greenland', *Marine Ecology Progress Series* 524: 27~38.

31 Meire, L., et al. (2016). 'Spring bloom dynamics in a subarctic fjord influenced by tidewater outlet glaciers (Godthåbsfjord, SW Greenland)', *Journal of Geophysical Research-Biogeosciences* 121: 1,581~92.

32 Meire et al. (2017); Juul-Pedersen et al. (2015).

33 ICES (2015). *Report of the North-estern Working Group* (NWWG), Copenhagen.

34 Meire et al. (2017).

35 Hendry, K. R., et al. (2019). 'The biogeochemical impact of glacial meltwater from Southwest Greenland', *Progress in Oceanography* 176: Doi: 10.1016/j.pocean.2019.102126.

36 Hawkings, J., et al. (2014). 'Ice sheets as a significant source of highly reactive nanoparticulate iron to the oceans', *Nature Communications* 5: Doi:10.1038/ncomms4929; Hawkings, J., et al. (2017). 'Ice sheets as a missing source of silica to the world's oceans', ibid.: 8: Doi:10.1038/ncomms14198; Hawkings, J., et al. (2016). 'The Greenland Ice Sheet as a hot spot of phosphorus weathering and export in the Arctic', *Global Biogeochemical Cycles* 30 (2): 191~210.

37 Duprat, L. P. A. M., et al. (2016). 'Enhanced Southern Ocean marine productivity due to fertilization by giant icebergs', *Nature Geoscience* 9 (3): 219~21.

38 Howat and Eddy (2011).

39 Meredith et al. (2019).

40 Sonne, B. (2017). *Worldviews of the Greenlanders: An Inuit Arctic Perspective*. Fairbanks, AK: University of Alaska Press.

41 ACIA (2005). *Arctic Climate Impact Assessment (ACIA)*. Cambridge: Cambridge University Press.

42 Nuttall (2010).

43 Hastrup, K. (2018). 'A history of climate change: Inughuit responses to changing ice conditions in North-est Greenland', *Climatic Change* 151: 67~78.

44 Ross, J. (1819). *Voyage of Discovery, made under the orders of Admiralty, in his Majesty's ships Isabelle and Alexander, for the Purpose of Exploring Baffin's Bay, and inquiring into the probability*

of a North-West Passage. London: C. U. Press.

45 Hastrup (2018).

46 Meredith et al. (2019).

47 US Fish & Wildlife Service, 1995. *Muskox: Ovibos Moschatus*, Biologue Series, University of Minnesota.

48 Lasher, G. E. and Y. Axford (2019). 'Medieval warmth confirmed at the Norse Eastern Settlement in Greenland', *Geology* 47 (3): 267~70.

49 McGovern, T. H. (1991). 'Climate, correlation, and causation in Norse Greenland', *Arctic Anthropology* 28 (2): 77~100.

50 Star, B., et al. (2018). 'Ancient DNA reveals the chronology of walrus ivory trade from Norse Greenland', *Proceedings of the Royal Society B: Biological Sciences* 285 (1884): Doi:10.1098/rspb.2018.0978; Barrett, J. H., et al. (2020). 'Ecological globalisation, serial depletion and the medieval trade of walrus rostra', *Quaternary Science Reviews* 229: Doi.org/10.1016/j.quascirev.2019.106122.

51 Barrett et al. (2020); Star et al. (2018).

52 McGovern, T. H. (2018). 'Greenland's lost Norse: parables of adaptation from the North Atlantic', in *Polar Geopolitics: A Podcast on the Arctic and Antarctica*. E. Bagley. http://www.podbean.com/ eu/pb-pixwv-a83cdb.

53 Gulløv, H. C. (2008). 'The nature of contact between native Greenlanders and Norse', *Journal of the North Atlantic* 1: 16~24.

54 Barrett et al. (2020).

55 Kintisch, E. (2016). 'Why did Greenland's Vikings disappear?', Science: *Archaeology and Human Evolution*, Doi:10.1126/science.aal0363.

56 Dugmore, A. J., et al. (2012). 'Cultural adaptation, compounding vulnerabilities and conjunctures in Norse Greenland', *Proceedings*

of the National Academy of Sciences 109 (10): 3,658~63.
57 McGovern (2018).

4. 극한에서의 삶 • 남극 대륙

1 Ainley, D. G. (2002). *The Adélie Penguin: Bellwether of Climate Change*, New York: Columbia University Press.
2 Ibid.
3 Fountain, A. G., et al. (2016). 'Glaciers in equilibrium, McMurdo Dry Valleys, Antarctica', *Journal of Glaciology* 62 (235): 976~89.
4 Ibid.
5 Koch, P. L., et al. (2019). 'Mummified and skeletal southern elephant seals (Mirounga leonina) from the Victoria Land Coast, Ross Sea, Antarctica', *Marine Mammal Science* 35 (3): 934~56.
6 Scott, R. F. (1905). The Voyage of the Discovery VII. London: Macmillan; Priscu, J. C. (1999). 'Life in the Valley of the "Dead" ', *BioScience* 49 (12): 959.
7 Fountain, A. G., et al. (2004). 'Evolution of cryoconite holes and their contribution to meltwater runoff from glaciers in the McMurdo Dry Valleys, Antarctica', *Journal of Glaciology* 50 (168): 35~45.
8 Tranter, M., et al. (2010). 'The biogeochemistry and hydrology of McMurdo Dry Valley glaciers: is there life on martian ice now?': 195~220, in *Life in Antarctic Deserts and Other Cold Dry Environments: Astrobiological Analogs*, ed. P. T. Doran, W. B. Lyons and D. M. McKnight. Cambridge: Cambridge University Press.
9 Ibid.; Priscu (1999).
10 Bagshaw, E. A., et al. (2016). 'Response of Antarctic cryoconite microbial communities to light', *FEMS Microbiology Ecology* 92

(6): Doi.org/10.1093/femsec/fiw076.

11 Ibid.

12 Dubnick, A., et al. (2017). 'Trickle or treat: the dynamics of nutrient export from polar glaciers', *Hydrological Processes* 31 (9): 1,776~89.

13 Gooseff, M. N., et al. (2017). 'Decadal ecosystem response to an anomalous melt season in a polar desert in Antarctica', *Nature Ecology & Evolution* 1 (9): 1,334~8.

14 Dubnick et al. (2017); Bagshaw, E. A., et al. (2013). 'Do cryoconite holes have the potential to be significant sources of C, N, and P to downstream depauperate ecosystems of Taylor Valley, Antarctica?', *Arctic, Antarctic, and Alpine Research* 45 (4): 440~54.

15 Fritsen, C. H. and J. C. Priscu (1999). 'Seasonal change in the optical properties of the permanent ice cover on Lake Bonney, Antarctica: consequences for lake productivity and phytoplankton dynamics', *Limnology and Oceanography* 44: 447~54.

16 Mikucki, J. A., et al. (2009). 'A contemporary microbially maintained subglacial ferrous "ocean"', *Science* 324 (5925): 397~400.

17 Naylor, S., et al. (2008). 'The IGY and the ice sheet: surveying Antarctica', *Journal of Historical Geography* 34 (4): 574~95.

18 Siegert, M. J. (2018). 'A 60-year international history of Antarctic subglacial lake exploration', *Geological Society, London, Special Publications* 461 (1): 7~21.

19 Pattyn, F. (2010). 'Antarctic subglacial conditions inferred from a hybrid ice sheet/ice stream model', *Earth and Planetary Science Letters* 295 (3~4): 451~61.

20 Priscu, J., et al. (2008). 'Antarctic subglacial water: origin,

evolution and ecology', in *Polar Lakes and Rivers*, ed. W. F. Vincent and J. Laybourne-Parry, New York: Oxford University Press: 119~36; Siegert, M. J., et al. (2016). 'Recent advances in understanding Antarctic subglacial lakes and hydrology', *Philosophical Transactions of the Royal Society A* 374 (2059): Doi:10.1098/rsta.2014.0306.

21 Escutia, C., et al. (2019). 'Keeping an eye on Antarctic Ice Sheet stability', *Oceanography* 32 (1): 32~46.

22 Krasnopolsky, V. A., et al. (2004). 'Detection of methane in the martian atmosphere: evidence for life?', *Icarus* 172 (2): 537~47.

23 Stibal, M., et al. (2012). 'Methanogenic potential of Arctic and Antarctic subglacial environments with contrasting organic carbon sources', *Global Change Biology* 18 (11): 3,332~45.

24 Wadham, J. L., et al. (2012). 'Potential methane reservoirs beneath Antarctica', *Nature* 488 (7413): 633~7.

25 Michaud, A. B., et al. (2017). 'Microbial oxidation as a methane sink beneath the West Antarctic Ice Sheet', *Nature Geoscience* 10 (8): 582~6.

26 Wadham, J. L., et al. (2013). 'The potential role of the Antarctic Ice Sheet in global biogeochemical cycles', *Earth and Environmental Science Transactions of the Royal Society of Edinburgh* 104 (1): 55~67.

27 Maule, C. F., et al. (2005). 'Heat flux anomalies in Antarctica revealed by satellite magnetic data', *Science* 309 (5733): 464~7.

28 van Wyk de Vries, M., et al. (2018). 'A new volcanic province: an inventory of subglacial volcanoes in West Antarctica', *Geological Society, London, Special Publications* 461 (1): 231~48.

29 Wadham et al. (2012).

30 Pritchard, H. D., et al. (2012). 'Antarctic ice-heet loss driven by basal melting of ice shelves', *Nature* 484 (7395): 502~5.

31 Schmidtko, S., et al. (2014). 'Multidecadal warming of Antarctic waters', *Science* 346 (6214): 1,227~31.
32 Thompson, D. W. J. and S. Solomon (2002). 'Interpretation of recent southern hemisphere climate change', *Science* 296 (5569): 895~9.
33 Lee, S. and S. B. Feldstein (2013). 'Detecting ozone-and greenhouse gas-driven wind trends with observational data', *Science* 339 (6119): Doi:10.1126/science.1225154.
34 Ibid.; Meredith et al. (2019).
35 Holland, P. R., et al. (2019). 'West Antarctic ice loss influenced by internal climate variability and anthropogenic forcing', *Nature Geoscience* 12 (9): 718~24.
36 Meredith et al. (2019).
37 Wingham, D. J., Wallis, D. W., and Shepherd, A. (2009). 'Spatial and temporal evolution of Pine Island Glacier thinning, 1995~2006', *Geophysical Research Letters* 36 (17): Doi:10.1029/2009GL039126.
38 Rignot, E., et al. (2019). 'Four decades of Antarctic Ice Sheet mass balance from 1979~2017', *Proceedings of the National Academy of Sciences* 116 (4): 1,095~103.
39 DeConto, R. M. and D. Pollard (2016). 'Contribution of Antarctica to past and future sea-level rise', *Nature* 531 (7596): 591~7; Turney, C. S. M., et al. (2020). 'Early last interglacial ocean warming drove substantial ice mass loss from Antarctica', *Proceedings of the National Academy of Sciences* 117 (8): 3,996~4,066.
40 Oppenheimer et al. (2019).
41 Andreassen, K., et al. (2017). 'Massive blow-ut craters formed by hydrate-controlled methane expulsion from the Arctic seafloor', *Science* 356 (6341): 948~53.

42 'Paris Agreement', United Nations Treaty Collection, 8 July 2016.
43 Portnov, A., et al. (2016). 'Ice-heet-driven methane storage and release in the Arctic', *Nature Communications* 7: Doi:10.1038/ncomms10314.
44 Michaud et al. (2017).
45 Lamarche-Gagnon, G., et al. (2019). 'Greenland melt drives continuous export of methane from the ice-heet bed', *Nature* 565 (7737): 73~7.
46 Thurber, A. R., et al. (2020). 'Riddles in the cold: Antarctic endemism and microbial succession impact methane cycling in the Southern Ocean', *Proceedings of the Royal Society B: Biological Sciences* 287 (1931): Doi.org/10.1098/rspb.2020.1134.

5. 글로프를 주의하라! • 파타고니아

1 Millan, R., et al. (2019). 'Ice thickness and bed elevation of the northern and southern Patagonian icefields', *Geophysical Research Letters* 46 (12): 6,626~35.
2 Garreaud, R., et al. (2013). 'Large-scale control on the Patagonian climate', *Journal of Climate* 26 (1): 215~30.
3 Bendle, J. M., et al. (2019). 'Phased Patagonian Ice Sheet response to Southern Hemisphere atmospheric and oceanic warming between 18 and 17 ka', *Scientific Reports* 9 (1): Doi:10.1038/ s41598-1019-39750-w.
4 Lenaerts, J. T. M., et al. (2014). 'Extreme precipitation and climate gradients in Patagonia revealed by high-resolution regional atmospheric climate modeling', *Journal of Climate* 27 (12): 4,607~21.
5 Mouginot, J. and E. Rignot (2015). 'Ice motion of the Patagonian icefields of South America: 1984~2014', *Geophysical Research*

Letters 42 (5): 1,441~9.
6 Zemp, M., et al. (2019). 'Global glacier mass changes and their contributions to sea-level rise from 1961 to 2016', *Nature* 568 (7752): 382~6.
7 Rivera, A., et al. (2012). 'Little Ice Age advance and retreat of Glaciar Jorge Montt, Chilean Patagonia', *Climate of the Past* 8 (2): 403~14.
8 Wilson, R., et al. (2018). 'Glacial lakes of the Central and Patagonian Andes', *Global and Planetary Change* 162: 275~91.
9 Carrivick, J. L. and D. J. Quincey (2014). 'Progressive increase in number and volume of ice-marginal lakes on the western margin of the Greenland Ice Sheet', *Global and Planetary Change* 116: 156~63.
10 Maharjan, S. B., et al. (2018). *The Status of Glacial Lakes in the Hindu Kush Himalaya*. Kathmandu: ICIMOD.
11 Moss, C. (2016). *Patagonia: A Cultural History* (Landscapes of the Imagination), London: Andrews.
12 Neruda, P. (2000). *Canto General*, 50th Anniversary Edition, trans. Jack Schmitt. Berkeley, CA: University of California Press, p. 227.
13 Palmer, J. (2019). 'The dangers of glacial lake floods: pioneering and capitulation', *EOS, Transactions of the American Geophysical Union* 100: Doi:org/10.1029/2019EO116807.
14 Harrison, S., et al. (2018). 'Climate change and the global pattern of moraine-dammed glacial lake outburst floods', *The Cryosphere* 12 (4): 1,195~209.
15 Davies, B. J. and N. F. Glasser (2012). 'Accelerating shrinkage of Patagonian glaciers from the Little Ice Age (~ad 1870) to 2011', *Journal of Glaciology* 58 (212): 1,063~84.
16 Pryer, H., et al. (2020). 'Impact of glacial cover on riverine

silicon and iron export to downstream ecosystems', *Global Biogeochemical Cycles* 34 (12): Doi.org/10.1029/2020SB006611.

17 Piret, L., et al. 'High-resolution fjord sediment record of a retreating glacier with growing intermediate proglacial lake (Steffen Fjord, Chile)', *Earth Surface Processes and Landforms*: Doi.org/10.1002/ esp.5015.

18 Iriarte, J. L., et al. (2018). 'Low spring primary production and microplankton carbon biomass in Sub-Antarctic Patagonian channels and fjords (50~53°S)', *Arctic, Antarctic, and Alpine Research* 50 (1): Doi:10.1080/15230430.2018.1525186.

19 Cuevas, L. A., et al. (2019). 'Interplay between freshwater discharge and oceanic waters modulates phytoplankton size-structure in fjords and channel systems of the Chilean Patagonia', *Progress in Oceanography* 173: 103~13; González, H. E., et al. (2013). 'Land-ocean gradient in haline stratification and its effects on plankton dynamics and trophic carbon fluxes in Chilean Patagonian fjords (47~50°S)', *Progress in Oceanography* 119: 32~47.

20 Pryer et al. (2020).

21 Dussaillant J. A., et al. (2012). 'Hydrological regime of remote catchments with extreme gradients under accelerated change: the Baker basin in Patagonia', *Hydrological Sciences Journal* 57 (8): 1,530~42.

22 Gillett, N. P. and D. W. J. Thompson (2003). 'Simulation of recent southern hemisphere climate change', *Science* 302 (5643): 273~5. Lee, S. and S. B. Feldstein (2013). 'Detecting ozone-and greenhouse gas-driven wind trends with observational data', *Science* 339 (6119): 563~7.

23 Lara, A., et al. (2015). 'Reconstructing streamflow variation of the Baker River from tree-rings in Northern Patagonia since

1765', *Journal of Hydrology* 529: 511~23.

6. 말라가는 흰 강들 • 인도 히말라야

1 Wester, P., et al. (2019). *The Hindu Kush Himalaya Assessment–. Mountains, Climate Change, Sustainability and People*, New York: Springer International Publishing.
2 Andermann, C., et al. (2012). 'Impact of transient groundwater storage on the discharge of Himalayan rivers', *Nature Geoscience* 5 (2): 127~32.
3 Biemans, H., et al. (2019). 'Importance of snow and glacier meltwater for agriculture on the Indo-Gangetic Plain', *Nature Sustainability* 2 (7): 594~601.
4 Wester et al. (2019).
5 Richey, A. S., et al. (2015). 'Quantifying renewable groundwater stress with GRACE', *Water Resources Research* 51 (7): 5,217~38.
6 Worldbank (1960). *The Indus Waters Treaty*.
7 Haines, D. (2017). *Rivers Divided: Indus Basin Waters in the Making of India and Pakistan*. Building the Empire, Building the Nation: Development, Legitimacy, and Hydro-Politics in Sind, 1919~1969. London: C. Hurst & Co Ltd.
8 Lutz, A. F., et al. (2014). 'Consistent increase in High Asia's runoff due to increasing glacier melt and precipitation', *Nature Climate Change* 4 (7): 587~92; Biemans et al. (2019).
9 Lutz et al. (2014).
10 Azam, M. F., et al. (2014). 'Processes governing the mass balance of Chhota Shigri Glacier (western Himalaya, India) assessed by point-scale surface energy balance measurements', *The Cryosphere* 8 (6): 2,195~217.
11 Wester et al. (2019).

12 IPCC (2013). *Climate Change 2013-The Physical Science Basis*. Cambridge: Cambridge University Press.

13 Wester et al. (2019).

14 Fujita, K. (2008). 'Effect of precipitation seasonality on climatic sensitivity of glacier mass balance', *Earth and Planetary Science Letters* 276 (1): 14~19; Azam et al. (2014).

15 Maurer, J. M., et al. (2019). 'Acceleration of ice loss across the Himalayas over the past 40 years', *Science Advances* 5 (6); King, O., et al. (2019). 'Glacial lakes exacerbate Himalayan glacier mass loss', Scientific Reports 9 (1): Doi:10.1038/ s41598-019-53733-x.

16 Bolch, T., et al. (2012). 'The state and fate of Himalayan glaciers', *Science* 336 (6079): 310~4.

17 Farinotti, D., et al. (2020). 'Manifestations and mechanisms of the Karakoram glacier Anomaly', *Nature Geoscience* 13 (1): 8~16.

18 Wester et al. (2019).

19 Ibid.

20 Ibid.

21 Mallet, V. (2017). *River of Life, River of Death: The Ganges and India's Future*. Oxford: Oxford University Press.

22 Tveiten, I. N. (2007). 'Glacier growing: a local response to water scarcity in Baltistan and Gilgit, Pakistan', unpublished Master's thesis, Norwegian University of Life Science.

23 Clouse, C. (2017). 'The Himalayan ice stupa: Ladakh's climate-adaptive water cache', *Journal of Architectural Education* 71 (2): 247~51.

24 Bradley, J. A., et al. (2014). 'Microbial community dynamics in the forefield of glaciers', *Proceedings of the Royal Society B: Biological Sciences* 281: Doi.org/10.1098/rspb.2014.0882.

25 Anderson, K., et al. (2020). 'Vegetation expansion in the

subnival Hindu Kush Himalaya', *Global Change Biology* 26 (3): 1,608~25.
26 Wester et al. (2019).
27 Higgins, S. A., et al. (2018). 'River linking in India: downstream impacts on water discharge and suspended sediment transport to deltas', *Elementa* 6 (1): Doi.org/10.1525/elementa.269.
28 Macklin, M. G. and J. Lewin (2015). 'The rivers of civilization', *Quaternary Science Reviews* 114: 228~44.
29 Higgins et al. (2018).

7. 마지막 얼음 • 코르디예라 블랑카

1 Schauwecker, S., et al. (2017). 'The freezing level in the tropical Andes, Peru: an indicator for present and future glacier extents', *Journal of Geophysical Research: Atmospheres* 122 (10): 5,172~89.
2 Schauwecker, S., et al. (2014). 'Climate trends and glacier retreat in the Cordillera Blanca, Peru, revisited', *Global and Planetary Change* 119: 85~97.
3 Seehaus, T., et al. (2019). 'Changes of the tropical glaciers throughout Peru between 2000 and 2016-mass balance and area fluctuations', *The Cryosphere* 13 (10): 2,537~56.
4 Schauwecker et al. (2017).
5 Kaser, G., et al. (2003). 'The impact of glaciers on the runoff and the reconstruction of mass balance history from hydrological data in the tropical Cordillera Blanca, Perú, *Journal of Hydrology* 282: 130~44.
6 Milner, A. M., et al. (2017). 'Glacier shrinkage driving global changes in downstream systems', *Proceedings of the National Academy of Sciences* 114 (37): 9,770~8.
7 Margirier, A., et al. (2018). 'Role of erosion and isostasy in the

Cordillera Blanca uplift: insights from landscape evolution modeling (northern Peru, Andes)', *Tectonophysics* 728~9:119~29.
8 Gurgiser, W., et al. (2013). 'Modeling energy and mass balance of Shallap Glacier, Peru', *The Cryosphere* 7 (6): 1,787~802.
9 Petford, N. and M. P. Atherton (1992). 'Granitoid emplacement and deformation along a major crustal lineament: the Cordillera Blanca, Peru', *Tectonophysics* 205 (1): 171~85.
10 Bebbington, A. J. and J. T. Bury (2009). 'Institutional challenges for mining and sustainability in Peru', *Proceedings of the National Academy of Sciences* 106 (41): 17,296~301.
11 Durán-Alarcón, C., et al. (2015). 'Recent trends on glacier area retreat over the group of Nevados Caullaraju-Pastoruri (Cordillera Blanca, Peru) using Landsat imagery', *Journal of South American Earth Sciences 59*: 19~26.
12 Loayza-uro, Raúl A., et al. (2013). 'Metal leaching, acidity, and altitude confine benthic macroinvertebrate community composition in Andean streams', *Environmental Toxicology and Chemistry* 33 (2): 404~11.
13 Santofimia, E., et al. (2017). 'Acid rock drainage in Nevado Pastoruri glacier area (Huascarán National Park, Perú): hydrochemical and mineralogical characterization and associated environmental implications', *Environmental Science and Pollution Research* 24 (32): 25,243~59.
14 Gurgiser et al. (2013).
15 Mark, B. G., et al. (2017). 'Glacier loss and hydro-social risks in the Peruvian Andes', *Global and Planetary Chang*e 159: 61~76.
16 Fraser, B. (2009). 'Climate change equals culture change in the Andes', *Scientific American*, 5 October.
17 Kulp, S. A. and B. H. Strauss (2019). 'New elevation data triple estimates of global vulnerability to sea-level rise and coastal

flooding', *Nature Communications* 10 (1): Doi.org/10.1038/s41467-019-12808-z .
18 IPCC Special Report 1.5 (2018).

닫는말 • 갈림길

1 Bamber, J. L., et al. (2019). 'Ice sheet contributions to future sea-level rise from structured expert judgment', *Proceedings of the National Academy of Sciences* 116 (23): 11,195~200

1. 2018년 7월 기대에 차서 상아롤라 빙하에 다시 갔을 때. 부크탱 산릉으로 에워싸인 텅 빈 계곡에 애처로운 빙하 주둥이가 마치 유령처럼 앉아 있었다.

2. 1992년 여름 판지 위에서 길고 추운 밤을 보낸 뒤 아침에 잠이 깨어 마주한 하아롤라 빙하의 빙폭.

3. 아롤라의 빙하성 하천에서 로다민 염료가 나오길 기다리는 호리호리한(본인의 주장으로는 '혈통 있는 경주마처럼 사지가 길고 유연하며 우아한') 피트 니노.

4. 상아롤라 빙하의 융빙수가 빙하 구혈로 쏟아져 내려 미생물이 가득한 어두운 지하세계로 들어가고 있다.

5. 이따금 곰이 출몰하는 춥고 황량한 풍경. 북극의 태양을 받아 빛나는 핀스테르발더브린.

6. 기온이 섭씨 영하 20도인데 핀스테르발더브린의 겨울 빙층 아래서 물이 보글거리고 있다. 이 물은 어디서 나오는 것일까?

7. 핀스테르발더브린의 격렬한 초콜릿색 물기둥의 표본을 채취하는 일은 녹록지 않았다.

8. 그린란드 빙상 표면의 크레바스를 보며 위험과 신비를 함께 느꼈다.

9. 핀스테르발더브린에서 봄에 내게 영감을 주고 여름에는 폭발적인 홍수로 내 슬개골을 박살 낸 하도.

10. 가스 추적자를 찾기 위해 밤새 외로이 레버렛 빙하의 하천수를 채취한 뒤 해가 뜨자 기뻐하는 모습.

11. 떨리는 순간! 우리는 레버렛 빙하의 가장자리에서 안쪽으로 15킬로미터 들어간 빙하 구혈에서 처음으로 염료 추적 방법을 시도했다.

12. 신비로운 빙하의 푸른색 '글레이셔 블루'.

13. 내 인생에서 가장 외로웠던 남극 대륙에서의 6주. 가우드 밸리 콜린호 근처에 자리한, '바나나' 텐트가 포함된 우리의 소박한 야영지.

14. 조이스 빙하의 인상적인 빙벽. 전경의 얼어붙은 콜린호와 함께.

15. 파타고니아 슈테펜 계곡. 현지 친구들과 친분을 쌓고 있다.

16. 겉에서 보면 글램핑, 안으로 들어가면 진지한 실험실. 드물게 해가 쨍쨍한 날의 슈테펜 캠프.

17. 슈테펜 빙하의 괴이한 혀가 점점 커지는
빙하성 호수에 떠 있다.

18. 초타 시그리 베이스캠프에서 맞이한 어느 아침. 빙하분의 도움을 받아 행복하게 자라고 있는 초록색 콩을 주목할 것.

19. 찬드라강에서 빙하분의 영양에 관해 논의하고 있는 라마나탄 교수와 두 명의 존, 모니카, 피트, 나.

20. 결코 떠나고 싶지 않았던 곳. 찬드라강을 건너 초타 시그리 베이스캠프를 떠나며.

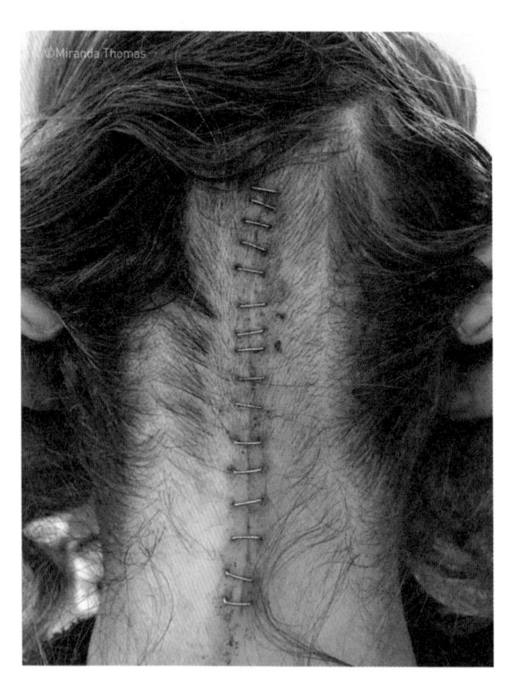

21. 뇌 수술을 받고 며칠 뒤, 다행히 살았다.

22. 페루의 코르디예라 블랑카. 뇌 수술을 받고 8개월 뒤 다시 경이로운 물의 화학 성분을 살피러 떠났다.

23. 성당처럼 솟은 파스토루리 빙하의 절벽.

24. 녹이 덮인 암석 위를 미끄러지는 사얍 빙하.

25. 너무도 아름답지만 심하게 오염된 사얍 빙하의 호수. pH 3, 중금속 농도 높음.

26. 빙하가 되다. 2020년 2월 리마의 영국 대사관에서 상연한 에리카 스톡홀름의 〈어느 죽어가는 빙하의 슬픈 이야기〉에서 빙하를 연기한 나.

옮긴이 **박아람**

전문번역가. 영국 웨스트민스터 대학에서 문학 번역에 관한 논문으로 영어영문학 석사 학위를 받았다. KBS 더빙 번역 작가로도 활동했다. 앤디 위어의 〈마션〉, 메리 셸리의 〈프랑켄슈타인〉(휴머니스트 세계문학), J. K. 롤링의 〈해리 포터와 저주 받은 아이〉 〈이카보그〉, 라이오넬 슈라이버의 〈빅 브러더〉 〈내 아내에 대하여〉 〈맨디블 가족〉, 조지 손더스의 〈12월 10일〉을 비롯해 60권이 넘는 영미 도서를 우리말로 옮겼다. 2018년 GKL 문학번역상 최우수상을 공동 수상했다.

빙하여 안녕

초판 1쇄 인쇄 2022년 7월 15일
초판 1쇄 발행 2022년 7월 29일

지은이 | 제마 워덤
옮긴이 | 박아람
발행인 | 강봉자, 김은경

펴낸곳 | (주)문학수첩
주소 | 경기도 파주시 회동길 503-1(문발동633-4) 출판문화단지
전화 | 031-955-9088(대표번호), 9530(편집부)
팩스 | 031-955-9066
등록 | 1991년 11월 27일 제16-482호

홈페이지 | www.moonhak.co.kr
블로그 | blog.naver.com/moonhak91
이메일 | moonhak@moonhak.co.kr

ISBN 978-89-8392-982-2 03450